COURS

ÉLÉMENTAIRE

DE PHYSIQUE.

TOME DEUXIÈME.

IMPRIMERIE DE LAVERGNE, succ. DE VIEUSSEUX
rue Saint-Rome, 46, à Toulouse.

COURS

ÉLÉMENTAIRE

DE PHYSIQUE,

A L'USAGE DES COLLÉGES ET DES AUTRES ÉTABLISSEMENS
D'INSTRUCTION PUBLIQUE.

Par M. DEGUIN,

ÉLÈVE DE D'ÉCOLE NORMALE, DOCTEUR ÈS-SCIENCES, MEMBRE DE L'ACADÉMIE ROYALE DES
SCIENCES DE TOULOUSE, PROFESSEUR DE PHYSIQUE AU COLLÉGE ROYAL DE LA MÊME VILLE.

———

SECONDE ÉDITION,
Considérablement corrigée et augmentée.

———◦◦◦———

TOME DEUXIÈME.

———◦◦◦———

TOULOUSE,
MARTEGOUTE ET Cie, SUCCrs DE VIEUSSEUX,
, nº 46.

1839.

LIVRE TROISIÈME.

DU MAGNÉTISME.

CHAPITRE PREMIER.

Propriétés des aimans.

285. On donne le nom d'*Aimans* à certains corps qui jouissent de la propriété d'attirer le fer. Les aimans sont assez généralement répandus sur le globe ; on les trouve en abondance dans les mines de fer, et des montagnes entières en sont formées.

L'attraction des aimans sur le fer s'exerce au contact et à distance : qu'on plonge un aimant dans la limaille de fer, elle se fixe à sa surface ; qu'on l'approche à quelque distance de cette limaille, elle se précipite sur lui. On arrive aux mêmes résultats en suspendant un petit morceau de fer à l'extrémité d'un fil très-délié et en lui présentant un aimant. Ce petit appareil, nommé quelquefois le *pendule magnétique*, sert en outre à faire voir que l'attraction diminue quand la distance augmente, et qu'elle s'exerce à travers tous les corps, le fer excepté, et même à travers le vide.

II.   1

L'agent qui produit les phénomènes des aimans, est distinct de l'Attraction et du Calorique ; il a reçu le nom de *magnétisme* du mot μάγνης qu'employaient les Grecs pour désigner la pierre d'aimant.

286. *Des pôles.* == La force magnétique n'a pas la même intensité dans tous les points de l'aimant. On s'en assure en roulant un aimant dans la limaille de fer ou en approchant ses diverses parties du pendule magnétique. La limaille ne le revêt pas d'une couche uniforme, et la déviation qu'il produit sur le pendule, est variable d'un point à un autre. Ces phénomènes, faciles à constater quelles que soient la masse et la forme de l'aimant, deviennent bien plus sensibles et bien plus remarquables dans les aimans cylindriques ou prismatiques. On n'observe pour ainsi dire aucune trace de limaille vers le milieu (*fig.* 1), et on voit les filamens de plus en plus longs et de plus en plus nombreux à mesure qu'ils s'approchent davantage des extrémités. La déviation est aussi à peu près nulle au milieu, et croît jusqu'aux extrémités où elle atteint son maximum. — Les points de la surface où la force magnétique paraît nulle, forment la *ligne neutre*, et les points où elle est maximum, forment les *pôles*. Dans toute la rigueur du langage scientifique, on appelle *pôles* deux points situés dans l'intérieur de l'aimant de chaque côté de la ligne neutre, et dont chacun peut être regardé comme le point d'application de la résultante des forces magnétiques qui agissent d'un même côté de cette ligne. Ces deux points sont très-voisins des extrémités, et ils se trouvent, en général, à une égale distance de la ligne neutre.

Tous les aimans possèdent une ligne neutre et deux pôles ; si même on divise un aimant en deux parties, chacune de ces parties en deux autres, et qu'on poursuive la division autant que le permettent les moyens mécaniques, on reconnaît que chacune des parties est encore un aimant possédant, comme le premier, sa ligne neutre et ses deux pôles. On peut donc regarder comme impossible de séparer les deux pôles d'un aimant.

287. *Action réciproque des pôles des aimans.* = Les pôles des aimans, tout en agissant de la même manière sur le fer, agissent les uns sur les autres d'une manière bien différente ; les uns s'attirent, les autres se repoussent. Pour constater ce résultat, on fixe un barreau aimanté dans une chape de papier (*fig.* 2), suspendue à l'extrémité d'un fil très-délié, et on présente à l'un de ses pôles successivement les deux pôles d'un second aimant ; on voit qu'il est attiré par l'un et repoussé par l'autre. Il en serait de même des pôles de tous les aimans. On est convenu, d'après cela, d'appeler *pôles de même nom* ceux qui agissent de la même manière, soit par attraction, soit par répulsion, sur le même pôle d'un aimant, et *pôles de nom contraire* ceux qui n'agissent pas de la même manière.

Il est facile de constater avec le même appareil que les pôles de même nom se repoussent, et que les pôles de nom contraire s'attirent.

288. *Hypothèse sur le magnétisme.* = Les phénomènes des aimans sont dûs à un agent particulier, nommé le magnétisme ou le fluide magnétique. Ce fluide réside dans toute la masse de l'aimant ; il n'est pas lié invinciblement à sa matière pondérable, car il suffit de chauffer un aimant jusqu'au rouge pour lui faire perdre ses propriétés magnétiques ; il n'est pas soumis à l'action de la pesanteur, car on peut aimanter plusieurs barreaux d'acier avec un aimant, sans diminuer le poids de l'aimant et sans augmenter celui du barreau.

Le fluide magnétique ne peut être simple ou formé de

parties homogènes, puisque les pôles des aimans agissent les uns sur les autres, tantôt par attraction, tantôt par répulsion ; il doit, au contraire, se décomposer en deux fluides élémentaires qui s'attirent mutuellement et dont les molécules de chacun se repoussent. — L'un a été nommé *fluide austral*, et l'autre *fluide boréal*; nous verrons bientôt la raison de cette dénomination. — Il ne faudrait pas croire que chacun de ces fluides soit relégué dans l'aimant du même côté de la ligne neutre, ou que chaque moitié de l'aimant ne contienne qu'un seul fluide; car s'il en était ainsi, on pourrait, en brisant un aimant par son milieu, séparer ses deux fluides, et par suite isoler ses pôles. On doit admettre, avec Coulomb, que les deux fluides élémentaires se succèdent alternativement dans toute la longueur de l'aimant, et que cette longueur est ainsi composée d'une suite de parties très-petites dont chacune contient les deux fluides en égale quantité. Les très-petites parties de l'aimant qui renferment les deux fluides, ont été nommées les *élémens magnétiques*. On ne sait pas si ces élémens se confondent avec les molécules de l'aimant, ou s'ils ont plus ou moins d'étendue. M. Poisson est parvenu à expliquer tous les phénomènes du magnétisme en appliquant le calcul à cette hypothèse.

L'aimant n'est pas le seul corps qui contienne les deux fluides; le fer, l'acier et tous les corps susceptibles d'une attraction sur l'aimant, les contiennent aussi. Quelques expériences sont nécessaires pour faire concevoir l'existence et la disposition des fluides dans ces corps.

Lorsqu'on présente un petit cylindre de fer à l'un des pôles d'un barreau aimanté, il devient à l'instant même un aimant. On s'en assure en projetant sur lui de la limaille de fer. — Cette limaille s'attache inégalement à ses points ; elle s'accumule aux extrémités et semble craindre de se fixer vers une certaine partie de sa surface. — Le fer prend ainsi, par *l'influence* de l'aimant, une ligne neutre et deux pôles, c'est-à-dire toutes les parties constitutives d'un aimant. Il conserve le même état magnétique pendant le temps que dure l'influence, et le perd aussitôt qu'elle finit. Le fluide du barreau ne passe pas dans le fer, car le fer resterait aimant, même après avoir été soustrait à l'influence du barreau, et de plus, si la transmission avait eu lieu, il ne contiendrait qu'un seul fluide, tandis qu'il les renferme tous les deux, comme l'indiquent sa ligne neutre et ses deux pôles. On est donc forcé d'admettre l'existence des deux fluides dans le fer.

Mais quelle est la disposition des fluides dans ce corps ? Le fer, à *l'état naturel*, c'est-à-dire isolé de tout corps aimanté, ne peut avoir ses fluides disposés comme dans l'aimant, ni relégués à deux extrémités opposées, car il agirait sur l'aimant tantôt par attraction, tantôt par répulsion. Ses deux fluides doivent donc être combinés d'une manière intime. — Le fer vient-il à être soumis à l'influence d'un aimant ; le fluide prédominant dans le pôle le plus voisin du point de contact, agit sur les *fluides naturels* ou *combinés* du fer, décompose ces fluides, attire le fluide contraire et repousse le fluide de même nom. Les fluides restent décomposés ou séparés pendant toute la durée de l'influence, et se recomposent par leur attraction mutuelle dès que l'influence vient à cesser.

Les fluides magnétiques, résultant de la décomposition, ne peuvent se mouvoir librement d'une extrémité à l'autre du cylindre de fer, car si l'on coupe ce cylindre en deux parties pendant qu'il est soumis à l'influence de l'aimant, la partie qu'on en sépare ne contient plus aucune trace de magnétisme, preuve que les fluides contraires se sont neutralisés, et par suite qu'ils se trouvaient en égale quantité. Les parties d'une molécule de fluide naturel restent donc, après leur décom-

position , à une distance infiniment petite l'une de l'autre ;
elles ne peuvent sortir des élémens magnétiques , et s'y tournent toutes , comme dans l'aimant , d'une manière analogue:

Il n'est pas besoin d'établir un contact immédiat entre le
fer et l'aimant pour décomposer le fluide naturel du fer ; la
décomposition s'opère aussi en plaçant le fer à quelque distance
de l'aimant.

La facilité avec laquelle la décomposition et la recomposition des fluides se produit dans le fer , donne lieu à une
expérience intéressante. Lorsqu'un petit cylindre de fer est
soutenu par un aimant , il devient lui-même un aimant ,
susceptible d'agir sur le fer ; si donc on lui présente un nouveau cylindre , il peut le porter à son tour ; celui-ci peut en
porter un troisième , le troisième un quatrième.... La décomposition magnétique n'est pas également énergique dans chacun
des cylindres ; elle diminue à partir du premier ; aussi en
continuant à former cette pile suspendue , arrive-t-on à un
cylindre incapable d'en porter un nouveau et privé , pour
ainsi dire , de tout magnétisme libre ou décomposé. Arrivé à
ce point , on diminue ou on augmente la décomposition magnétique en plaçant , au-dessus de l'aimant , le pôle contraire
ou le pôle analogue d'un second aimant , et la pile ne peut
alors conserver tous ses cylindres ; ou bien elle peut en recevoir de nouveaux sans se rompre.

Les fluides magnétiques ne sont pas toujours décomposés
instantanément par l'influence des aimans. Le fer battu , tordu
ou oxidé ne peut s'aimanter qu'en recevant quelques frictions
d'un aimant ou qu'en restant long-temps en contact avec lui.
Les fluides éprouvent ainsi un obstacle à leur séparation ; la
force qui le produit , a reçu le nom de *force coercitive*. D'un
autre côté , le fer doué d'une force coercitive , une fois
aimanté , conserve ses propriétés magnétiques après qu'il est

soustrait à l'influence des aimans ; il agit par attraction sur le fer *non-aimanté*, et par attraction ou répulsion sur les aimans. Il faut donc aussi admettre l'existence d'une force qui s'oppose à la recomposition des fluides séparés. On l'a nommée encore *force coercitive*. Cette force varie dans le fer avec plusieurs circonstances ; celui où elle est nulle a reçu le nom de *fer doux*.

La force coercitive est plus grande, en général, dans l'acier que dans le fer. Elle varie aussi dans l'acier avec plusieurs circonstances et entre autres avec la trempe. Son énergie est d'autant plus grande que la trempe est plus forte, de sorte que par une trempe suffisamment dure, on peut donner aux aiguilles et aux barreaux, dont on se sert dans les expériences, un état magnétique capable de n'éprouver aucune altération pendant de longues années.

289*. *Complément de l'hypothèse.* ═ On peut faire voir, en partant de l'hypothèse précédente, que tous les phénomènes magnétiques se passent comme si les deux moitiés d'un aimant ne contenaient chacune qu'un seul fluide.

Considérons d'abord deux élémens magnétiques E, E' (*fig.* 3), consécutifs ou non, mais placés à la suite l'un de l'autre, et cherchons l'action mutuelle de leurs fluides. Cette action est la résultante de quatre forces : deux répulsives et deux attractives. Les forces répulsives proviennent de l'action du fluide a sur le fluide a' et du fluide b sur le fluide b'; les forces attractives proviennent de l'action du fluide b sur le fluide a' et du fluide a sur le fluide b'. — La répulsion des fluides a et a' tend à séparer les fluides de l'élément E et à recomposer ceux de l'élément E'; la répulsion des fluides b et b' tend, au contraire, à séparer les fluides de l'élément E' et à recomposer ceux de l'élément E. Or, ces répulsions sont égales puisqu'elles proviennent d'une même quantité de fluides

et qu'elles s'exercent à la même distance ; ainsi leurs effets se
contre-balancent. — Il n'en est pas de même des attractions :
l'attraction des fluides a' et b qui tend à séparer les fluides des
élémens, l'emporte, à cause de la différence des distances sur
l'attraction des fluides a et b' qui tend à les réunir ; ainsi
l'action mutuelle des élémens concourt avec la force coercitive
pour empêcher la récomposition de leurs fluides, et par suite
pour maintenir, dans chacun d'eux, plus de fluides libres que
s'ils étaient soustraits à leur influence. Cette action varie,
comme il est facile de le voir, avec la distance des élémens ;
elle est d'autant plus faible qu'ils sont plus éloignés.

Lorsqu'on considère trois élémens consécutifs, E, E', E''
(*fig.* 4), chacun d'eux est soumis à l'action des deux autres ; or,
comme l'action décroît quand la distance augmente, l'élément
du milieu recevra la plus grande influence, et par suite il contiendra plus de fluides libres que les deux autres ; on aura
ainsi $b < a'$ et $a'' < b'$. — Lorsqu'on considère quatre élémens
consécutifs E, E', E'', E''' (*fig.* 5), les élémens extrêmes E
et E''' sont soumis à des influences égales, ainsi que les élémens intermédiaires E' et E'', mais l'influence est moindre
pour les deux premiers que pour les deux derniers ; on aura
donc $b < a'$, $b' = a''$, $a''' < b'$. — Lorsqu'on considère cinq
élémens consécutifs E, E', E'', E''', E'''', les deux élémens E,
E'''' sont soumis à une action moindre que les élémens E', E''',
et ceux-ci à une action moindre que l'élément du milieu E'' ;
on aura donc $b < a'$, $b' < a''$, $a''' < b''$, $a'''' < b'''$. — Ainsi de
suite. — On voit par là que le fluide boréal b, b'.... qui se
trouve dans la première partie de la file d'élémens magnétiques, a moins d'énergie que le fluide austral a', a'',.... ; et par
suite que son effet est comme dissimulé, ou bien que tous les
phénomènes se passent comme si cette partie ne renfermait
que du fluide austral ; on voit aussi que le fluide austral est

dissimulé dans l'autre partie de la file d'élémens, et que cette partie se comporte comme si elle ne contenait que du fluide boréal. Il en serait de même si, au lieu d'une seule file d'élémens magnétiques, on considérait plusieurs files juxta-posées.

290. *Des corps magnétiques.* — Le fer et la plupart des substances dans lesquelles ce corps entre en mélange ou en combinaison, possèdent les propriétés magnétiques. Ainsi la pierre d'aimant qui se trouve en si grande abondance dans les mines de fer, n'est qu'un composé de fer et d'oxigène ; l'acier dont on forme les aimans artificiels, n'est qu'un composé de fer et de carbone ; la fonte, la plombagine, la plupart des oxides et des sels de fer exercent une action magnétique sur les aimans. Quelques corps cependant, comme le soufre et l'arsénic, affaiblissent plus que tous les autres les propriétés magnétiques du fer en se combinant avec lui.

Quatre corps simples : le nickel, le cobalt, le chrôme et le manganèse jouissent, comme le fer, des propriétés magnétiques. Ces corps peuvent aussi acquérir, comme lui, une force coercitive par quelques actions mécaniques ou par quelques procédés chimiques. Le manganèse, d'après les expériences de M. Pouillet, n'agit sur l'aiguille aimantée qu'à des températures de 15 ou 20 degrés au-dessous de zéro.

Il est facile de distinguer les corps simplement magnétiques, des aimans. Les premiers contiennent les fluides à l'état naturel et agissent par attraction sur tous les points de l'aiguille aimantée ; les seconds contiennent les fluides libres ou séparés, et agissent tantôt par attraction, tantôt par répulsion.

CHAPITRE II.

Magnétisme terrestre.

291. Une aiguille aimantée posée sur un pivot (*fig.* 6) et libre de se mouvoir autour de son centre dans un plan horizontal, se dirige sensiblement vers le nord. Si on la dé-range de cette position, elle y est ramenée par une force invisible, et y reste en équilibre après une suite d'oscillations. La force qui agit sur l'aiguille, est une force magnétique, car elle ne peut diriger les aiguilles de bois, de cuivre ou de toute autre substance non magnétique; elle agit de plus à la manière des aimans, car quelle que soit la position qu'on donne à l'aiguille, c'est toujours le même pôle qui est attiré vers le nord, et le même pôle qui est repoussé vers le sud.

Le même phénomène s'observe dans tous les lieux du globe, dans les mines les plus profondes et dans les régions de l'atmo-sphère les plus élevées qu'on ait pu atteindre.

En comparant de nombreuses observations faites dans plu-sieurs régions du globe, on a vu que tous les phénomènes se passent comme si la terre était un aimant, dont la ligne neutre serait située près de l'équateur, et dont les pôles seraient voisins des pôles de rotation. Les pôles magnétiques du globe ont pris les noms des pôles géographiques près des-quels ils sont situés; ainsi le pôle magnétique de la partie du globe que nous habitons, porte le nom de pôle *boréal*, et le pôle opposé celui de pôle *austral*. Le pôle de l'aiguille qui se dirige vers le nord, étant attiré par le pôle boréal du globe ou par le fluide boréal de ce pôle, doit contenir du fluide austral ; le pôle qui se dirige vers le sud , doit, au contraire, contenir du fluide boréal. Ainsi les expressions de pôle nord ou de pôle austral sont synonymes dans les aimans , ainsi que les expressions de pôle sud ou de pôle boréal.

292. *Déclinaison.* = Nous venons de dire qu'une aiguille aimantée, mobile autour de son centre dans un plan horizontal, se dirigeait sensiblement vers le nord; la direction de l'aiguille ne coïncide pas toutefois avec la méridienne ; elle fait, avec cette ligne, un angle qu'on nomme la *déclinaison.* La déclinaison est orientale ou occidentale selon que le pôle austral de l'aiguille est à l'est ou à l'ouest de la méridienne. A Paris, elle est maintenant occidentale et à peu près de 22°.

Comme on désigne sous le nom de *méridien géographique* le plan mené par le centre du globe et la méridienne, on désigne, par analogie, sous le nom de *méridien magnétique* le plan mené par le centre du globe et la direction de l'aiguille aimantée. Ces deux plans sont verticaux puisqu'ils passent tous deux par la verticale; leur angle est mesuré par la déclinaison.

Les appareils destinés à la mesure de la déclinaison, se nomment *boussoles de déclinaison.* L'aiguille des boussoles porte, près de son centre, une chape de matière très-dure, d'agate, par exemple; elle est posée sur un pivot vertical et renfermée dans une boîte. Son extrémité se meut sur un cadran divisé. Elle doit être très-mince et avoir la forme d'une flèche, car alors elle exerce un moindre frottement sur son support et possède une plus grande force directrice. La déclinaison s'obtient en faisant coïncider avec la méridienne le rayon du cadran qui aboutit au zéro, et en observant l'arc compris entre ce zéro et l'extrémité nord de l'aiguille. Les boussoles, destinées aux observations précises., sont bien plus complètes et bien. plus compliquées; leur description nous entraînerait trop loin. — La boussole était en usage, chez les Chinois, plus de mille ans avant Jésus-Christ; elle ne fut connue en Europe que vers le 12ᵉ siècle, et même son usage ne fut répandu que vers l'an 1300.

293. *Inclinaison.* = L'aiguille d'inclinaison est une aiguille aimantée traversée, à son centre de gravité, par un axe horizontal, et libre de se mouvoir dans le plan vertical perpendiculaire à cet axe. L'angle qu'elle forme avec l'horizon varie avec la position du plan vertical où elle se meut, il porte le nom d'*inclinaison* lorsque ce plan coïncide avec le méridien magnétique. L'aiguille forme avec l'horizon quatre angles égaux deux à deux; c'est le plus petit des deux angles formés par sa moitié inférieure, que l'on prend pour l'inclinaison. Si l'aiguille est dirigée suivant AB (*fig.* 7), l'inclinaison sera l'angle AOD ou l'arc AD qui le mesure. Cet angle est maintenant à Paris de 67° à peu près, et c'est le pôle austral qui s'incline vers l'horizon.

L'inclinaison augmente, en général, avec la latitude; elle diffère peu de 90° dans les régions polaires; et se trouve, au contraire, presque nulle vers l'équateur. La série des points où elle est nulle, forme, autour de la terre, une courbe qui a reçu le nom d'*équateur magnétique*. Cette courbe, irrégulière dans une partie de son cours, prend, dans l'autre partie, la forme d'un grand cercle incliné de 15 ou 16 degrés sur l'équateur géographique; elle varie de forme et de position avec le temps. Le pôle austral de l'aiguille s'abaisse vers l'horizon dans la partie du globe qui se trouve au-dessus de l'équateur magnétique, et il se relève dans l'autre partie.

294. *Variations de la déclinaison et de l'inclinaison.* = La déclinaison a varié au moins de 33 degrés à Paris depuis

l'année 1580; elle était de 11° 30' vers l'est en 1580, et de
22° 3' vers l'ouest en 1832. L'extrémité nord de l'aiguille
s'est constamment dirigée vers l'ouest depuis 1580 jusqu'en
1819 ou 1820; elle se rapproche maintenant de l'est. Le
maximum de déclinaison occidentale a été à Paris de 22° 29'.
L'inclinaison varie aussi dans un même lieu avec le temps;
elle diminue à Paris depuis l'année 1670, époque à laquelle
ont commencé les observations. Elle était de 75° à cette
époque et n'est plus maintenant que de 67° 40'. Les variations de la déclinaison et de l'inclinaison ne sont pas les mêmes
chaque année.

295. L'aiguille aimantée est soumise, comme la colonne
barométrique, à des *variations diurnes*. Elle se met en
mouvement vers 7 ou 8 heures du matin, et son pôle austral
se dirige à l'ouest du méridien magnétique; elle atteint son
maximum de déviation entre midi et trois heures; puis elle
revient à l'orient jusqu'à 8 ou 9 heures du soir, et reste à peu
près immobile pendant le reste de la nuit. Les variations
diurnes ne sont pas les mêmes à toutes les époques de l'année;
elles sont plus grandes en été qu'en hiver; leur valeur
moyenne est de 14' à 15' pendant le printemps et l'été, et
de 8' à 10' pendant l'automne et l'hiver. Il résulte des observations de Cassini que l'aiguille aimantée est soumise aux
mêmes variations dans les caves de l'observatoire de Paris, à
80 pieds au-dessous de la surface du sol.

Les variations diurnes sont moins régulières et moins périodiques en Danemarck, en Islande et dans les régions plus
septentrionales; elles n'atteignent pas leur maximum aux
mêmes heures, et l'aiguille ne reste pas stationnaire pendant
la nuit comme dans nos climats. Leur amplitude est bien plus
considérable qu'à Paris. Les variations sont moindres, au contraire, dans les régions équatoriales, et paraissent même com-

plètement nulles sur l'équateur magnétique. Elles se produisent également dans l'hémisphère austral du globe; mais
elles y ont lieu en sens contraire, c'est-à-dire que l'extrémité
nord de l'aiguille marche vers l'est aux mêmes heures qu'elle
marchait vers l'ouest dans notre hémisphère. Les variations
diurnes ne peuvent être observées qu'à l'aide d'instrumens
susceptibles d'une extrême précision.

296. L'aiguille aimantée n'éprouve pas seulement des
variations périodiques; elle éprouve quelquefois aussi des
variations accidentelles ou des *perturbations*. Ces perturbations sont produites principalement par *l'aurore boréale*;
elles se font remarquer plusieurs heures avant l'apparition
de ce météore, et ne cessent que plusieurs heures après sa
disparition. L'aiguille aimantée est soumise à son influence
loin des lieux où il est visible; elle éprouve toutefois une
déviation d'autant plus grande qu'elle est plus voisine du
point où il se produit.

L'aurore boréale est rarement visible dans nos climats;
elle se montre plus fréquemment dans les régions plus septentrionales, et surtout dans les régions polaires. Ce météore
s'annonce ordinairement, dès le coucher du soleil, par une
espèce de brouillard qui paraît vers le nord, et que des jets
de lumière, partis de tous les points de l'horizon, sillonnent
bientôt dans une direction sensiblement verticale. Quelque
temps après, deux larges colonnes de lumière s'élèvent à l'est
et à l'ouest du méridien magnétique; elles se développent peu
à peu, convergent l'une vers l'autre, et se réunissent à une
très-grande hauteur. L'espace, compris dans cet arc, est ordinairement assez obscur; il est seulement éclairé par de faibles lueurs qui le traversent à des intervalles assez rapprochés.
L'arc, au contraire, est éblouissant de lumière; il lance, à
chaque instant, des gerbes de feu qui s'élèvent au-dessus de

sa convexité et se dirigent vers le zénith de son sommet. Là elles se concentrent dans un cercle assez petit, et forment la *couronne* de l'aurore boréale. Le météore est alors dans toute sa splendeur. Au bout de quelques instans, les gerbes de lumière deviennent plus rares, la lumière devient moins vive, la couronne disparaît, et l'arc perd tout son éclat.

L'aurore boréale n'est pas toujours aussi brillante et aussi complète. Souvent la couronne est mal terminée; et les deux colonnes de lumière parties de l'horizon ne peuvent se réunir; souvent aussi il ne paraît qu'une vive clarté, sans arc, ni couronne.

On n'a pas encore donné une explication satisfaisante de l'aurore boréale; on peut cependant affirmer qu'elle est intimement liée au magnétisme terrestre; il est constaté en effet : 1° qu'elle agit d'une manière énergique sur l'aiguille aimantée, 2° que le sommet de l'arc lumineux se trouve toujours sur le méridien magnétique, 3° que la couronne de l'aurore paraît sur la direction de l'aiguille d'inclinaison du lieu où le météore est produit.

Les éruptions volcaniques et les tremblemens de terre concourent avec l'aurore boréale pour troubler les variations diurnes de l'aiguille aimantée.

297. *Action directrice du globe.* = Le globe n'agit sur les aimans ni comme une force attractive, ni comme une force répulsive; son action ne peut être représentée que par un *couple*. Pour démontrer ce résultat, il faut d'abord remarquer que les pôles magnétiques du globe sont situés à une distance infinie par rapport aux dimensions des aimans, et par suite que les actions qu'ils exercent sur leurs fluides libres peuvent être regardées comme parallèles. Les actions que le pôle boréal du globe exerce sur les molécules du fluide austral libre dans un aimant, donnent lieu, par conséquent, à une résultante

égale à leur somme, de même que les actions qu'il exerce sur les molécules du fluide boréal libre dans l'autre partie. Ces deux résultantes forment d'ailleurs un couple, car elles sont parallèles, égales, dirigées en sens contraires et appliquées en des points différens. Les actions que le pôle austral du globe exerce sur l'aimant, se réduisent aussi à un couple. C'est le couple résultant de ces deux couples individuels; qui représente l'action magnétique du globe sur l'aimant.

On déduit de là que l'action du globe sur un aimant ne peut pas être remplacée par une force unique. Ce résultat peut aussi être justifié par l'expérience. S'il existait, en effet, une force unique, elle pourrait se décomposer en deux, l'une verticale, l'autre horizontale. Or, s'il y avait une résultante verticale, elle s'ajouterait au poids de l'aimant, où bien elle s'en retrancherait selon qu'elle agirait dans le sens de la pesanteur ou dans un sens contraire, et par suite on n'obtiendrait pas le même poids en pesant un barreau d'acier avant et après son aimantation. S'il y avait une résultante horizontale, on en reconnaîtrait l'existence en plaçant une aiguille aimantée sur un morceau de liége flottant à la surface d'une eau tranquille, car elle entraînerait le liége jusqu'à ce qu'il touchât quelque obstacle : on n'observe cependant aucun mouvement de cette nature ; l'aiguille prend une direction déterminée, et une fois arrivée dans cette direction, elle y reste immobile quoique placée au milieu de la masse liquide. L'action magnétique de la terre ne peut ainsi ni attirer, ni repousser les aimans; elle ne peut que les diriger sans déplacer jamais leur centre de gravité. Il n'en serait pas de même cependant si l'aimant était assez voisin de l'un des pôles du globe pour que les actions élémentaires cessassent d'être parallèles. La terre agirait alors sur l'aimant par attraction ou par répulsion selon la nature des pôles les plus voisins.

La direction des forces du *couple terrestre* peut s'obtenir en un point quelconque du globe : elle coïncide toujours avec la direction d'une aiguille aimantée librement suspendue à son centre de gravité par un fil sans torsion, car une aiguille, ainsi suspendue, ne peut rester en équilibre que lorsque son axe est dans la direction des forces magnétiques qui agissent sur elle. La direction de la force magnétique du globe est aussi représentée par la position d'équilibre d'une aiguille d'inclinaison mobile dans le méridien magnétique. — Les deux points d'application des forces du couple terrestre ne sont autre chose que les pôles de l'aiguille : c'est, par conséquent, la droite menée par ces points qu'il faut prendre, dans l'aiguille d'inclinaison ou dans l'aiguille librement suspendue, pour la direction de l'action magnétique du globe. Cette droite, nommée l'*axe magnétique* de l'aiguille, coïncide avec son axe de figure quand l'aiguille est régulièrement aimantée, et s'en écarte sensiblement quand l'aimantation est irrégulière.

Lorsque l'aimantation des aiguilles n'est pas régulière, et c'est ce qui arrive ordinairement, on emploie une méthode ingénieuse, connue sous le nom de *méthode du retournement*, pour obtenir sans erreur la mesure de l'inclinaison, et par suite la direction de l'action magnétique du globe. Représentons par C le centre d'une aiguille d'inclinaison, par CH (*fig.* 8) l'horizontale menée par le point C dans le méridien magnétique, et par CM l'axe magnétique de l'aiguille. L'axe de figure, au lieu de coïncider avec CM, prend une direction différente, CA par exemple, et fait un angle ACH$=a$ plus petit que l'inclinaison. Si l'on retourne ensuite les faces de l'aiguille, son axe prend une position nouvelle CB et fait un angle BCH$=b$ plus grand que l'inclinaison. Or, comme les deux angles ACM, BCM sont égaux, on aura $2x=a+b$, d'où $x=\frac{a+b}{2}$. Telle est la mesure de l'inclinaison ; elle s'obtient ainsi en prenant la demi-somme des angles que l'axe de figure de l'aiguille forme avec l'horizontale dans ses deux positions. — La méthode du retournement est fréquemment employée en Physique et en Astronomie ; on doit l'appliquer dans toutes les mesures d'inclinaisons et de déclinaisons.

298*. *Intensité de l'action magnétique du globe.*=Lorsqu'une aiguille d'inclinaison est écartée de sa position d'équilibre, elle y revient après une suite d'oscillations dès qu'on l'abandonne à elle-même. La force qui la fait osciller conserve son intensité et son parallélisme dans toutes les directions de l'aiguille ; elle agit, par conséquent, sur elle comme la pesanteur sur un pendule écarté de la verticale. Les oscillations de l'aiguille étant analogues à celles du pendule, servent à mesurer l'intensité du magnétisme terrestre, comme les oscillations du pendule servent à mesurer l'intensité de la pesanteur. Si donc on désigne par F et F' les forces magnétiques en deux lieux différens, et par N et N' les nombres d'oscillations que l'aiguille exécute, dans ces lieux, pendant le même temps ; les forces F et F' devront être, comme l'indique la formule du pendule, proportionnelles aux carrés des nombres N et N', et l'on aura :

$$\frac{F}{F'} = \frac{N^2}{N'^2}$$

Cette équation donne le moyen de comparer les intensités magnétiques du globe en deux lieux différens ; elle sert aussi à mesurer les intensités magnétiques dans un même lieu, à deux époques différentes.

On préfère généralement, dans les observations de cette nature, des aiguilles de déclinaison que l'on suspend dans une chape de papier à un fil de soie sans torsion, car elles s'équilibrent d'elles-mêmes par ce mode de suspension, et n'éprou-

vent presque aucun frottement. La force magnétique du globe
n'agit pas alors dans la direction de l'aiguille, et n'exerce pas
sur elle tout son effet ; mais il est facile de tenir compte de
son inclinaison. Représentons, en effet, par AB (*fig.* 9) la
direction de l'aiguille en équilibre, par A son pôle austral et
par AC la direction de l'action magnétique du globe. La force
dirigée suivant AC peut se décomposer en deux forces AD et
AE, l'une horizontale, l'autre verticale. La première a pour
valeur $F cos.i$, et la seconde $F sin.i$ en appelant i l'inclinaison
du lieu. Les deux composantes de la force qui sollicite le
pôle austral de l'aiguille dans un autre lieu dont l'inclinaison
est i', sont de même $F'cos.i'$, $F'sin.i'$. Cela posé, il est évident
que les oscillations de l'aiguille ne peuvent pas être produites
par les forces $F sin.i$, $F'sin.i'$ qui lui sont perpendiculaires, et
par suite qu'elles sont uniquement dues aux forces horizontales $F cos.i$, $F'cos.i'$; ces dernières forces sont donc proportionnelles aux carrés des nombres N et N' d'oscillations exécutées,
pendant le même temps, dans les deux points du globe, et
l'on a :

$$\frac{F cos.i}{F'cos.i'} = \frac{N^2}{N'^2} \quad \text{d'où} \quad \frac{F}{F'} = \frac{N^2 cos.i'}{N'^2 cos.i}$$

M. de Humbolt a déduit de nombreuses observations que
l'intensité magnétique du globe croît de l'équateur aux pôles,
et de plus qu'elle est à peu près une fois et demie aussi grande
aux pôles qu'à l'équateur. Ce résultat a été confirmé par les
expériences des capitaines Parry, Frécynet, Dupérey, Sabine...
M. Hansteen, en suivant les mêmes procédés, est parvenu à
reconnaître des variations diurnes dans l'intensité magnétique ; il fixe le minimum d'intensité entre 10 et 11 heures
du matin, et le maximum entre 4 et 5 heures du soir. — Il a
reconnu en outre que l'intensité moyenne varie, dans un même
lieu, aux diverses époques de l'année ; elle est plus grande

près du solstice d'hiver qu'au solstice d'été. Des expériences récentes de M. Kupffer conduisent au même résultat.

299*. *Influence des substances magnétiques des vais-seaux sur l'aiguille de leur boussole.* — Les substances ma-gnétiques renfermées dans les vaisseaux produisent des dévia-tions considérables sur les boussoles. Ces déviations qui dépas-sent quelquefois 15 ou 20 degrés, rendent inexactes les déclinaisons observées sur mer, et exposent les navigateurs aux plus grands périls. Elles proviennent du fluide permanent que les substances magnétiques du vaisseau conservent en vertu de leur force coercitive, et du fluide passager qu'elles doivent à l'action du globe. On parvient à les corriger presque entièrement par un moyen dû à M. Barlow.

On place le vaisseau dans une rade tranquille où l'on puisse facilement le faire tourner sur sa quille, et l'on choisit sur le rivage un point d'où on l'aperçoive dans toutes ses positions. Un observateur s'établit à ce point avec une boussole, une lunette et un instrument destiné à la mesure des angles. Un autre observateur s'établit dans le vaisseau près de la boussole avec des instrumens analogues. A un signal donné, les deux observateurs visent l'un à l'autre, et notent l'angle que l'axe commun de leurs lunettes forme avec l'aiguille de leurs bous-soles. Si la boussole du vaisseau n'éprouvait aucune action des substances magnétiques, ou bien si elle éprouvait des actions égales et contraires, les deux angles seraient égaux, et les directions des aiguilles seraient parallèles ; mais il n'en est pas ainsi généralement, et la différence observée dans les angles est complètement due aux substances magnétiques du vais-seau. — La mesure des angles étant obtenue, on fait tourner le vaisseau sur sa quille, et l'on répète une observation ana-logue à chaque angle de 10 ou 12 degrés dont il tourne. Les déviations qu'on mesure dans les diverses positions du vaisseau ne sont pas les mêmes; car, dans chacune d'elles, la terre n'agit pas de la même manière sur les substances magnétiques, et, ne produit pas, par conséquent, une égale décomposition de leurs fluides.

La mesure de la déviation une fois obtenue dans chaque position du vaisseau, il ne s'agit plus que de la corriger. M. Barlow se sert, à cet effet, du *compensateur magnétique*. Il se compose de deux disques de fer M, N (*fig.* 10) de 30 à 40 centimètres de diamètre, munis à leur centre d'une tige de cuivre rouge; ces disques sont séparés par une feuille de carton et fortement serrés l'un contre l'autre par des écrous. M. Barlow se sert encore d'une caisse rectangulaire de bois mobile autour d'un axe vertical, et munie, sur l'une de ses faces, d'un très-grand nombre d'orifices circulaires; il place la boussole du vaisseau sur la caisse en faisant coïncider le pivot de l'aiguille avec l'axe de rotation, et fixe la tige du compensateur dans l'un des orifices de la caisse. Il fait ensuite tourner la caisse sur son axe, examine l'effet du compensateur sur l'aiguille dans chacun des angles, et parvient enfin, après de nombreux tâtonnemens, à le placer en un point d'où il produise constamment le même effet que les substances magné- tiques du vaisseau. Il observe alors la position du centre des disques relativement au milieu de l'aiguille, et quand il a placé la boussole sur le vaisseau, il fixe le compensateur sur le pied qui la porte en lui donnant exactement la même position.

L'action des substances magnétiques étant égale à l'action du compensateur dans toutes les positions du vaisseau, il de- vient facile de connaître la déviation qu'elles produisent. On observe d'abord la déclinaison sans employer le compensa- teur, puis on l'observe avec cet appareil; la différence est due à l'action du compensateur. — Or, comme les substances magnétiques du vaisseau agissent de la même manière, il suffit de retrancher cette différence de la déclinaison observée sans le compensateur, pour avoir la déclinaison exacte. Si par exemple, la déclinaison est de 15° sans compensateur et de 22° avec lui, le compensateur produit une déviation de 22—15 ou 7°, et comme les substances magnétiques produisent la même déviation, la déclinaison exacte sera de 15—7 ou 8°. — On trouve souvent avec le compensateur une déclinaison moindre qu'avec cet appareil; c'est une preuve alors que les substances magnétiques diminuent la déclinaison. Si par exemple la déclinaison est de 15° sans compensateur et de 12° avec lui, il diminue l'effet de 3°, et comme les substances magnétiques agissent de même, elles produiront une égale diminution, et la déclinaison exacte est de 15 + 3 ou 18°.

300. *Influence des substances magnétiques des vaisseaux sur la marche des chronomètres.* = Les chronomètres ne s'accordent pas exactement sur les vaisseaux et sur les rivages; la différence peut même aller jusqu'à 8 ou 10 secondes par jour. Ces appareils renferment, en effet, plusieurs pièces d'acier qui se meuvent avec le balancier, et qui peuvent en modifier la marche selon l'influence qu'elles reçoivent des substances magnétiques des vaisseaux. On doit, pour atténuer l'erreur, placer les chronomètres des vaisseaux loin des substances magnétiques qu'ils renferment.

CHAPITRE III*.

De l'action réciproque des corps et des aimans.

301. On ne comprend ordinairement dans la classe des substances magnétiques que le fer, le nickel, le cobalt, le manganèse, le chrôme et les composés dont ces corps font partie ; les autres corps paraissent cependant se comporter, dans des circonstances particulières, de la même manière que les aimans.

Coulomb reconnut, dès 1812, l'influence des aimans sur l'or, l'argent, le verre, le bois, et la plupart des substances organiques ou inorganiques. Il suspendit, à un fil de soie, une aiguille très-fine de 5 ou 6 millimètres, composée d'une de ces substances, puis il en approcha les pôles contraires de deux barreaux fortement aimantés. Dès que la distance de l'aiguille et des aimans fut assez petite, l'aiguille se dirigea dans la ligne droite des pôles à la manière d'une aiguille aimantée, et y resta en équilibre après une suite d'oscillations. Des barreaux non aimantés ne produisent aucun effet. Coulomb s'assura d'ailleurs par des expériences directes que les corps soumis à ses expériences ne contenaient pas de fer, de nickel... et par suite que les mouvemens de l'aiguille étaient réellement dûs à un magnétisme inhérent à la substance dont elle est composée.

302. M. Lebaillif, à l'aide d'un appareil ingénieux qu'il a nommé *Sidéroscope*, a constaté récemment que la plupart

des corps agissent sur l'aiguille aimantée. Cet appareil se compose d'un brin de paille de 2 ou 3 décimètres de longueur,
suspendu à un fil de soie. Une aiguille à coudre, fortement
aimantée, est glissée en partie dans l'axe du tuyau de paille
(*fig.* 11), et un contre-poids est placé à l'autre extrémité.
Lorsqu'on approche un corps de l'un des pôles de l'aiguille,
elle se met en mouvement avec le brin de paille, et suit le
corps comme elle suivrait un aimant. Afin de soustraire l'appareil à l'agitation de l'air, on l'entoure d'une cloche de verre
percée seulement d'une petite ouverture où l'on fait passer
les corps dont on veut étudier l'action magnétique. Cet appareil est d'une extrême sensibilité. Tous les corps essayés ont
produit une attraction sur l'aiguille, à l'exception du bismuth
et de l'antimoine qui paraissent exercer une répulsion. Ce
dernier résultat n'a pas encore été expliqué.

303. M. Arago en faisant osciller une aiguille de déclinaison sur des plaques horizontales de cuivre, de verre, de
glace et sur des surfaces liquides, a reconnu, dès 1822, que
ces corps diminuent l'amplitude des oscillations et qu'ils les
anéantissent promptement. Le cuivre est un des corps qui
agissent avec le plus d'énergie. Une plaque de ce métal réduit
à 4 ou 5 le nombre des oscillations d'une aiguille qui en fait
300 ou 400 lorsqu'elle oscille loin de toute influence. Il
résulte nécessairement de ces expériences que les corps en
repos exercent une action plus ou moins forte sur l'aiguille en
mouvement.

Quelque temps après cette première découverte, M. Arago
démontra que les corps en mouvement exercent une action
sur l'aiguille en repos. On peut aisément répéter son expérience. On fixe, à cet effet, un disque *ab* de cuivre (*fig.* 12)
à un axe vertical *cd* auquel on peut communiquer un mouvement de rotation ; on place le disque un peu au-dessous d'une

ouverture circulaire percée dans un plateau de bois, et l'on recouvre l'ouverture avec une cloche de verre. On ajuste enfin, au-dessus de la cloche, un petit treuil xy autour duquel on enroule un fil de soie sans torsion, destiné à supporter une aiguille aimantée. Cette aiguille peut être approchée ou éloignée du disque de cuivre, par un mouvement convenable imprimé au treuil ; il importe de la séparer de ce disque par une feuille de papier que l'on colle sur l'ouverture du plateau, afin que son mouvement ne puisse pas être attribué aux courans d'air produits par la rotation du disque.

Lorsqu'on imprime un mouvement de rotation au disque, l'aiguille se dévie de sa position d'équilibre, et tend à le suivre malgré la torsion du fil et l'attraction de la terre qui la rappellent dans le méridien magnétique. Elle prend une position d'équilibre à 15 ou 20 degrés du méridien, si la vitesse du disque n'est pas très-rapide ; elle s'éloigne davantage si la vitesse devient plus grande ; et enfin elle fait une révolution complète et ne s'arrête plus si le disque prend une vitesse suffisante ; elle tourne alors dans le même sens que lui et tend à prendre toute la vitesse qu'il possède.

L'intensité de la force développée par la rotation, diminue avec la distance ; on s'en assure en éloignant plus ou moins l'aiguille de la surface du disque, et en communiquant à ce corps une vitesse constante dans chacune des positions de l'aiguille. L'aiguille prend un mouvement de rotation si elle est voisine du disque, et se trouve à peine déviée de quelques degrés si elle est placée à quelques pouces de la surface.

L'intensité de la force varie avec la substance du disque : l'eau, le bois, le verre, les acides.... ne donnent aucun effet appréciable ; les métaux, au contraire, agissent avec assez d'énergie ; ces corps produisent aussi des actions variables

avec leur nature ; on peut s'en convaincre par le tableau
suivant qui est dû aux expériences de MM. Herschell et
Babbage :

Cuivre.	1,00	Plomb.	0,25
Zinc.	0,93	Antimoiue.	0,09
Etain.	0,46	Bismuth.	0,02

Les mêmes physiciens ont remarqué qu'un disque perd une
grande partie de sa force lorsqu'il offre des solutions de continuité et surtout des fentes dans le sens de ses rayons ; ils
ont reconnu, en outre, qu'il reprend sa force presque toute
entière lorsqu'on soude ses bords avec un métal quelconque.
Lorsqu'on remplit les fentes avec de l'eau, des acides ou une
poussière métallique, on ne répare presque pas la diminution
de force qui provient des solutions de continuité.

La force magnétique dont nous venons de reconnaître
l'existence, est évidemment parallèle à la surface du disque
et perpendiculaire à son rayon. Cette force n'est pas la seule
qui provienne du mouvement de rotation ; il en existe encore
deux autres, dont l'une est perpendiculaire à la surface du
disque, et dont l'autre est dirigée suivant ses rayons. Pour
constater l'existence de la première, M. Arago suspendit,
dans une position verticale, une aiguille aimantée à l'une des
extrémités du fléau d'une balance, l'équilibra par des poids
placés à l'autre extrémité, et communiqua au disque un
mouvement de rotation ; l'équilibre se trouva alors rompu, et
le fléau s'inclina du côté des poids, preuve de l'existence
d'une force répulsive perpendiculaire à la surface du disque.
Pour constater l'existence de la deuxième force, M. Arago
plaça, au-dessus de l'ouverture du plateau, une aiguille
d'inclinaison mobile dans un plan perpendiculaire au méridien
magnétique, et qui prit par conséquent une position verticale

par l'influence du magnétisme terrestre. Il amena successivement son extrémité inférieure vis-à-vis les points d'un rayon
de l'ouverture, et il observa la direction qu'elle prenait
pendant la rotation du disque. Il a trouvé ainsi qu'elle était
quelquefois repoussée loin du centre, qu'elle était quelquefois
attirée, et qu'elle n'éprouvait quelquefois ni répulsion, ni
attraction. La répulsion a toujours lieu lorsque l'extrémité
de l'aiguille tombe hors de la surface du disque; elle diminue
d'intensité à mesure que l'aiguille se rapproche du centre de
rotation, et devient nulle en un point du disque situé à peu
près à égale distance du centre et de la circonférence; au-
delà elle se change en une attraction, et enfin elle devient
nulle une seconde fois au centre lui-même.

M. Poisson est parvenu à expliquer les phénomènes dé-
couverts par M. Arago; l'explication qu'il en a donnée est
trop relevée pour trouver place dans un cours élémentaire.

CHAPITRE IV*.

Mesure des forces magnétiques.

304. *Lois des actions magnétiques.* = On sait depuis long-temps que les actions magnétiques décroissent avec la distance ; mais on ne connaît la loi du décroissement que depuis l'année 1780. Coulomb établit, à cette époque, par deux méthodes également rigoureuses, que les attractions et les répulsions magnétiques sont réciproques aux carrés des distances.

1° *Méthode des oscillations.* = Cette méthode consiste à faire osciller une petite aiguille aimantée sous l'influence d'un aimant placé successivement à diverses distances, et à compter le nombre des oscillations qu'elle exécute dans un même temps. On suspend l'aiguille à un fil de soie sans torsion, et lorsqu'elle est immobile dans le méridien magnétique, on place, sur son prolongement, un long fil d'acier aimanté, en ayant soin de tourner ses pôles de telle sorte qu'il puisse concourir avec le magnétisme terrestre pour ramener l'aiguille à sa position d'équilibre dès qu'on l'en écarte. On dérange alors l'aiguille de sa position, et l'on compte le nombre N' d'oscillations qu'elle exécute pendant un temps déterminé. On place ensuite le fil à une distance différente, et l'on compte le nombre N'' d'oscillations qu'elle exécute dans le même temps. Soit N le nombre d'oscillations dues à la seule action du magnétisme terrestre. Il est facile de comparer, au moyen des nombres N, N', N" les actions que le fil d'acier exerce sur l'aiguille dans ses deux positions.

Si l'on appelle F, F', F" les forces qui produisent les nombres d'oscillations N, N', N", les actions que le fil exerce sur l'aiguille sont seulement égales aux différences F'—F, F"—F; c'est donc le rapport de ces deux quantités qu'il s'agit d'obtenir. On y parvient en partant de ce principe déjà employé : que les forces qui font osciller l'aiguille sont proportionnelles aux carrés des nombres d'oscillations exécutées dans le même temps ; on a en effet :

$$\frac{F'}{F} = \frac{N'^2}{N^2} \qquad \frac{F''}{F} = \frac{N''^2}{N^2}$$

ou bien

$$\frac{F'-F}{F} = \frac{N'^2-N^2}{N^2} \qquad \frac{F''-F}{F} = \frac{N''^2-N^2}{N^2}$$

et par suite

$$\frac{F'-F}{F''-F} = \frac{N'^2-N^2}{N''^2-N^2}.$$

Tel est le rapport des forces magnétiques du fil aimanté aux deux distances. En substituant les valeurs de N, N', N" fournies par l'expérience, Coulomb a reconnu que les attractions magnétiques étaient réciproquement proportionnelles aux carrés des distances. — L'aiguille dont Coulomb se servait dans ses expériences avait à peu près un pouce de longueur, et le fil d'acier 25 pouces.

2° *Méthode par la torsion.* = Coulomb a constaté aussi les lois des actions magnétiques en s'appuyant sur la torsion des fils élastiques. L'appareil qu'il a employé dans ses expériences se nomme la *balance de torsion*. Cet appareil se compose d'un large cylindre de verre ABCD (*fig.* 13) et d'un second cylindre EFGH d'un plus petit diamètre. L'extrémité inférieure du petit cylindre est fixée dans l'ouverture d'un plateau de verre qui recouvre le cylindre le plus large, et son extrémité supérieure porte une boîte en cuivre GHXY mobile autour de son axe. Cette boîte forme le *micromètre* de la balance. Le disque GH du micromètre est divisé en 360 degrés; il est traversé, à son centre, par une tige de cuivre MN qui peut tourner librement autour de son axe, et qui se termine par une petite pince à laquelle on attache un fil d'argent très-fin. Cette tige porte, en outre, une petite aiguille dont la pointe s'appuie sur les divisions du micromètre. Une bande circulaire, divisée en 360 degrés, est collée sur la caisse à la hauteur de l'extrémité inférieure du fil.

Pour préparer la balance, on amène d'abord l'aiguille sur le zéro des divisions du micromètre, puis on introduit une tige non magnétique dans une chape de papier suspendue à l'extrémité du fil, et l'on fait tourner le micromètre jusqu'à ce que la ligne de repos de la tige corresponde au zéro des divisions du cylindre. On remplace ensuite la tige par un petit barreau aimanté, et, en tournant le cylindre inférieur, on amène le zéro de ses divisions vis-à-vis l'extrémité nord du barreau. Le fil d'argent n'éprouve alors aucune torsion, et le barreau se trouve dans le méridien magnétique. Cela fait, on fixe verticalement, près de son extrémité nord, un long fil d'acier aimanté dont on tourne en bas le pôle répulsif et dont on amène l'extrémité inférieure à 10 lignes environ au-dessous du barreau. Le barreau est alors repoussé, et il ne s'arrête que lorsque la force directrice du globe, augmentée de la force de torsion du fil d'argent, contre-balance la force répulsive des pôles opposés. On fait ensuite tourner la tige du micromètre afin de rapprocher le barreau du fil vertical, et à chaque nouvelle position, on mesure les distances et les forces répulsives.

Comme l'action directrice du globe contribue à contre-balancer la force répulsive des deux aimans, il faut d'abord chercher sa valeur dans les diverses positions du barreau mobile. Coulomb a reconnu, par une expérience préliminaire, qu'elle était sensiblement proportionnelle aux angles formés par la direction du barreau avec le méridien magnétique, pourvu toutefois que les angles ne dépassent pas 6 ou 7 degrés. L'expérience n'offre aucune difficulté ; on retire le fil vertical de l'appareil, et l'on observe les torsions qu'il faut donner au fil pour amener le petit barreau à diverses distances du méridien : les torsions sont doubles, triples ou quadruples, si les angles d'écart sont doubles, triples ou quadruples. Si donc on connaît la force directrice du globe pour un angle de 1° à partir du méridien, ou la torsion qui mesure cette force, on aura la force directrice pour 2°, 3°, 4°... en multipliant la force primitive par 2, 3, 4.... La force directrice pour 1° était de 35° dans l'expérience de Coulomb.

Cela posé, désignons par n, n', n''.... les distances de l'extrémité du barreau mobile au zéro des divisions du cylindre inférieur et par 0, a', a''.... les angles dont il faut tourner la tige du micromètre pour maintenir le barreau à ces distances. Dans la première position, la distance des aimans étant n ; la force directrice du globe est de $35° \times n$, et comme la tige du micromètre correspond au zéro, la torsion du fil est seulement de n degrés, de sorte que la répulsion des aimans à la distance n est mesurée par l'angle $35° \times n + n$. Dans la seconde position, la distance des aimans étant n', la force directrice de la terre est $35° \times n'$, et comme l'aiguille du micromètre a tourné de a' degrés, la torsion du fil est $n' + a'$, de sorte que la répulsion des aimans à la distance n' est mesurée par l'angle $35° \times n' + n' + a'$. Ainsi de suite. En comparant les forces répulsives et les distances, on arrive à la loi énoncée.

Il faut employer, dans les expériences de cette nature, des fils très-longs afin de pouvoir négliger l'influence des pôles extrêmes ; il faut de plus les choisir bien trempés afin d'éviter toute nouvelle décomposition magnétique soit par l'action terrestre, soit par leur action mutuelle.

305. *Comparaison des forces magnétiques d'un aimant dans deux états.* = On s'est contenté jusqu'à Coulomb, pour mesurer les actions magnétiques d'un barreau aimanté dans deux circonstances différentes, de le mettre en contact avec une même pièce de fer, et de charger cette pièce de poids croissans jusqu'à ce qu'elle se détache. Cette méthode est loin d'offrir toute la précision désirable. Coulomb en employa deux autres plus rigoureuses : l'une est fondée sur les lois des oscillations, l'autre sur les lois de la torsion.

1° *Méthode des oscillations.* = Supposons d'abord qu'il s'agisse d'un petit barreau. On le suspend dans une chape de papier à un ou plusieurs fils de soie sans torsion, et lorsqu'il est en équilibre dans le méridien magnétique, on le dérange un peu de sa position d'équilibre, puis on compte le nombre N des oscillations qu'il exécute, dans un temps déterminé, sous l'action magnétique du globe. Si l'on change ensuite son état magnétique et qu'on le fasse osciller une seconde fois, il fera un nombre N' d'oscillations dans le même temps. Or les forces magnétiques F et F', correspondantes aux deux états du barreau, sont proportionnelles aux carrés des nombres N et N' ; on aura donc :

$$\frac{F'}{F} = \frac{N'^2}{N^2}$$

Cette méthode suppose que l'intensité magnétique de la terre est la même dans les deux expériences comparatives, et l'on sait qu'il en est ainsi lorsqu'on opère dans le même lieu à deux époques peu éloignées.

Lorsque l'aimant ne peut être suspendu pour osciller, on le fait agir, sur une petite aiguille, dans ses différens états magnétiques, et en tenant compte de l'action du globe; on parvient à déterminer le rapport de ses intensités. On fait d'abord osciller l'aiguille sous l'influence seule du magnétisme terrestre, et on compte le nombre N d'oscillations qu'elle exécute dans un temps déterminé; on place ensuite l'aimant dans le méridien, on présente son pôle attractif à l'aiguille, et on observe le nombre N' d'oscillations qu'elle exécute dans le même temps sous les influences réunies du globe et de l'aimant; on observe enfin le nombre N'' d'oscillations dans un second état de l'aimant. Or, si l'on désigne par F la force terrestre et par F', F'' les forces correspondantes aux nombres N', N'' d'oscillations, on aura.

$$\frac{F'}{F} = \frac{N'^2}{N^2} \, , \quad \frac{F''}{F} = \frac{N''^2}{N^2}$$

et par suite

$$\frac{F'-F}{F''-F} = \frac{N'^2-N^2}{N''^2-N^2} ,$$

Tel est le rapport des forces magnétiques de l'aimant dans les deux états. Cette méthode suppose que l'aiguille soit assez fortement trempée pour n'éprouver aucun changement dans son état magnétique par l'influence de l'aimant, et qu'elle soit placée à la même distance de ce corps dans les diverses circonstances.

2° *Méthode par la torsion.* $=$ Lorsqu'il s'agit d'un petit barreau, on le suspend dans la balance, et l'on observe la torsion nécessaire pour l'écarter du méridien d'un angle déterminé; on recommence la même expérience dans les différens états magnétiques du barreau, et on mesure toujours les torsions correspondantes au même angle d'écart. Ces torsions sont évidemment doubles, triples ou quadruples, si les.

intensités magnétiques deviennent doubles, triples ou quadruples, de sorte que le rapport des torsions est égal au rapport des forces magnétiques qui leur correspondent. Il faut
avoir soin, pour rendre cette méthode simple et exacte,
d'amener, au commencement des expériences, l'aiguille du
micromètre à son zéro, et le pôle nord du barreau au zéro
des divisions inférieures, sans donner aucune torsion au fil
métallique ; cette disposition s'obtient facilement, comme
nous l'avons vu précédemment, par une expérience préliminaire.

Si l'aimant ne peut être suspendu, on le fait agir, dans ses
différens états, sur une même aiguille fixée au fil de la balance. On place ordinairement son centre d'action dans le
méridien magnétique afin qu'il agisse dans la même direction
que la force terrestre, et qu'il soit facile de tenir compte de
cette force : l'action exercée sur l'aiguille est alors égale à
l'action de l'aimant augmentée ou diminuée de l'action de
la terre, selon que l'aimant et la terre agissent dans le même
sens ou dans un sens contraire.

306. *Distribution du magnétisme dans un barreau.* =
Nous avons vu précédemment, en plongeant un barreau
aimanté dans la limaille de fer, que cette limaille s'attache
principalement aux extrémités, et que les sections moyennes
n'en prennent presque aucune parcelle. Cette expérience fait
bien voir que l'intensité magnétique du barreau croît du
milieu aux extrémités, mais elle ne suffit pas pour indiquer
la distribution du magnétisme dans le barreau, c'est-à-dire,
le rapport des forces magnétiques à ses différens points. Coulomb a encore appliqué ses deux méthodes à cette recherche ;
nous ne rapporterons que la méthode des oscillations.

On se sert d'une aiguille aimantée de 5 ou 6 lignes de longueur ; on lui présente un barreau vertical, et l'on compte le

nombre d'oscillations qu'elle fait dans un même temps vis-à-vis chacune de ses sections. On la fait ensuite osciller sous la seule influence de la terre et l'on observe le nombre d'oscillations qu'elle exécute dans le même temps. Soient N ce nombre, N′ et N″ les nombres d'oscillations correspondantes aux deux sections X et Y du barreau (*fig.* 14); soient de plus F la force terrestre, F′ et F″ les résultantes des forces qui font osciller l'aiguille aux points X et Y; la formule

$$\frac{F'-F}{F''-F} = \frac{N'^2-N^2}{N''^2-N^2}$$

donnera le rapport de l'intensité magnétique du barreau aux deux points X et Y. Ce résultat suppose l'intensité magnétique des diverses sections proportionnelle à l'action totale qu'exerce l'aimant aux différens points où l'aiguille est placée, ce qui est sensiblement vrai, et surtout lorsqu'on considère des points assez éloignés des extrémités. La proportionnalité ne peut plus exister aux extrémités et aux points qui en sont très-voisins, car alors l'aiguille ne ressent l'influence que des forces qui agissent au-dessus ou au-dessous de son plan. Coulomb pensait qu'on ne commet pas d'erreur sensible en doublant l'effet obtenu.

L'aiguille employée dans cette expérience doit avoir une force coercitive assez grande pour ne subir aucune décomposition magnétique par l'influence du barreau, et le barreau doit être placé dans le méridien magnétique afin qu'il agisse dans la même direction que la terre.

Il résulte des expériences de Coulomb que la force magnétique est nulle en général au milieu du barreau, et qu'elle croît à partir de ce milieu jusqu'aux extrémités; l'accroissement de la force est très-lent vers les sections moyennes, et très-rapide au contraire vers les sections extrêmes. Il résulte

aussi de ses expériences que la distribution du magnétisme est
la même, à partir des extrémités, dans tous les barreaux dont
la longueur dépasse 6 ou 8 pouces , et par suite que les pôles
y sont à une distance constante des extrémités. Cette distance
a été fixée à 18 lignes par le calcul. Quant aux aimans très-
courts, ils ont leurs pôles à une distance des extrémités variable avec leur longueur ; Coulomb assigne à cette distance le
sixième de la longueur totale de l'aimant. Lorsque l'aimant ,
sans être très-petit, a moins de 6 à 8 pouces , la distance des
pôles aux extrémités est un peu plus grande que le sixième de
sa longueur ; ainsi elle est de 7 à 8 lignes pour un aimant
de 36 lignes ou de 3 pouces. — Les lois précédentes ne s'appliquent qu'aux aimans prismatiques et dont la section transversale
est très-petite relativement à la longueur ; elles supposent, en
outre , les aimans régulièrement aimantés.

On trouve souvent des aimans où la distribution du magnétisme n'est pas la même de chaque côté de la ligne neutre ; on
en trouve d'autres où la ligne neutre n'est pas au milieu, et
d'autres enfin qui renferment plus de deux pôles. Les pôles
intermédiaires dans les aimans portent le nom de *points conséquens ;* on en reconnaît facilement l'existence en plongeant
l'aimant dans la limaille de fer, ou en approchant ses différens
points d'une aiguille aimantée. La disposition des fluides
magnétiques entre deux pôles consécutifs est la même que dans
un aimant qui n'aurait pas de points conséquens, et qui aurait
pour longueur la distance de ces deux pôles.

CHAPITRE V.

De l'aimantation.

307. *Aimantation par l'action de la terre.* = La terre, pouvant être assimilée à un aimant, agit sur les substances magnétiques soit pour attirer et repousser leurs fluides libres, soit pour décomposer leur fluide naturel. Toutes ces substances sont également soumises à son action; mais les effets qui en résultent varient avec leur force coercitive, leurs dimensions, leur forme et leur position relativement à l'axe magnétique du globe. Considérons l'action exercée sur le fer doux.

Lorsqu'on tient une barre de fer doux de 3 ou 4 pieds de long dans une position verticale ou mieux dans la direction de l'axe magnétique du globe, et qu'on approche une petite aiguille aimantée de ses diverses sections, on reconnaît que les sections inférieures attirent son pôle boréal et que les sections supérieures le repoussent; on reconnaît en outre que l'effet produit croît des sections moyennes aux sections extrêmes. Il en résulte que la barre de fer doux s'est aimantée par l'action du globe, et que ses fluides se sont disposés comme si elle eût été placée près du pôle boréal d'un aimant.

La décomposition des fluides naturels du fer aurait été moins énergique si la barre eût été moins longue, et même il aurait été impossible de reconnaître aucune trace de décomposition, si la barre n'avait eu que quelques lignes de longueur. Elle se produit aussi avec moins de force quand la barre est plus inclinée par rapport à l'axe magnétique du globe, et devient entièrement nulle dans un plan perpendiculaire à cette direction.

Les deux fluides, décomposés dans le fer doux, tendent sans cesse à se recomposer par leur attraction mutuelle; leur recomposition s'opère en effet dès que la barre est soustraite à l'influence du globe ou plutôt dès qu'elle est amenée dans une direction suffisamment différente de la verticale. Cette recomposition est instantanée, aussi bien que la décomposition ; aussi suffit-il de retourner la barre pour lui faire perdre le fluide qu'elle possédait, et pour la voir aimantée en sens contraire. Quelque rapides que soient les retournemens et quel que soit leur nombre, c'est toujours l'extrémité inférieure de la barre qui possède le fluide austral.

On peut fixer les pôles dans les barres de fer et empêcher la recomposition de leur fluide; il suffit de leur faire acquérir une force coercitive pendant la durée de l'influence terrestre, et, à cet effet, de les frapper de quelques coups de marteau à l'une ou à l'autre de leurs extrémités. Les barres, après le choc, conservent leur magnétisme dans toutes leurs positions, et ne sont plus sujettes au changement de polarité. La force coercitive développée par la percussion n'est pas cependant de longue durée, car, au bout de quelques jours et souvent même au bout de quelques heures, elle disparaît complètement, et de nouveaux chocs sont nécessaires pour la rétablir. La torsion, l'action de la lime, l'oxidation et presque toutes les actions mécaniques ou chimiques sont également propres à faire naître la force coercitive dans les substances magnétiques, et par suite à fixer leurs fluides décomposés par l'action de la terre; aussi est-il extrêmement rare de trouver une de ces substances qui ne soit dans un état d'aimantation plus ou moins énergique.

On fait, en s'appuyant sur les considérations précédentes, des aimans très-forts avec des fils de fer doux ; on coupe une cinquantaine de fils d'un pied à un pied et demi de long, et on les tord un à un en les tenant verticalement. Chacun de ces fils devient alors un aimant, et il suffit de les réunir par leurs pôles analogues pour en former des faisceaux capables de communiquer aux barreaux d'acier les plus fortes puissances magnétiques.

308. *Aimantation par l'action des barreaux.* == Lorsqu'on met l'extrémité d'un barreau d'acier en contact avec un pôle d'un aimant, le barreau éprouve peu à peu la décomposition par influence, et finit par prendre, comme les aimans ordinaires, deux pôles et une ligne neutre. L'extrémité du barreau voisine du point de contact prend un pôle contraire à celui de l'aimant, et l'extrémité opposée prend un pôle de même nom. Si cependant le barreau avait une trop grande longueur, ou s'il possédait une trop grande force coercitive, l'action décomposante de l'aimant ne pourrait s'étendre jusqu'à son extrémité ; elle cesserait à une certaine distance du point de contact, et au-delà il n'existerait aucune trace de magnétisme dans le barreau. Si l'on eût mis en contact avec l'aimant le milieu du barreau ou tout autre point différent de ses extrémités, on aurait obtenu un pôle à ce point et deux pôles de même nom de chaque côté. Le barreau aurait alors un point conséquent. — Le simple contact avec un aimant développe peu de magnétisme ; aussi emploie-t-on d'autres méthodes pour obtenir une aimantation plus énergique.

309. *Méthode de la simple touche.* == Cette méthode consiste à faire glisser le pôle d'un aimant sur le barreau qu'on veut aimanter et à répéter plusieurs fois les frictions dans le même sens. L'extrémité du barreau que l'aimant quitte la dernière prend un pôle contraire, et l'autre extré-

mité prend un pôle de même nom. Mais comme l'aimant attire à chaque point qu'il touche, le fluide contraire au sien, et repousse le fluide de même nom, il fait passer successivement chaque point du barreau par les deux états magnétiques, et détruit dans quelques-unes de ses positions l'effet qu'il produit dans d'autres ; aussi cette méthode d'aimantation, quoique préférable à la méthode du simple contact, est-elle loin de donner aux barreaux la plus forte puissance magnétique qu'ils puissent recevoir ; elle a d'ailleurs l'inconvénient de produire une aimantation peu régulière et de faire naître des points conséquens.

310. *Méthode de la double touche.* == Cette méthode consiste à appliquer sur le barreau les pôles contraires de deux aimans, et à les faire glisser uniformément sur sa surface. Dans la méthode de Knight, on pose les pôles des aimans sur le milieu du barreau, et, en les tenant verticalement, on les fait glisser séparément de ce milieu à chacune des extrémités. Dans la méthode de Mitchell, on les place encore verticalement au milieu du barreau, mais on les fait glisser ensemble du milieu à la même extrémité, puis de cette extrémité à l'autre, ainsi de suite. La méthode de Knight a été perfectionnée par Duhamel, et celle de Mitchell par Æpinus.

Méthode de Duhamel. == Deux barreaux puissans (*fig.* 15) sont disposés sur une même ligne droite, les pôles contraires en regard ; la lame soumise à l'aimantation est placée entre ces barreaux, ou mieux elle s'appuie sur leurs extrémités. On prend alors deux autres barreaux, on les applique sur le milieu de la lame par leurs pôles contraires, on les incline sur elle d'environ 25 degrés, et on les fait glisser séparément vers ses extrémités en leur conservant la même inclinaison. Arrivés aux extrémités, on les rapporte au milieu et on recommence les frictions. Chacun des barreaux glissans doit s'ap-

puyer sur la lame par le même pôle que le barreau fixe dont
il est le plus rapproché, car alors les effets de ces barreaux
concourent pour tourner du même côté les molécules magnétiques de même nature. Il est bon d'amener sur les barreaux
fixes les points de la lame où doivent se trouver les pôles, et
par suite de l'avancer de 17 ou 18 lignes sur chacun d'eux si
sa longueur dépasse 7 ou 8 pouces, et seulement de 7 à 8
lignes si elle n'a que 3 ou 4 pouces. Il est bon en outre de
donner aux barreaux glissans un mouvement lent et uniforme,
et de les faire arriver en même temps, l'un à l'extrémité de
droite, l'autre à l'extrémité de gauche. Les effets des barreaux concourent davantage, et l'aimantation est plus régulière. Cette méthode est la meilleure pour aimanter les
aiguilles des boussoles, et les lames qui n'ont pas plus de 4 à 5
millimètres d'épaisseur. — Lorsque les aiguilles ou les lames
sont trop fragiles pour supporter le poids des barreaux glissans, on les place sur une pièce de bois qu'on interpose entre
les pôles des barreaux fixes.

Méthode d'Æpinus. — La lame que l'on veut aimanter
est placée, comme dans la méthode de Duhamel, sur les
extrémités de deux barreaux fixes, et les barreaux glissans
sont inclinés seulement de 15 ou 20 degrés. Ces barreaux
(*fig.* 16) sont liés l'un à l'autre; ils sont de plus maintenus
à une distance constante au moyen d'une petite pièce de bois,
de cuivre ou de toute autre substance non magnétique. On les
fait glisser ensemble du milieu vers l'une des extrémités,
puis de cette extrémité vers l'autre, et l'on répète plusieurs
fois les frictions. Il faut avoir soin de passer le même nombre
de fois les barreaux sur chaque point de la lame, ce qui en-
traîne la condition de finir toujours au milieu, et de revenir
à ce point par l'extrémité opposée à celle par laquelle on a
commencé. Cette méthode est employée principalement pour

les lames et les barreaux dont l'épaisseur dépasse 5 à 6 millimètres; elle leur donne une plus grande énergie que la méthode de Duhamel, mais elle a l'inconvénient de produire
une aimantation moins régulière et de faire naître souvent
des points conséquens.

La méthode de Knight a été inventée en 1745, et celle de
Mitchel une dixaine d'années après.

311. *De la saturation.* = L'acier peut recevoir par
l'aimantation une quantité de magnétisme croissante avec
l'énergie des barreaux, mais il n'en peut conserver qu'une
quantité déterminée, parfaitement fixe dans les mêmes circonstances et dépendant uniquement de sa force coercitive.
On dit qu'il est *saturé de magnétisme* ou qu'il est *aimanté
à saturation* lorsqu'il contient la quantité maximum de fluide
libre qu'il peut conserver. Il est facile de reconnaître si un
barreau est aimanté à saturation, car il suffit de l'aimanter
de nouveau avec des barreaux plus puissans que ceux qui ont
été employés la première fois, et de comparer ses intensités
magnétiques avant et après cette nouvelle aimantation. Il n'est
pas saturé s'il acquiert dans le second état une plus grande
énergie que dans le premier et qu'il la conserve; il est saturé,
au contraire, s'il acquiert la même énergie ou une énergie un
peu plus grande qu'il perde avec le temps.

312. *Influence de la trempe et du recuit sur la force
coercitive.* = On sait qu'il suffit, pour *tremper* l'acier, de le
porter à une température élevée et de le refroidir ensuite
brusquement en le plongeant dans un bain d'eau, d'huile ou
de plusieurs autres substances; on sait également qu'il suffit,
pour le *recuire*, de le porter à une haute température et de le
laisser refroidir lentement au contact de l'air. Il existe divers
degrés de trempe et de recuit; la trempe est d'autant plus
forte que l'acier a été porté à une température plus élevée

et que le refroidissement a été plus rapide ; le recuit est d'autant plus complet que l'acier a été chauffé davantage et qu'il
s'est réfroidi plus lentement. Les températures auxquelles
correspondent les divers degrés de trempe ou de recuit ne
s'évaluent pas exactement en degrés centigrades ; mais elles
n'en sont pas moins faciles à reconnaître ; on y parvient en
observant les teintes particulières que prend l'acier par l'action de la chaleur. Ainsi en le chauffant graduellement, on le
voit d'abord perdre son éclat métallique, puis devenir successivement jaune clair, orangé, orangé foncé, rouge violet,
bleu vif ; on le voit ensuite passer à une couleur verdâtre
désignée sous le nom de vert d'eau, au rouge sombre, au
rouge, au rouge cerise clair et enfin au rouge blanc. Chacune
de ces nuances correspond à un degré différent de trempe ou
de recuit. Le jaune clair répond à peu près à 200°, le vert
d'eau à 450°, et le cerise clair à 900°. Le rouge blanc est la
teinte à laquelle on porte l'acier pour lui donner la plus forte
trempe ou pour le recuire le plus complètement.

Il est facile de déterminer l'influence de la trempe ou du
recuit sur la force coercitive ; il suffit de donner à un barreau
d'acier un certain degré de trempe ou de recuit, de l'aimanter
à saturation et de compter le nombre d'oscillations qu'il
exécute dans un certain temps sous l'action de la terre ; puis
de donner à ce même barreau un degré différent de trempe
ou de recuit, de l'aimanter de nouveau à saturation et de
compter le nombre des oscillations qu'il fait dans le même
temps : les forces magnétiques du barreau sont proportionnelles aux carrés de ces nombres d'oscillations. On a constaté
par ce moyen que l'acier le plus fortement trempé prend par
l'aimantation la plus forte puissance magnétique, et par suite
qu'il reçoit aussi la plus grande force coercitive. Cependant
les aiguilles dont on se sert pour les boussoles, ne sont ordi-

nairement trempées que jusqu'au bleu, car elles possèdent
alors une assez-grande force coercitive, et elles n'ont pas
cette extrême fragilité qui est inséparable d'une plus-forte
trempe.

313. *Influence de la chaleur sur la force coercitive.* ==
Lorsqu'un aimant naturel a été porté à la chaleur rouge, il
ne possède plus, après son refroidissement, aucune trace de
magnétisme libre; ses pôles ont disparu ainsi que sa ligne
neutre, et il faut le soumettre aux méthodes d'aimantation
pour les lui rendre. Les aimans artificiels perdent aussi leurs
propriétés par l'action du calorique, et ils ne peuvent les
recouvrer que par une nouvelle trempe et une nouvelle
aimantation.

Les fluides magnétiques ne se recomposent pas seulement
à la chaleur rouge; leur recomposition se fait graduellement
à mesure que la température s'élève; on s'en assure en portant un aimant à divers degrés de chaleur, en le laissant refroidir à chaque fois et en mesurant ses intensités magnétiques
dans chacun de ses états. Toutes ces intensités décroissent
jusqu'à la température la plus élevée. — Un fait digne de
remarque, c'est que l'action de la chaleur n'est pas instantanée; il faut toujours un certain temps pour qu'une quantité
donnée de calorique produise dans un aimant toute la recomposition qu'elle peut accomplir. Ainsi, on a plongé une aiguille
aimantée à plusieurs reprises dans l'eau bouillante, on l'y a
laissée 10' à chaque fois, et l'on a compté, après chacun de
ses refroidissemens, le nombre d'oscillations qu'elle a exécutées
dans le même temps. Les intensités magnétiques ont diminué
à chaque immersion, et-elle n'a perdu qu'à la sixième immersion toute la quantité de fluide qu'elle pouvait perdre par
l'action de l'eau bouillante. Ces deux résultats sont dûs aux
observations de M. Kupffer.

314. *Des armatures.* = Lorsqu'on doit conserver les aimans naturels ou artificiels, il n'est pas indifférent de leur donner telle ou telle position relative, et telle ou telle position par rapport au globe ; car leur intensité magnétique s'accroît dans quelques positions et décroît dans d'autres. Considérons, par exemple, un barreau *ab.* (*fig.* 17) placé à peu de distance du pôle austral A d'un aimant, et supposons en présence les pôles de même nom. Le pôle austral de l'aimant agissant par attraction sur le fluide boréal du barreau et par répulsion sur son fluide austral, tend évidemment à réunir ces fluides ou à les recomposer. Un recomposition partielle a lieu, en effet, au bout de quelque temps, et surtout si l'on vient à donner quelques coups de marteau à l'une ou à l'autre extrémité du barreau. Des résultats tout différens se produiraient si les pôles contraires étaient en présence ; il pourrait alors y avoir une nouvelle décomposition dans le barreau, et par suite une augmentation dans son énergie. Un barreau vertical, soumis à l'action du globe, subit, par la même raison, une recomposition ou une décomposition magnétique selon que son pôle austral est en haut ou en bas.

On adapte quelquefois des pièces de fer doux aux pôles des aimans. Ces pièces de fer, nommées alors les *armatures* des aimans, sont destinées à leur conserver toute leur énergie. Chacun des pôles d'un aimant décompose, en effet, le fluide naturel de l'armature dont il est garni, repousse le fluide de même nom et attire le fluide contraire : le fluide attiré réagit à son tour sur les fluides de l'aimant, et empêche leur recomposition. — Il n'est pas besoin d'armer les aiguilles de déclinaison et d'inclinaison qui sont en expérience, car l'action magnétique du globe s'opposant sans cesse à la recomposition de leurs fluides, remplit le même objet que les armatures de fer doux. Il n'en est pas de même des barreaux aimantés ; aussi

leur donne-t-on ordinairement des armatures lorsqu'ils ne -
servent pas aux expériences. On les dispose alors parallèlement
dans leurs boîtes, les pôles contraires en présence, et l'on
place à leurs extrémités deux petits prismes de fer doux qui
complètent le rectangle. L'action de ces prismes concourt avec
l'action attractive des pôles en présence pour conserver sa
vigueur primitive à chacun des barreaux.

Les *faisceaux magnétiques* (*fig.* 18) portent toujours avec
eux leurs armatures. Ces faisceaux se composent de lames
rectangulaires disposées en couches et fortement unies entre
elles ; ils contiennent ordinairement trois couches, et les lames
de la couche moyenne sont plus longues de 2 ou 3 pouces que
celles des couches extrêmes. Leurs extrémités sont ajustées
dans les pièces de fer A et B qui leur servent d'armature, et
elles sont liées à l'aide de deux anneaux en cuivre cc', dd'.
Les barreaux fixes dont on se sert dans les méthodes d'aimantation, renferment souvent cinq lames sur chaque couche, et
les barreaux glissans en renferment deux ou trois. Il ne faudrait pas croire que l'effet d'un faisceau magnétique est égal à
la somme des effets des lames qui le composent. Cet effet est
toujours plus faible ; Coulomb, pour s'en assurer, découpa
dans la même feuille 16 lames rectangulaires d'acier de 9
pouces de long sur 9,5 lignes de large ; il les aimanta séparément à saturation et en forma des faisceaux en les superposant
et en les attachant avec des fils de soie ; il les suspendit ensuite dans la balance de torsion et observa les torsions nécessaires pour les retenir à 30 degrés du méridien magnétique.
Il reconnut ainsi que les torsions ne croissent pas proportion-
nellement au nombre des lames superposées, et par suite que
les effets des faisceaux ne sont pas égaux à la somme des effets
des lames qui les composent. Coulomb, en isolant ensuite les
lames d'un faisceau, et en mesurant séparément la force de

chacune d'elles, a reconnu que les lames centrales avaient
éprouvé une diminution.

On emploie quelquefois des aimans en *fer à cheval (fig.*19).
Ils se composent de plusieurs lames d'acier superposées et
liées invariablement par des vis transversales. On aimante séparément chacune des lames par la méthode de la double
touche, et, à cet effet, on pose d'abord les pôles contraires de
deux aimans sur le milieu de la convexité de la lame, puis on
les fait glisser de ce milieu aux deux extrémités A et B où
doivent se trouver les pôles. On place ordinairement, au-dessous de l'aimant, une pièce de fer doux *xy* qui lui sert
d'armature. Cette pièce, qu'on nomme *le portant* ou *le contact*, sert en outre à supporter les poids dont on veut charger
l'aimant.

On a observé, dans les aimans naturels, un phénomène
remarquable dont il n'existe pas encore d'explication. Lorsqu'un
aimant supporte assez facilement un certain poids, on peut augmenter chaque jour sa charge d'une petite quantité jusqu'à
une certaine limite au-delà de laquelle le poids se détache
et tombe. L'aimant éprouve alors une *faiblesse* singulière; il
ne peut plus supporter la charge qu'il portait d'abord facilement; et il faut le charger chaque jour peu à peu pour lui
faire reprendre sa force primitive.

315. *Aimantation par les agens.* = Nous avons vu
qu'une température élevée fait perdre aux aimans leurs propriétés magnétiques ou détermine la recomposition de leurs
fluides libres; c'est à cette recomposition que se borne toute
l'action du calorique sur le magnétisme; car en soumettant à
une température quelconque une substance simplement magnétique, on n'a pas encore pu décomposer son fluide naturel
ou la constituer à l'état d'aimant.

La lumière paraît sans action sur le magnétisme; elle ne

peut ni récomposer les fluides libres des aimans, ni décomposer le fluide naturel des substances magnétiques. Cependant
M. Morichini, en Italie, et madame de Sommerville, en Angleterre, ont cru obtenir des traces sensibles d'aimantation,
en exposant une aiguille à coudre très-fine aux rayons violets
du spectre solaire; mais plusieurs observateurs habiles ont
répété cette expérience sans remarquer aucune action sensible.

L'électricité exerce une action puissante sur le magnétisme;
elle agit également sur les fluides libres et sur les fluides
combinés, comme nous le verrons dans l'*électro-magnétisme*.

LIVRE QUATRIÈME.

DE L'ÉLECTRICITÉ.

CHAPITRE PREMIER.

Phénomènes généraux.

316. Lorsqu'on frotte un bâton de verre avec une étoffe de laine, il acquiert la propriété d'attirer les corps légers, tels que la poussière, les barbes de plume, les petits morceaux de papier ou de moelle de sureau; le soufre, l'ambre jaune, la cire d'Espagne et plusieurs autres substances acquièrent la même propriété par le frottement. Ce phénomène d'attraction est dû à un agent particulier; on lui a donné le nom d'*électricité*, du mot grec Ἤλεκτρον qui signifie ambre, parce que la propriété attractive a été observée pour la première fois dans cette substance.

Pour reconnaître si un corps s'électrise par le frottement, on l'approche ordinairement, après l'avoir frotté, d'une petite balle de sureau suspendue à l'extrémité d'un fil très-fin; ce corps est électrisé s'il éloigne la balle de sa position d'équilibre; il ne l'est pas, ou il ne possède qu'une quantité insensible d'électricité s'il ne peut l'attirer à lui. Ce petit appareil (*fig.* 20), nommé le *pendule électrique*, sert aussi à constater que les attractions s'exercent à travers tous les corps, et qu'elles diminuent quand la distance augmente.

Les attractions électriques sont d'autant plus énergiques que le frottement est plus rapide et que les surfaces frottées sont plus étendues; ces surfaces deviennent quelquefois lumineuses dans l'obscurité, et laissent jaillir une vive étincelle à l'approche du doigt ou d'un corps métallique. On produit facilement ces phénomènes avec les *machines électriques*.

317. *Conductibilité électrique.* ═ Plusieurs corps, tels que le bois, les métaux.... s'électrisent au même instant dans toutes leurs parties, quelles que soient leur forme et leurs dimensions, dès qu'on communique l'électricité à un seul de leurs points; d'autres, au contraire, comme le verre, les résines.... conservent presque entièrement l'électricité aux points où elle a été développée. Les premiers corps laissent donc passer l'électricité à travers leurs particules sans lui opposer d'obstacle, ou la conduisent librement d'un point à un autre de leur masse; les seconds opposent, au contraire, une résistance à son mouvement, ou la conduisent difficilement. De là deux classes de corps : les corps *bons conducteurs* de l'électricité, et les corps *mauvais conducteurs*.

Il ne faudrait pas croire qu'il existe des corps qui n'opposent aucun obstacle à l'électricité, et des corps qui l'arrêtent complètement; les meilleurs conducteurs lui opposent toujours une résistance, et les plus mauvais la conduisent toujours un peu.

Parmi les corps mauvais conducteurs, on peut citer le verre, les résines, la soie, la terre sèche, les briques, les pierres, le charbon non calciné, les oxides, les huiles et les gaz secs. Si l'air était bon conducteur, les corps ne pourraient jamais s'électriser, ou plutôt ils ne pourraient jamais donner aucun signe électrique , car à mesure qu'on développerait sur eux de l'électricité ; ils la partageraient avec toute la masse d'air qui compose l'atmosphère et n'en conserveraient dans leur masse qu'une quantité insensible. — Parmi les corps bons conducteurs, on peut citer les métaux, le charbon calciné, les fils de lin, l'eau et les liquides en général, la vapeur d'eau et toutes les substances humides. L'air, par exemple, qui est mauvais conducteur dans les temps secs, acquiert assez de conductibilité dans les temps humides pour rendre impossibles toutes les expériences électriques.

Le corps humain et le globe terrestre sont aussi d'assez bons conducteurs : qu'une personne monte sur un corps mauvais conducteur, tel qu'un gâteau de résine ou une petite table supportée par des pieds en verre, et qu'elle touche avec la main le *conducteur* d'une machine chargée d'électricité, elle s'électrise instantanément dans tous ses points ; ses cheveux se hérissent, son visage éprouve une sensation analogue à celle qu'y produirait une toile d'araignée, les petits corps légers se précipitent sur elle ; et ; ce qui est plus remarquable en- core ; c'est qu'une personne communiquant au sol peut, en approchant le doigt de la personne électrisée , en tirer de brillantes étincelles comme d'une machine électrique. Cette électrisation cesse dès que la personne quitte le gâteau de résine ou le tabouret électrique pour communiquer au sol , car alors l'électricité de la machine se répand dans la masse immense du globe en traversant le corps humain , et se partage entre un trop grand nombre de corps pour que chacun d'eux puisse en contenir des traces sensibles. Plusieurs phénomènes tiennent à la même cause : les métaux, par exemple, ne peu- vent s'électriser lorsqu'on les frotte en les tenant immédiate- ment avec la main, et ils s'électrisent très-facilement lorsqu'on les fixe à un mauvais conducteur, et qu'on frotte ce corps sans qu'aucun corps conducteur mette-là surface métallique en communication avec le sol. Il faut donc, pour électriser les métaux et les corps conducteurs en général, les *isoler* du sol, c'est-à-dire léur donner un corps mauvais conducteur pour support. Les corps qui s'emploient le plus fréquemment comme *isoloirs*, sont les tubes de verre, les cylindres de gomme-laque, les gâteaux de résine et les fils de soie.

La conductibilité électrique a une grande influence sur la communication de l'électricité d'un corps à un autre. Lorsque deux corps mauvais conducteurs sont mis en contact, l'un étant électrisé, l'autre étant à l'état naturel, ils ne perdent ou n'acquièrent de l'électricité qu'au point de contact. Lorsque l'un des corps est bon conducteur et l'autre mauvais conducteur, celui-ci prend ou perd l'électricité au point de contact, et l'autre en prend ou en perd sur tous les points de sa surface. Lorsque les deux corps sont bons conducteurs, ils prennent ou perdent l'électricité dans tous leurs points; et lorsqu'enfin les corps mis en contact sont placés entre les bons et les mauvais conducteurs, ils présentent des résultats intermédiaires; ils prennent ou perdent l'électricité dans une étendue d'autant plus grande autour du point de contact qu'ils offrent plus de conductibilité. Il résulte de ces considérations qu'on ne diminue pas sensiblement la charge d'une machine électrique en touchant son conducteur avec un cylindre de verre ou de résine, et qu'on la décharge complètement en touchant ce conducteur avec la main ou un corps métallique. Il en résulte aussi qu'un conducteur isolé lui enlève d'autant plus d'électricité qu'il a de plus grandes dimensions.

L'électricité est retenue à la surface des corps par la pression de l'air. Lorsqu'on place, en effet, sous le récipient de là machine pneumatique, un corps conducteur électrisé et isolé, et qu'on retire l'air par le jeu des pistons, on voit l'électricité du corps s'élancer avec une lueur bleuâtre sur les corps environnans. Il n'est pas même besoin, pour la production du phénomène, que l'air soit très-raréfié. Les mauvais conducteurs perdent aussi leur électricité dans le vide, mais la déperdition est plus lente que pour les corps conducteurs.

318. *Des deux électricités.* = Lorsqu'on approche un tube de verre fortement électrisé du pendule électrique, la balle de sureau est vivement attirée et se précipite sur lui ; elle y reste collée si le fil de suspension est bon conducteur, et en est repoussée, après le contact, si le fil est isolant. Cette répulsion provient de l'électricité qu'elle a prise au tube, et ce qui le prouve, c'est qu'elle est attirée de nouveau dès qu'on lui enlève cette électricité en la touchant avec la main ; elle est repoussée après un nouveau contact, puis attirée après la perte de sa nouvelle électricité. Des expériences directes prouvent d'ailleurs que la balle s'électrise par son contact avec le tube, car elle se porte sur les corps non électrisés qu'on lui présente, ou bien elle les attire s'ils sont très-légers et très-mobiles. On parvient aux mêmes résultats en prenant, au lieu d'un tube de verre, un bâton de résine ou tout autre corps électrisé ; la répulsion n'a pas lieu toutefois si la balle n'est pas isolée ou si l'air est trop humide, car l'électricité qu'elle reçoit, se dissipe avec trop de rapidité dans le sol ou dans l'atmosphère, et ne peut ainsi exercer aucune action sur le corps qui la cède.

Reprenons le pendule isolé, et présentons-lui successivement deux cylindres électrisés, l'un de verre, l'autre de résine. La balle prend-elle de l'électricité au verre, elle est repoussée par ce corps et vivement attirée par la résine ; prend-elle de l'électricité à la résine, elle est repoussée par la résine et attirée par le verre. Le verre et la résine n'agissent donc pas de la même manière sur la balle primitivement électrisée, et ne renferment pas par conséquent la même électricité. De là deux électricités : l'électricité du verre ou *l'électricité vitrée*, l'électricité de la résine ou *l'électricité résineuse*. Les autres corps ne peuvent acquérir par le frottement que l'une ou l'autre de ces électricités ; ils acquièrent l'électricité vitrée s'ils repoussent un pendule électrisé par le verre ou s'ils attirent un pendule électrisé par la résine ; ils acquièrent l'électricité résineuse s'ils repoussent un pendule électrisé par la résine ou s'ils attirent un pendule électrisé par le verre. Il y a donc deux espèces d'électricité, et il n'y en a que deux espèces.

On déduit des expériences précédentes que deux corps se repoussent quand ils contiennent la même électricité, et qu'ils s'attirent quand ils contiennent une électricité différente. Ce principe, qui sert comme de base à l'électricité, se démontre encore d'une manière plus sensible avec deux pendules isolés : les balles des pendules se repoussent, en effet, lorsqu'elles ont touché un même corps électrisé, et elles s'attirent lorsqu'elles ont été mises en contact, l'une avec un tube de verre, l'autre avec un cylindre de résine.

319. *Développement simultané des deux électricités.* == Les étoffes de laine, les fourrures et toutes les substances dont on se sert pour développer l'électricité dans les corps bons ou mauvais conducteurs, acquièrent, comme le corps frotté, l'une ou l'autre des deux électricités. Elles prennent l'électricité vitrée, si le corps prend l'électricité résineuse, et réciproquement, de sorte qu'il est impossible de développer l'une des électricités dans le corps frotté sans développer en même temps l'autre électricité dans le corps frottant. On dé-

montre la vérité de ce principe en frottant l'un contre l'autre deux corps mauvais conducteurs, ou deux corps conducteurs qu'on a soin d'isoler, et en les présentant successivement à la balle d'un pendule électrique. Si ce pendule est à l'état naturel, il est attiré par les deux corps, ce qui prouve qu'ils sont chargés d'électricité; s'il est électrisé, il est attiré par l'un des corps et repoussé par l'autre, ce qui prouve que leur électricité est différente.

Les électricités développées sur le corps frotté et sur le corps frottant, sont toujours en égale quantité. Ainsi, qu'on prenne deux disques de même étendue, qu'on les isole par des tubes de verre, qu'on les frotte pendant quelque temps, qu'on les sépare rapidement, et qu'on les présente, dans deux directions opposées (*fig.* 21), à la même distance d'un pendule électrique; la balle du pendule est également attirée par chacun des disques, et elle reste immobile entre eux dans sa position primitive. Bien plus, les électricités développées par le frottement se neutralisent complètement lorsqu'elles se réunissent, car on n'aperçoit aucune attraction sur le pendule en l'approchant des disques après avoir fait coïncider leurs surfaces frottées. On doit conclure de cette expérience que les électricités vitrée et résineuse se comportent, dans leur réunion, comme les quantités positives et négatives : elles se neutralisent complètement si elles sont égales, comme les quantités numériques égales et de signe contraire; elles se neutraliseraient en partie si elles étaient inégales, et donneraient un effet égal à leur différence, comme les quantités numériques inégales et de signe contraire.

L'espèce d'électricité qui se développe sur un corps dépend de sa nature et de celle du corps frottant. Le verre, par exemple, frotté avec de la laine ou de la soie, acquiert une électricité contraire à celle que lui communique une peau de chat où une peau de loutre. La résine prend aussi, avec la laine où les fourrures, une tout autre électricité qu'avec l'amalgame dont sont formés les caractères d'imprimerie. Ce résultat qui s'applique également à tous les corps, fait voir la nécessité de préciser la nature du corps frottant dans les dénominations des électricités : on a pris pour l'électricité vitrée l'électricité qu'on développe sur le verre en le frottant avec une étoffe de laine, et pour l'électricité résineuse l'électricité qu'on développe sur la résine en la frottant avec la laine ou les fourrures. — Comme d'ailleurs le verre et la résine ne sont pas les seuls corps qui s'électrisent vitreusement ou résineusement, et comme les deux électricités se neutralisent complètement, dans leur réunion, à la manière des quantités positives et négatives, on a adopté généralement d'autres dénominations, et on a substitué aux noms d'*électricité vitrée* et d'*électricité résineuse* les noms d'*électricité positive* et d'*électricité négative*.

On développe encore de l'électricité par le frottement de deux corps de même nature, et alors l'espèce d'électricité que prend l'un des corps, dépend de sa couleur, de son degré de poli, du sens de la friction et de plusieurs autres circonstances qu'il est souvent difficile de connaître. Le verre dépoli, par exemple, s'électrise positivement quand on le frotte contre du verre poli ; un ruban de soie noire s'électrise négativement quand on le frotte avec un ruban blanc ; et de deux rubans de la même pièce frottés en croix, celui qui reste immobile prend l'électricité positive. L'espèce d'électricité que reçoivent les corps dépend aussi de leur température, car on a remarqué qu'ils deviennent plus positifs par le froid, et plus négatifs par la chaleur.

On fait souvent, dans les cours de Physique, une expérience curieuse fondée sur le développement des deux électricités. Deux personnes montent sur des tabourets électriques, et l'une frappe l'autre avec une peau de chat bien sèche ; chacune d'elles se trouve alors électrisée, la première d'électricité positive, la seconde d'électricité négative. Si l'air est bien sec, les pieds des tabourets bien isolans et les frictions assez nombreuses, les deux personnes prennent assez d'électricité pour paraître lumineuses dans l'obscurité, et pour donner des étincelles à l'approche d'un corps conducteur.

320. *La vertu électrique est commune à tous les corps.* == Tous les corps sont électriques par le frottement, et même il n'en est pas un qui ne puisse s'électriser en le frottant avec une substance de quelque nature qu'elle soit. On démontre directement la vérité de ce principe quand il s'agit du frottement réciproque de deux solides ; il n'est besoin d'aucune précaution particulière si les corps sont mauvais conducteurs, et il suffit de les isoler s'ils sont bons conducteurs. On s'assure aussi directement du développement de l'électricité par le frottement des liquides et des gaz contre les solides ; car en agitant du mercure ou tout autre liquide dans un verre, on trouve le verre électrisé ; et en dirigeant un courant d'air sur un corps à l'aide d'un soufflet, on constitue le corps dans un état électrique même assez énergique. Il serait plus difficile de démontrer directement que les liquides et les gaz dégagent de l'électricité par leur frottement réciproque ; aussi les expériences sont-elles peu nombreuses, et le principe est-il admis par analogie. Il est même probable qu'une partie de l'électricité atmosphérique provient du frottement de l'air contre lui-même, et contre les nuages qui sont répandus dans l'atmosphère.

321. *Hypothèse sur l'électricité.* == Les phénomènes de l'électricité sont dûs à un agent particulier, nommé l'électricité ou le fluide électrique. Ce fluide est impondérable ;

il se meut avec une extrême rapidité à travers certains corps,
et éprouve des obstacles dans son mouvement à travers les
autres.

Le fluide électrique se compose, comme le fluide magnétique, de deux fluides élémentaires parfaitement distincts ;
l'un est le fluide vitré ou positif, l'autre est le fluide résineux
ou négatif. Les molécules de l'un de ces fluides attirent les
molécules de l'autre, et les molécules d'un même fluide se repoussent indéfiniment à la manière des molécules matérielles
qui composent les gaz. Tous les corps contiennent ces deux
fluides en quantité indéfinie; s'ils ne jouissent pas des propriétés électriques ou s'ils sont à *l'état naturel*, c'est que les
deux fluides y sont en égale quantité et à l'état de combinaison, et qu'alors les propriétés de l'un des fluides sont neu-
tralisées par les propriétés de l'autre ; s'ils sont électrisés, c'est
que l'un des fluides y est prédominant. La décomposition du
fluide naturel peut avoir lieu par plusieurs causes, et entre
autres par le frottement; l'un des fluides se trouve alors prédominant dans le corps frotté, et l'autre dans le corps frottant ;
de sorte qu'une partie du fluide positif du corps frotté passe
dans le corps frottant, et qu'une partie du fluide négatif du
corps frottant passe dans le corps frotté. Cette hypothèse, qui
n'est que l'expression des faits précédens, satisfait également
à tous les phénomènes de l'électricité.

CHAPITRE II.

Mesure des forces électriques.

322. *Lois des actions électriques.* = Les actions électriques varient, avec les distances et les quantités d'électricité ; suivant les lois de l'attraction universelle ; elles sont réciproques aux carrés des distances , et proportionnelles aux quantités d'électricité. Ces lois, découvertes par Coulomb, peuvent être démontrées par deux méthodes également directes et rigoureuses : l'une est fondée sur les lois de la torsion ; l'autre sur les lois des oscillations.

1° *Méthode par la torsion.* = Les lois des actions électriques se déterminent, par la balance de torsion, comme les lois des actions magnétiques (*Description de la balance, page 29*). On suspend au fil d'argent une aiguille de gomme-laque dont l'une des extrémités porte une petite balle de sureau , et l'on introduit, par l'ouverture du plateau (*fig.* 22), une tige de verre RS dont les extrémités sont munies de boules métalliques. On fait correspondre la boule S de cette tige au zéro des divisions inférieures , puis on amène l'aiguille du micromètre sur le zéro des divisions supérieures , et en tournant convenablement la boîte du micromètre, on met la balle de sureau en contact avec la boule métallique sans donner au fil aucune torsion.

Lorsqu'on veut déterminer, avec cet appareil , la loi des répulsions électriques, on retire la tige RS, on électrise sa

boule inférieure et on la rapporte dans la balance. Elle électrise alors par son contact la balle de sureau, et la repousse à
une certaine distance. L'aiguille de gomme-laque, entraînée
par son mouvement, s'écarte de sa position primitive, imprime
une torsion au fil, et s'arrête en une nouvelle position d'équilibre dès que la force répulsive des boules est égale à la force
de torsion du fil. On tourne alors la tige du micromètre pour
rapprocher l'aiguille de sa position primitive, et, à chaque
nouvelle position, on mesure avec soin les forces répulsives et
les distances des boules.

Dans une expérience de Coulomb, l'aiguille de gomme-
laque fut repoussée à 36°. de sa position primitive après
l'électrisation des boules; elle fut ensuite rapprochée successivement à 18° et à 9° de distance par la torsion. L'aiguille
du micromètre correspondait au zéro dans la première position; elle fut amenée à 126° dans la deuxième, et à 567° dans
la troisième. La torsion du fil est seulement de 36° dans la
première position de l'aiguille puisque la tige du micromètre
correspond à son zéro; elle est de 126+18 ou 144° dans la
seconde, et de 567+9 ou 576 dans la troisième, car elle se
compose évidemment de la distance angulaire des boules et
de l'arc que décrit l'aiguille du micromètre. Les nombres
36°, 144°, 576°, expriment donc les angles de torsion qui
correspondent aux diverses positions de la boule mobile; ils
mesurent ainsi les forces de torsion, et par suite les forces
répulsives qu'elles contre-balancent. On voit par là que les
forces répulsives sont entre elles comme les nombres 1, 4, 16;
et comme les distances correspondantes sont dans le rapport
des nombres $1, \frac{1}{2}, \frac{1}{4}$, ces forces sont réciproquement proportionnelles aux carrés des distances.

La loi précédente ne pourrait pas être vérifiée si les boules
perdaient de leur électricité pendant le cours de l'expérience;

on parvient à éviter la déperdition ou plutôt à la rendre très-faible en donnant aux boules des supports très-isolans, et en desséchant l'air de la balance au moyen d'une capsule d'acide sulfurique ou de chlorure de calcium. La déperdition était si faible dans l'expérience de Coulomb que la boule mobile repoussée à 36° ne se rapprocha pas d'un degré pendant deux minutes.

Lorsqu'on veut déterminer, avec la balance, la loi des attractions électriques, on électrise d'abord la balle de sureau en la touchant avec la boule métallique chargée d'électricité, puis on éloigne l'aiguille de gomme-laque de sa position primitive. On charge ensuite la boule métallique d'une électricité contraire, et on la place dans l'appareil. La balle de sureau est alors attirée par cette boule, et elle s'en approche, en tordant le fil métallique, jusqu'à ce que la force de torsion du fil fasse équilibre à la force attractive. On reconnaît encore, en faisant varier les torsions et les distances, que les attractions électriques sont réciproquement proportionnelles aux carrés des distances. On remarque dans cette expérience que l'attraction des boules augmente rapidement à mesure qu'elles se rapprochent, et que la torsion n'est plus suffisante, dès qu'elles sont assez voisines, pour les empêcher de se précipiter l'une sur l'autre.

Lorsqu'on veut déterminer l'influence des quantités d'électricité sur les actions électriques, on donne la même électricité ou une électricité différente aux deux boules, et on observe la torsion qui contre-balance leur répulsion ou leur attraction. On touche ensuite la boule fixe avec une sphère isolée qui lui soit identique pour lui enlever la moitié de son électricité, et l'on observe la torsion nécessaire pour maintenir la boule mobile à la distance primitive. Cette torsion n'étant plus que la moitié de la torsion précédente, on en conclut que la force répulsive ou attractive des boules est réduite à la moitié de sa valeur. En prenant une seconde fois la moitié de l'électricité de la boule fixe, la force est encore réduite de moitié. — La force attractive ou répulsive varie dans un plus grand rapport quand on enlève de l'électricité à chacune des boules ; elle est réduite au quart si chacune perd la moitié de son électricité , et au seizième si chacune en perd le quart. — Il résulte de là que l'action réciproque de deux corps électrisés dépend de leurs quantités d'électricité ; si l'un des corps renferme une quantité d'électricité constante et l'autre une quantité variable , leur action est proportionnelle aux quantités d'électricité du second ; si les deux corps renferment des quantités d'électricité variables, leur action est proportionnelle aux produits de leurs quantités d'électricité.

2°*. *Méthode des oscillations.* = Coulomb a déterminé la loi des attractions électriques en faisant osciller une aiguille de gomme-laque terminée par un disque de papier doré , sous l'influence d'une sphère électrisée. L'aiguille de gomme-laque avait 15 lignes de longueur ; elle était suspendue par un fil de soie de 7 à 8 pouces. Il plaçait successivement la sphère à diverses distances du cercle doré , puis il écartait légèrement l'aiguille de sa position d'équilibre , et il comptait le nombre des oscillations qu'elle exécutait dans le même temps. Comme les oscillations de l'aiguille étaient analogues à celles d'un pendule ; Coulomb établissait que les actions électriques étaient proportionnelles aux carrés du nombre des oscillations exécutées dans le même temps , et il trouvait le rapport des forces à diverses distances. — On pourrait également employer cette méthode pour vérifier la loi des répulsions électriques , et pour voir l'influence des quantités d'électricité sur les effets produits.

323. *Déperdition de l'électricité.* = L'électricité des corps se perd peu à peu, et finit par disparaître avec le temps. Cette déperdition peut être attribuée à trois causes : 1° à la transmission dans le sol par la couche d'humidité qui recouvre les supports, 2° à la transmission dans le sol par la matière même des supports, 3° à la transmission dans l'air par la conductibilité plus ou moins grande de ce fluide.

1°. La déperdition due à la première cause se fait remarquer principalement dans le verre, la soie et quelques autres corps qui absorbent avec la plus grande facilité les vapeurs de l'atmosphère ; on l'évite presque entièrement en essuyant, avec des linges chauds, les supports formés de ces substances, et surtout en les recouvrant d'une couche de gomme-laque.

2° La déperdition due à la deuxième cause varie avec la nature des supports ; le verre isole moins que la soie, et la soie moins que les fils ou les cylindres de gomme-laque. Quel que soit cependant le support employé pour isoler, qu'il soit de verre, de soie ou de gomme-laque, on peut toujours lui donner une assez grande longueur pour qu'il isole parfaitement. La résistance qu'il oppose à l'écoulement de l'électricité, croissant en effet avec sa longueur, et la répulsion que les molécules électriques du corps isolé exercent sur les molécules transmises dans le support, décroissant avec la profondeur à laquelle la transmission a eu lieu, on conçoit qu'il existe toujours une longueur pour laquelle la résistance contre-balance la répulsion, ou pour laquelle l'isolement est complet. Un support d'une longueur plus grande arrête également l'écoulement de l'électricité, et un support d'une longueur moindre ne l'arrête qu'en partie.

La longueur minimum qu'un support doit recevoir pour isoler complètement un corps, dépend de la charge électrique

de ce corps et croît avec elle. Ce résultat , qui est une conséquence nécessaire des principes précédens , a été confirmé
par les nombreuses expériences de Coulomb ; il résulte , en
effet , de ces expériences que les longueurs minimums des
supports isolans sont proportionnelles aux carrés des quantités
d'électricité. — Comme on ne peut jamais éviter la déperdition due au contact de l'air , il paraît difficile au premier
abord de reconnaître si un support isole complètement. On y
parvient cependant d'une manière bien simple : on place
successivement un corps électrisé sur ce support et sur plusieurs supports de même nature et de même longueur , et l'on
observe, au moyen de la balance de Coulomb , la déperdition dans ces deux circonstances ; si la déperdition est la
même avec un ou plusieurs supports , c'est que chacun d'eux
isole complètement ; si la déperdition est différente , c'est que
l'isolement n'est pas complet.

3° La déperdition due à l'air atmosphérique provient en
grande partie de la vapeur qu'il renferme , car elle croît
avec le degré d'humidité. L'air le plus sec enlève cependant
aussi de l'électricité ; on s'en assure en desséchant complètement l'air de la balance , en électrisant sa boule fixe et en
observant la répulsion qu'elle exerce sur la boule mobile. Cette
répulsion diminue peu à peu avec le temps , quoique les
supports des deux boules soient d'excellens isoloirs.

Il est facile de trouver le rapport de l'électricité que perd
un corps dans un temps déterminé , à l'électricité totale qu'il
renferme. S'agit-il , par exemple , de la boule fixe de la balance , on lui communique de l'électricité et on la porte dans
l'appareil ; elle électrise , par son contact , la boule mobile ,
et la repousse à une certaine distance. On tord le fil de suspension afin de rapprocher la balle mobile , et on observe la
torsion qui contre-balance la force répulsive des boules. Cette

torsion sera de 260°, si la torsion indiquée par le micromètre est de 240° et la distance des boules de 20°. La répulsion diminue peu à peu à cause de la perte électrique, et, au bout d'un certain temps, une minute par exemple, il faut détordre le fil de 8°, ou lui donner seulement une torsion de 252°, pour maintenir les boules à leur distance primitive. Il est évident alors que le rapport de l'électricité perdue dans une minute, à l'électricité *moyenne* du corps pendant cette minute, est de $\frac{8}{256}$ ou $\frac{1}{32}$.

Coulomb, par une série d'expériences analogues, est parvenu aux résultats suivans : 1° la déperdition croît avec le degré d'humidité de l'air ; elle n'est souvent que le 60e ou le 70e de l'électricité totale dans les temps secs, et elle va jusqu'au 20e dans les temps humides ; 2° la déperdition, dans des intervalles de temps très-courts et égaux entre eux, est, pour un même corps, proportionnelle à la quantité d'électricité qu'il renferme, ou ce qui revient au même, le rapport de l'électricité perdue à l'électricité totale ne dépend nullement de la quantité d'électricité du corps. Cette loi est analogue à la loi de Newton sur le refroidissement ; elle suppose que l'état hygrométrique de l'air éprouve peu de variations.

324. *Disposition de l'électricité dans les corps conducteurs.* = Il paraît naturel de croire que l'électricité se dispose dans un corps conducteur comme les gaz dans un espace vide, c'est-à-dire qu'elle est répandue dans toutes les parties du corps, et qu'elle possède la même force ou la même tension dans les parties centrales et dans les parties voisines de la surface ; mais il n'en est pas ainsi : l'électricité réside uniquement à la surface des corps conducteurs, et il n'en reste aucune trace dans l'intérieur de leur masse. Cette différence entre la disposition des gaz et de l'électricité, provient

II.   5

de ce que les molécules gazeuses ne se repoussent pas comme
les molécules électriques, en raison inverse du carré des
distances.

Les expériences suivantes ne laissent aucun doute sur la
disposition de l'électricité à la surface des corps conducteurs.

1° On électrise une sphère creuse de métal, munie d'une
petite ouverture et supportée par un pied isolant; puis on
introduit, dans son intérieur, un petit disque de papier doré
terminé par une tige de gomme-laque. Ce petit disque ou ce
plan d'épreuve ne prend aucune trace d'électricité, quel que
soit le point de la cavité qu'il vienne toucher, et il en prend, au
contraire, une quantité appréciable au pendule s'il touche
un des points extérieurs de la sphère ou même une des parois
de l'ouverture.

2° On enveloppe une sphère isolée, de deux hémisphères
métalliques, munis de manches en verre (*fig.* 23); on lui
communique ensuite de l'électricité, et on enlève rapidement
les hémisphères. Les hémisphères sont alors chargés d'électricité, et la sphère en est entièrement dépouillée.

3° On électrise, au même instant et à la même source
d'électricité, deux sphères conductrices de même diamètre,
puis on les sépare; on touche ensuite l'une d'elles avec une
sphère métallique massive, et l'autre avec une sphère
métallique creuse. Après le contact, on trouve que les
quantités d'électricité qui restent sur les deux premières
sphères, sont parfaitement égales si la sphère massive et
la sphère creuse ont même diamètre et si le contact a eu lieu
au même instant. Il en résulte qu'une sphère creuse ou massive enlève la même quantité d'électricité à deux corps également électrisés, et par suite qu'elles prennent uniquement
l'électricité à leur surface. Il y a plus : la couche électrique
qui réside près de la surface, est d'une épaisseur moindre que

la feuille métallique la plus mince qu'on puisse obtenir ;
car, avec une sphère de gomme-laque recouverte d'une
feuille d'or ou d'argent d'une minceur extrême, on enlève
la même quantité d'électricité qu'avec une sphère métallique
creuse ou massive.

L'électricité d'un corps conducteur réside donc toujours à
sa surface ; elle y forme une couche dont la surface extérieure
coïncide avec la surface du corps, et dont la surface intérieure est très-voisine de la première. Les molécules de la
surface extérieure sont à chaque instant repoussées en dehors
par toutes les molécules intérieures, et tendent sans cesse à
vaincre la résistance de l'air pour se précipiter loin du corps.
Le fluide électrique jaillit en effet sous forme d'étincelles,
dès que l'air n'oppose pas une résistance suffisante pour contre-
balancer sa pression. — L'écoulement du fluide se présente
fréquemment dans les corps qui contiennent des pointes : ces
corps, pour peu qu'on leur donne l'électricité, la laissent toujours échapper sans pouvoir en conserver aucune trace appréciable. On rend sensible ce résultat en disposant quelques
pointes sur le conducteur de la machine électrique ; il est
alors impossible de la charger d'électricité, car le fluide s'écoule
par les pointes à mesure qu'il est développé sur le conducteur.
Les angles et les arêtes des corps produisent les mêmes effets :
aussi faut-il les éviter avec soin dans les appareils destinés à
conserver l'électricité. Le *pouvoir des pointes* a été découvert
par Franklin.

325. On peut aisément comparer les quantités d'électricité
qui se trouvent aux divers points d'un même corps en partant
du principe suivant dû à Coulomb : lorsqu'on touche une
surface électrisée tangentiellement avec un plan d'épreuve
très-mince et très-petit, et qu'on le relève ensuite perpendiculairement à la surface, il prend, sur chacune de ses faces,

une quantité d'électricité proportionnelle à celle du corps au point touché. Ce principe peut être démontré par l'expérience; on touche un des élémens d'une sphère conductrice électrisée avec le plan d'épreuve, puis on porte ce plan dans la balance de torsion, à la place de la boule fixe, et l'on note la répulsion qu'il produit sur la balle mobile; on enlève ensuite à la sphère la moitié de son électricité en la mettant en contact avec une sphère conductrice isolée, à l'état naturel et de même diamètre; puis on touche le même élément avec le plan d'épreuve, et en le portant de nouveau dans la balance, on observe la nouvelle répulsion qu'il produit. Cette répulsion est seulement la moitié de la répulsion primitive ; elle en serait seulement le quart si on enlevait encore à la sphère la moitié de l'électricité qui lui reste.

Ce principe admis, la comparaison des *épaisseurs électriques* ou des quantités d'électricités qui se trouvent aux divers points d'un corps, n'offre aucune difficulté. On touche un point de la surface avec le plan d'épreuve, puis on porte ce plan dans la balance, et on note la torsion qu'il faut donner au fil pour maintenir la boule mobile à une distance déterminée; on touche ensuite un autre point de la surface, et en portant de nouveau le plan d'épreuve dans la balance, on observe la nouvelle torsion qui maintient la boule mobile à sa distance primitive. Le rapport de ces torsions exprime précisément le rapport des répulsions électriques, et par suite le rapport des épaisseurs du fluide aux points touchés. — Il faut cependant, pour éviter toute erreur, avoir égard à la déperdition de l'électricité par le contact de l'air, ou mieux encore, en rendre l'expérience indépendante. Veut-on, par exemple, déterminer les épaisseurs électriques aux deux points A et B; on fait trois observations successives, l'une au point A, l'autre au point B et la troisième au point A; on laisse, entre les deux dernières, le même temps qu'entre les deux premières, et on prend, pour l'épaisseur électrique au point A, la moyenne entre la première et la troisième observation. On obtient ainsi le même résultat que s'il n'y avait aucune déperdition d'électricité, ou bien que si l'on observait en même temps aux points A et B.

En appliquant cette méthode, Coulomb est parvenu aux résultats suivans :

1.º Dans la sphère, l'épaisseur électrique est la même dans tous les points.

2.º Dans une lame prismatique, l'épaisseur électrique est sensiblement constante depuis le milieu jusqu'à un pouce dès extrémités ; elle croît ensuite jusqu'aux extrémités, et aux extrémités mêmes elle est à peu près double de l'épaisseur au milieu. Ces résultats s'appliquent aussi aux cylindres.

3º Dans un ellipsoïde, l'épaisseur aux sommets est proportionnelle à la grandeur des axes qui y aboutissent.

4º Dans un cône, l'épaisseur électrique augmente rapidement de la base au sommet, et au sommet elle est tellement grande que la résistance de l'air n'est plus suffisante pour arrêter l'écoulement du fluide. Ce résultat pouvait être soupçonné en remarquant que le sommet d'un cône est analogue au pôle d'un ellipsoïde de révolution très-allongé.

Coulomb a comparé, par les mêmes méthodes, les épaisseurs de la couche électrique aux divers points d'un système de corps soumis à leur influence réciproque : voici les principaux résultats qu'il a obtenus :

1º Lorsque deux sphères en contact sont électrisées, l'épaisseur électrique est nulle au point de contact et jusqu'à une, assez grande distance de ce point. Dès qu'elle commence à devenir sensible, elle est plus grande sur la sphère du plus grand rayon ; mais ensuite elle croît plus rapidement sur la

petite, et même elle y devient prédominante aux points diamétralement opposés au point de contact. Le rapport des épaisseurs des couches à ces deux points augmente à mesure que le
rayon de la petite sphère-diminue; mais cet accroissement
tend vers une limite que les calculs de M. Poisson fixent
à 4,2.

2° Lorsqu'on sépare les sphères et qu'on les soustrait à leur
influence mutuelle, le fluide de chacune d'elles se répand
uniformément sur sa surface, et son épaisseur est plus grande
sur la petite. Le rapport de ces épaisseurs tend aussi vers une
limite à mesure que le rayon de la petite sphère diminue :
cette limite, d'après les calculs de M. Poisson, est égale
à 1,66.

M. Poisson, en partant des lois relatives aux attractions
et aux répulsions électriques, a soumis au calcul tous les
phénomènes de la disposition de l'électricité dans les corps
conducteurs. Cet habile géomètre a déduit de ses formules
tous les résultats que Coulomb avait déduits de l'expérience,
soit qu'ils concernassent la disposition de l'électricité à la surface des corps, soit qu'ils eussent rapport à la distribution du
fluide aux divers points d'un même corps ou de plusieurs corps
soumis à leur influence mutuelle.

CHAPITRE III.

De l'électricité par influence.

326. Un corps *s'électrise par influence* lorsque, étant placé à distance d'une source d'électricité, il devient électrique sans que le fluide de la source passe dans sa masse.

Pour étudier les phénomènes de l'électricité par influence, on se sert ordinairement d'un conducteur cylindrique AB (*fig.* 24), terminé par deux surfaces-arrondies et supporté par un corps isolant ; on fixe à ses extrémités et à quelques autres points, des pendules doubles suspendus par des fils conducteurs, et on l'approche d'un corps V. électrisé. Supposons ce corps chargé d'électricité positive.

Dès que le conducteur est placé à quelque distance du corps électrisé, il présente trois phénomènes principaux : 1° les balles de sureau qui forment chaque petit pendule, s'écartent mutuellement l'une de l'autre ; 2° les balles des pendules les plus voisins du corps se portent vers lui, tout en conservant leur divergence mutuelle ; 3° les balles des pendules les plus éloignés se portent du côté opposé. Le premier phénomène prouve que le cylindre s'électrise par l'influence du corps électrisé, le second qu'il possède aux points les plus voisins du corps une électricité contraire à la sienne, et le troisième qu'il possède aux points les plus éloignés une électricité de même nom. — Ces deux derniers résultats deviennent encore plus sensibles en approchant des divers points du cylindre un tube

de verre électrisé; la répulsion qu'il exerce sur les pendules
de l'extrémité B, prouve qu'ils contiennent, comme le corps,
de l'électricité positive, et l'attraction qu'il exerce sur les
pendules de l'extrémité A prouve qu'ils contiennent de l'électricité négative ou de nom contraire à celle du corps.

Les divers points du cylindre ne possèdent pas la même
quantité d'électricité libre; ce qui le prouve, c'est que les
balles des divers petits pendules n'offrent pas la même divergence; l'électricité est maximum aux extrémités, et décroît
jusqu'à une certaine ligne NN' qui n'en possède aucune trace.
Cette ligne, nommée pour cette raison la *ligne neutre*, ne
divise jamais le cylindre en deux parties égales; elle est toujours située dans la partie la plus voisine de la source électrique, et change d'ailleurs de position avec la distance à cette
source. — La quantité d'électricité, que possède le cylindre
varie avec sa distance au corps électrisé : les balles de chaque
pendule double se rapprochent, en effet, à mesure qu'on
l'éloigne, et même elles finissent par se toucher dès que la distance est suffisante, ou, comme on dit ordinairement, dès
que le cylindre est placé hors de la *sphère d'activité* du corps
électrisé. La quantité d'électricité du cylindre varie aussi avec
ses dimensions et l'intensité de la source électrique.

L'électricité ne se transmet pas dans cette expérience du
corps électrisé au cylindre, car si la transmission avait lieu,
le cylindre ne contiendrait qu'un seul fluide; et de plus il ne
perdrait pas ses propriétés électriques lorsqu'on éloigne le
corps ou qu'on le décharge brusquement de son électricité.

327. Tous les phénomènes de l'électricité par influence
sont des conséquences de l'hypothèse déjà établie sur l'existence des deux fluides électriques, et sur les actions attractives ou répulsives de ces deux fluides. L'électricité libre du
corps V agit, en effet, à distance sur l'électricité naturelle du

cylindre, décompose cette électricité, repousse l'électricité
de même nom à l'extrémité opposée du cylindre, et attire
l'électricité de nom contraire à l'extrémité la plus voisine. Les
électricités du cylindre sont donc séparées par l'action du
corps électrisé; elles restent à distance, malgré leur attraction
mutuelle, tant que la force qui les a décomposées ne cesse
pas d'agir, et se recomposent en tout ou en partie dès que la
force est détruite ou dès qu'elle diminue d'intensité.

Comme les corps contiennent une quantité indéfinie d'élec- $\curlywedge$
tricité naturelle, on pourrait croire que la décomposition de
cette électricité est indéfinie ou illimitée; il est cependant
facile de se convaincre qu'il n'en est pas ainsi. Considérons,
en effet, dans le cylindre, une molécule m de fluide naturel,
et voyons les forces qui la sollicitent. Le fluide positif de cette
molécule est d'abord repoussé vers l'extrémité B par l'action
du corps V; d'un autre côté, il tend à se porter vers l'extrémité A en vertu de deux forces, savoir : l'attraction du fluide
négatif déjà accumulé à ce point et la répulsion du fluide
positif déjà refoulé en B; ces deux forces, d'abord peu énergiques, sont insuffisantes pour faire équilibre à l'action du
corps V; mais elles augmentent d'intensité à mesure que la
décomposition s'opère, et elles finissent par contre-balancer
l'action répulsive du corps V qui reste constante. Dès qu'elles
ont atteint ce degré d'énergie, le fluide positif de la molécule m ne peut plus se déplacer, et comme il en est de
même de son fluide négatif, toute décomposition cesse au
point du cylindre où elle est placée. Il en serait de même à
tout autre point.

328. Le cylindre isolé sert encore à constater plusieurs
autres phénomènes d'électrisation par influence; nous nous
bornerons aux suivans :

1° Lorsqu'on fait communiquer avec le sol un des points

du cylindre électrisé par influence, il perd à l'instant son électricité positive, et ne conserve plus que de l'électricité négative. On s'assure encore de ce résultat à l'aide des petits pendules doubles : ceux qui sont placés au-delà de la ligne neutre, c'est-à-dire dans la partie NB du cylindre, retombent à leur position naturelle dès que la communication s'établit avec le sol, et les autres continuent à diverger. La disparition du fluide positif se conçoit sans peine quand c'est l'extrémité éloignée du cylindre ou un point compris entre la ligne neutre et cette extrémité qui communique avec le sol, puisque ce fluide est repoussé indéfiniment, et à toute distance, par le fluide de la source électrique ; mais elle surprend au premier abord quand la communication part de l'extrémité A la plus voisine ou d'un point compris entre la ligne neutre et cette extrémité. On peut cependant se rendre compte de cette espèce de paradoxe par un raisonnement bien simple : le conducteur qui établit la communication avec le sol, éprouve, comme le cylindre, la décomposition par influence ; son fluide positif est repoussé et s'écoule dans le sol ; son fluide négatif est attiré et passe dans le cylindre dont il neutralise le fluide positif.

De là un moyen de charger le cylindre de fluide négatif par l'influence d'une source d'électricité positive. On le place à quelque distance de la source, puis on le fait communiquer un instant avec le sol, et l'on supprime ensuite la communication ; il ne renferme plus alors que de l'électricité négative, et on peut, sans crainte de lui faire perdre cette électricité, l'éloigner à toute distance de la source qui l'a électrisé.

On observe un phénomène important quand on fait communiquer au sol un des points du cylindre ; c'est l'augmentation de divergence que prennent les pendules placés entre la ligne neutre et l'extrémité voisine de la source. Ce résultat, qui annonce une plus grande tension électrique dans le cylindre, est facile à concevoir d'après les principes précédemment exposés. La molécule *m* qui n'éprouvait plus de décomposition par influence avant d'établir la communication avec le sol, en éprouve alors une nouvelle, car la force qui repousse en B son fluide positif reste la même, tandis que celle qui tend à porter ce fluide vers l'extrémité A devient moindre. En vertu de la nouvelle décomposition, le fluide positif de cette molécule est repoussé dans le sol, et son fluide négatif se porte dans la partie AN du cylindre pour y augmenter la tension du fluide qui s'y trouvait déjà. — La décomposition dans ce cas atteint encore une limite, comme il est facile de s'en assurer.

Si, au lieu de faire communiquer le cylindre avec le sol, on le touchait avec un petit plan d'épreuve, on parviendrait à des résultats tout différens. On enlèverait de l'électricité positive sur les points situés au-delà de la ligne neutre, et de l'électricité négative sur les points situés en deçà de cette ligne. La quantité d'électricité qu'on prendrait au cylindre, varierait d'ailleurs avec la position du point de contact : elle croîtrait de la ligne neutre où elle serait nulle, jusqu'aux extrémités où elle serait maximum.

2° Lorsqu'un corps est électrisé, il ressent encore l'influence d'une source électrique dont il est voisin. Si, par exemple, on électrise négativement le cylindre et qu'on le soumette à l'influence d'une source d'électricité positive, on voit augmenter la divergence des pendules les plus voisins de la source. Ce résultat s'explique : les électricités naturelles du cylindre sont, en effet, décomposées par l'influence du corps électrisé ; son électricité négative est attirée à l'extrémité voisine du cylindre et s'y ajoute à celle qui s'y

trouvait déjà ; son électricité positive est repoussée à l'extrémité opposée et s'y combine avec une égale quantité de fluide
négatif qu'elle neutralise. — La nature et la quantité de
l'électricité que renfermera cette dernière extrémité après
l'électrisation par influence , dépend de la tension de la
source électrique et de la tension primitive du cylindre.

3° Lorsqu'un corps est électrisé par influence , il agit
lui-même sur les corps qu'on lui présente. Il suffit , pour
s'en convaincre , de placer à la suite l'un de l'autre deux
cylindres isolés munis de pendules doubles , et de soumettre
le premier à l'action directe d'un corps électrisé. On reconnaît alors que le second cylindre doit une partie de son
électricité à l'action du premier , car la divergence de ses
pendules serait moindre s'il n'était soumis qu'à l'influence de
la source électrique.

4° Lorsque l'électricité naturelle d'un corps conducteur a
été décomposée par influence et que l'action décomposante
cesse tout-à-coup , les deux fluides se recomposent instantanément, et le corps revient à son état naturel. Cette recomposition subite agite quelquefois avec violence les molécules
des corps animés , et produit dans ces corps de fortes commotions qu'on a nommées le *choc en retour*. Une expérience
curieuse peut en montrer les effets ; on suspend , par un fil
conducteur, une grenouille vivante ou récemment dépouillée,
près d'une machine chargée d'électricité ; quand on décharge
brusquement la machine , la grenouille s'agite avec force et
éprouve de violentes convulsions , quoiqu'il ne paraisse pas de
trace d'électricité entre elle et la source électrique. — Une
personne, placée près du conducteur d'une machine puissante,
n'éprouve aucune commotion pendant qu'il se charge , mais
elle ressent tout l'effet du choc en retour dès qu'on le décharge
brusquement.

329. Les phénomènes précédens supposent que les corps n'opposent aucun obstacle au mouvement des fluides électriques ; ils ne sont donc pas rigoureusement applicables aux corps mauvais conducteurs de l'électricité. Ces corps peuvent cependant s'électriser aussi par influence ; mais la décomposition de leur fluide n'est pas instantanée comme dans les corps bons conducteurs ; et leur récomposition ne se fait pas avec la même rapidité, dès qu'on les soustrait à l'action de la source électrique ou dès que cette source perd son électricité. Que l'on prenne, par exemple, deux pendules électriques terminés, l'un par une balle métallique, l'autre par une balle de gomme-laque, et qu'on les approche d'une source électrique, la balle métallique sera instantanément et puissamment attirée, tandis que l'autre n'éprouvera qu'un déplacement lent et peu sensible. En déchargeant la source, la première reviendra subitement à l'état naturel, et l'autre conservera pendant quelque temps des traces d'électricité.

330. La différence que présentent les bons et les mauvais conducteurs dans leur électrisation par influence, explique plusieurs phénomènes importans, et entre autres le phénomène de la communication de l'électricité entre les corps placés à distance. Si l'on présente, par exemple, le doigt ou tout autre corps conducteur au cylindre d'une machine électrique, on en tire l'étincelle à une assez grande distance, tandis qu'on ne peut la faire jaillir en lui présentant, même à une petite distance, un corps mauvais conducteur. On conçoit sans peine la cause de cette différence. Dans le premier cas, le cylindre décompose facilement l'électricité naturelle du conducteur, repousse dans le sol son électricité positive et attire près de lui son électricité négative ; cette électricité réagit à son tour sur l'électricité du cylindre, l'attire au point voisin du conducteur et lui donne à ce point une plus forte tension, de sorte que les

électricités contraires des deux corps voisins obéissent facile-- ment à leur attraction mutuelle , et se réunissent malgré la résistance de l'air, pour former de l'électricité naturelle. Dans le second cas , l'électricité naturelle du mauvais conducteur éprouvant une décomposition et un déplacement presque insensibles, n'exerce qu'une faible réaction sur l'électricité du cylindre, et ne change que très-peu son état électrique, de sorte que les électricités des deux corps en présence s'attirent avec moins d'énergie , et n'acquièrent pas une force suffisante pour vaincre la résistance de l'air.

L'électricité ne se porte jamais d'un corps sur un autre ou plutôt la recomposition des électricités n'a jamais lieu entre deux corps placés à distance, sans qu'il y ait production de l'étincelle électrique. La distance à laquelle jaillit l'étincelle et le bruit qu'elle produit, dépendent de l'étendue des corps conducteurs, de leur forme et de la tension de leurs fluides.

Un thermomètre, placé sur la route de l'étincelle, n'indique jamais un accroissement sensible de température, et cependant, dans beaucoup de circonstances, elle agit comme la chaleur. Ainsi, qu'on remplisse un petit vase métallique d'alcool ou d'éther, puis qu'on fasse jaillir l'étincelle entre un corps électrisé et la surface de ces liquides, on les voit s'enflammer tout-à-coup, comme à l'approche d'une bougie allumée. — On obtient un résultat plus remarquable encore avec le *pistolet de Volta*. C'est un petit vase métallique (*fig.* 25) muni à sa partie inférieure d'une ouverture que l'on ferme avec un bouchon : une tige de métal, terminée par deux petites boules, est mastiquée dans un tube de verre avec de la cire d'Espagne et scellée dans le col du vase; la boule intérieure arrive près des parois. Lorsqu'on communique une étincelle à la boule extérieure, elle se porte, en suivant la tige, sur la boule intérieure, puis elle jaillit entre cette boule

et les parois du vase , et traversé le gaz que contient le pistolet. Si on l'a rempli d'un mélange détonant , l'étincelle produit l'action chimique , le bouchon est projeté avec force, et
la détonation a lieu. On met ordinairement dans le pistolet
un mélange de deux volumes d'hydrogène et d'un volume
d'oxigène; plus simplement , on se contente d'y introduire à
peu près le quart de son volume d'hydrogène et d'y laisser
l'air atmosphérique. — On peut aussi obtenir la détonation
avec le pistolet de Volta , en l'électrisant par influence et pro-
duisant le choc en retour. On le place , à cet effet , près du
conducteur d'une machine électrique , et on l'électrise par
influence en faisant communiquer le bouton extérieur avec le
sol ; on décharge ensuite brusquement la machine , et l'explosion a lieu. — On n'emploie jamais un vase de verre ou d'une
autre substance non conductrice pour former le pistolet de
Volta : car l'étincelle se porte difficilement , comme il vient
d'être dit, d'un corps conducteur sur un corps mauvais conducteur.

   334. *Explication des mouvemens des corps électrisés.* =
Les mouvemens des corps électrisés sont dûs à l'imparfaite
conductibilité de l'air et aux actions réciproques des deux
fluides électriques ; l'explication de ces mouvemens se déduit
de la théorie de l'électricité par influence.

   Nous considérerons , pour fixer les idées , un corps immobile électrisé, et nous lui présenterons un corps mobile , conducteur ou non conducteur, électrisé ou à l'état naturel ,
suspendu à l'extrémité d'un fil très-fin. Nous supposerons les
deux corps de forme sphérique , et nous donnerons au premier
de l'électricité positive. Soient V le corps fixe (*fig.* 26) et AB
le corps mobile. Deux cas sont à étudier :

   1° *Le corps mobile est bon conducteur.* = Si ce corps
est à l'état naturel et s'il est suspendu par un fil isolant; il

prend les deux électricités par l'influence de la sphère électrisée, l'électricité positive dans la partie B la plus éloignée,
et l'électricité négative dans la partie A la plus voisine. Ces
deux électricités ne sont pas uniformément répandues sur sa
surface; elles partent d'un cercle commun où leur intensité
est nulle, et croissent régulièrement à partir de ce cercle
jusqu'aux points A et B où leur intensité est maximum; elles
sont à chaque instant, l'une attirée, l'autre repoussée par
l'électricité de la sphère, mais elles ne peuvent s'en approcher
ou s'en éloigner sans entraîner le corps dans leur mouvement,
car l'air les retient sur lui par sa pression et par son imparfaite
conductibilité. Le corps mobile est donc soumis à deux forces:
l'une, dirigée de A en V, est produite par l'attraction de
l'électricité de la sphère sur l'électricité accumulée vers le
point A; l'autre, dirigée en sens contraire, est produite par
la répulsion de l'électricité de la sphère sur l'électricité
accumulée vers le point B; la première est la plus énergique,
car les deux électricités sont en égale quantité, et l'électricité
du point A agit à une moindre distance que l'électricité du
point B. Aussi le corps obéit-il à cette force et se porte-t-il vers
la sphère. — L'action de la sphère sur le corps serait plus
intense si le fil de suspension était bon conducteur, car l'électricité positive, résultant de la décomposition, s'écoulerait
dans le sol et n'agirait plus, soit pour contre-balancer une
partie de l'effet de l'électricité négative, soit pour s'opposer à
une nouvelle décomposition dans l'électricité naturelle du
corps.

Lorsque le corps mobile est primitivement chargé d'électricité, les attractions et les répulsions proviennent de l'électricité qu'il a reçue directement et de celle qu'il doit à la
décomposition par influence. Contient-il de l'électricité négative, il y a toujours attraction, car l'action attractive de

la sphère sur cette électricité s'ajoute à l'action attractive qui résulte de la décomposition par influence. Contient-il de l'électricité positive, il y a ordinairement répulsion ; quelquefois cependant il y a attraction, quelquefois il n'y a ni attraction, ni répulsion. Pour expliquer ces phénomènes, nous remarquerons que la sphère décompose par influence l'électricité naturelle du corps mobile, qu'elle repousse en B son électricité positive qui s'ajoute à celle qui y était déjà, et qu'elle attire en A son électricité négative qui contre-balance en tout ou en partie l'électricité positive qui s'y trouvait. Or, s'il reste encore de l'électricité positive au point A, la répulsion est évidente, et le corps mobile s'éloigne du corps fixe; mais s'il y reste de l'électricité négative, la répulsion n'est pas certaine, car cette électricité agit en sens contraire de l'électricité positive ; il est bien vrai que l'électricité négative est toujours en moindre quantité que l'électricité positive, mais en compensation elle agit à une moindre distance, et il est possible que les forces attractives et répulsives se contre-balancent, ou même que la force attractive devienne prédominante. Il arrive même quelquefois qu'il y ait d'abord répulsion, et que la répulsion se change ensuite en attraction si l'on approche le corps à une petite distance de la sphère ; car les deux électricités augmentant également dans le corps par l'effet de la proximité, et la distance de l'électricité négative diminuant dans un plus grand rapport que la distance de l'électricité positive, la force attractive augmentera dans un plus grand rapport que la force répulsive, et quoique la première force soit d'abord la plus faible à une certaine distance, elle peut devenir la plus intense à une distance moindre.

2° *Le corps mobile est mauvais conducteur.* = Si un corps était complètement privé de la conductibilité élec-

II. 6

trique , il ne pourrait éprouver aucune décomposition par
influence , ou plutôt ses fluides ne pourraient , après leur
décomposition , quitter les molécules du corps où ils se
trouvaient à l'état de combinaison ; ce corps ne serait donc
jamais ni attiré , ni repoussé par un corps électrisé puisque
la force attractive de l'un des fluides contre-balancerait toujours la force répulsive de l'autre. Mais il n'en est pas ainsi ;
car les corps, même les plus mauvais conducteurs , laissent
toujours quelque liberté au mouvement des fluides , et surtout
lorsque ces fluides sont soumis à une action puissante et de
longue durée ; aussi ces corps éprouvent-ils avec le temps une
décomposition assez énergique, et se portent-ils, comme les
corps conducteurs , vers les corps électrisés. — Lorsque les
corps mauvais conducteurs sont chargés d'électricité , ils sont
toujours attirés par les corps qui renferment une électricité
contraire , et toujours repoussés par ceux qui renferment une
électricité de même nature.

332. *Réaction due à l'écoulement de l'électricité.* =
L'écoulement de l'électricité donne lieu à une réaction analogue à celle qui s'observe dans l'écoulement des liquides et
des gaz ; on s'en assure au moyen du *tourniquet électrique.*
Ce petit appareil consiste en un système de tiges métalliques
(*fig.* 27) partant d'un centre commun, recourbées dans le
même sens à leurs extrémités et terminées par des pointes
très-fines ; on le pose , par son centre, sur un axe métallique
que l'on fixe verticalement au conducteur de la machine
électrique. Lorsqu'on communique de l'électricité à la machine ; le tourniquet prend un mouvement de rotation autour
de son centre, et il ne s'arrête que lorsque la machine a
perdu toute son électricité. Ce mouvement s'explique : le
fluide électrique exerce, sur tous les points du tourniquet ;
des pressions continuelles qui proviennent de la force répul-

sive de ses molécules ; ces pressions se .contre-balanceraient mutuellement., et l'on n'obtiendrait aucune rotation si le fluide ne pouvait s'écouler ; mais s'il s'écoule , et l'écoulement a toujours lieu dès que l'appareil reçoit de l'électricité , les. pointes ne supportent plus aucune pression , et les pressions opposées ne sont plus contre-balancées. De là. le mouvement de rotation.

333. Un grand nombre d'expériences sont fondées sur les principes de l'électricité par influence ; nous en rapporterons quelques-unes.

On suspend un plateau de métal au conducteur d'une machine électrique ; au-dessous de lui, on place un autre plateau que l'on fait communiquer au sol, et sur lequel on met quelques corps légers. Lorsqu'on charge la machine, ces corps sont attirés vers le plateau supérieur ; puis ils retombent après l'avoir touché , s'élèvent une seconde fois, retombent de nouveau , et exécutent ainsi de nombreuses oscillations pendant tout le temps que le conducteur est électrisé. — L'expérience devient plus piquante en disposant de petits bons-hommes de liége sur le plateau inférieur ; les mouvemens qu'ils exécutent entre les deux plateaux ressemblent assez à une véritable danse ; aussi cette expérience est-elle nommée la danse des pantins.

On prend quelquefois, pour varier ces expériences , une cloche de verre (*fig*. 28) dont le fond est métallique ; on la fait traverser, dans sa partie supérieure, par une tige conductrice terminée par un large plateau de métal, et l'on met, sur le fond de la cloche, un grand nombre de balles de sureau. Lorsqu'on fait communiquer la tige avec le conducteur d'une machine électrisée , ces balles s'élèvent vers le plateau supérieur, retombent après leur contact avec lui, et s'élèvent de nouveau pour retomber une seconde fois ; en

exécutant ces mouvemens, elles s'entre-choquent dans tous les
sens, et produisent un bruit analogue à celui qui précède la
chute de la grêle. Nous verrons plus loin le parti que Volta a
tiré de cette expérience.

L'expérience du *Carillon électrique* repose, comme celles
qui précèdent, sur les attractions et les répulsions des corps
électrisés. Le carillon électrique (*fig.* 29) se compose de trois
timbres et de trois globules suspendus à une tige métallique :
les timbres extrêmes sont supportés par des fils conducteurs ;
le timbre du milieu et les globules ont pour support des cordons de soie. Lorsqu'on fait communiquer la tige avec une
source électrique et le timbre intermédiaire avec le sol, les
globules se portent sur les timbres extrêmes, puis ils sont
repoussés sur le timbre du milieu, retournent vers les timbres
extrêmes, et produisent, en frappant alternativement les
timbres, une série de petits sons qui durent tant que la
source contient de l'électricité.

CHAPITRE IV.

Des appareils électriques.

334. *Machine électrique.* = La machine électrique la plus ordinaire (*fig.* 30) contient ; comme élément essentiel, un plateau circulaire de verre de 3 ou 4 pieds de diamètre et quelquefois de 5 ou 6 pieds. Ce plateau est mobile autour d'un axe horizontal passant par son centre, et il frotte, dans sa rotation, contre quatre coussins fixés aux montans qui supportent son axe. Les coussins sont rembourrés de crin ; leur surface frottante est en cuir, et leur surface opposée au plateau est en bois. La machine contient encore un conducteur qui se compose ordinairement de deux cylindres creux en laiton, montés sur des supports isolans. Ces cylindres sont perpendiculaires au plateau ; et presque à la hauteur de son centre ; ils communiquent, à leurs extrémités les plus éloignées du verre, par un troisième cylindre d'un plus petit diamètre, et ils portent, à leurs extrémités les plus voisines, deux arcs métalliques qui embrassent le plateau et lui présentent quelques pointes. On voit la disposition de ce conducteur dans la *figure* 31 qui représente une section horizontale de la machine.

Lorsqu'on tourne le plateau ; le frottement du verre contre les coussins donne lieu à un développement d'électricité : l'électricité négative se porte sur les coussins, puis elle passe dans le sol en suivant une chaîne métallique qui les entoure ;

l'électricité positive se porte sur le verre, puis elle décompose par influence l'électricité naturelle du conducteur, attire sur le plateau l'électricité négative qui résulte de la décomposition, et se combine avec elle pour former du fluide neutre. Le conducteur ne renferme plus alors que de l'électricité positive. Les pointes que les cylindres présentent au plateau, facilitent l'écoulement de leur électricité négative, et contribuent à augmenter la charge de l'électricité positive qu'ils doivent conserver.

La décomposition de l'électricité naturelle du conducteur n'est pas indéfinie ; elle est susceptible d'une limite qui varie avec la vitesse de rotation du plateau. Pour le démontrer plus facilement, nous considérerons un seul cylindre AB (*fig.* 32) terminé d'un côté par une surface arrondie et de l'autre par une pointe très-fine; nous le présenterons, par sa pointe, au plateau CD chargé d'électricité positive, et nous chercherons à reconnaître si les forces qui sollicitent une molécule électrique *m* de ce cylindre, peuvent se faire équilibre à une certaine époque de la décomposition. L'électricité positive de cette molécule est soumise à deux forces; ce sont les répulsions qu'exercent sur elle l'électricité positive du plateau et l'électricité positive déjà refoulée à l'extrémité B du cylindre; la première répulsion est nécessairement limitée, puisque le plateau ne peut recevoir qu'une quantité finie d'électricité ; la deuxième est d'abord très-faible, puis elle augmente à mesure que la décomposition s'opère, et elle parvient à contre-balancer la répulsion de l'électricité du plateau. A cette époque, l'électricité naturelle de la molécule *m* n'éprouve plus de décomposition, et le conducteur possède sa tension maximum. Cette tension est d'autant plus grande que la décomposition est plus énergique; elle croît, par conséquent, avec la charge électrique du plateau, ou, ce qui revient au même, avec sa vitesse de rotation. L'air tend sans cesse à diminuèr la tension électrique des cylindres en léur enlevant de l'électricité, et il la diminuerait en effet si l'on n'avait pas soin de réparer à chaque instant les pertes qu'ils éprouvent; on y parvient en donnant constamment au plateau le même état électrique, et par suite en lui communiquant une rotation uniforme.

On juge ordinairement de la tension d'une machine électrique au moyen de l'électromètre à cadran (*fig.* 33). On le dispose sur le conducteur; et on réconnaît que la tension est maximum dès que son aiguille reste immobile malgré la rotation du plateau ; on compare en outre les divers degrés de tension par le nombre des divisions parcourues par l'aiguille à partir de sa position verticale d'équilibre. Il est facile de constater avec cet appareil qu'il suffit, dans un temps sec, de donner au plateau deux ou trois tours pour porter à son maximum la tension de la machine.

Le conducteur ne conserve pas long-temps ses propriétés électriques après qu'on a cessé de tourner le plateau, car alors le verre est ramené instantanément à l'état naturel par le fluide négatif des cylindres, et il n'empêche plus leur fluide positif de s'écouler par les pointes. Afin d'éviter cet écoulement, on supprime quelquefois les pointes dans les arcs métalliques qui terminent le conducteur, et on les remplace par de petites boules en laiton.

On doit satisfaire à plusieurs conditions pour obtenir de grands effets avec une machine électrique. Il faut d'abord faciliter autant que possible le développement de l'électricité entre les coussins et le plateau ; on y parvient en appliquant sur les coussins, préalablement enduits d'une légère couche de suif, de l'or mussif pulvérisé, ou un amalgame d'étain et de mercure, ou enfin un alliage d'étain, de mercure et de zinc. Il faut ensuite amener vers les pointes toute l'électricité développée vers les coussins, et éviter, par conséquent, toute déperdition par le contact de l'air dans le trajet des coussins aux pointes du conducteur ; on y parvient en appliquant, sur le plateau, deux *armatures* de taffetas gommé, et en les plaçant dans les deux quarts de cercle que suit le plateau depuis les coussins jusqu'aux pointes. Il faut enfin retenir, autant que possible, l'électricité sur le conducteur ; on y parvient en desséchant avec soin ses supports, et surtout en le plaçant loin des corps terminés par des pointes ou des angles saillans.

Lorsqu'on charge la machine sans faire communiquer ses coussins avec le sol, on ne la porte jamais à son maximum de tension, car deux corps isolés développent par le frottement moins d'électricité que deux corps dont l'un communique au sol. Cette différence se conçoit : si les corps sont isolés, les électricités qu'ils prennent par le frottement, restent dans leur masse et s'attirent avec force, de sorte qu'il arrive bientôt une époque à laquelle l'attraction mutuelle des fluides contrebalance la puissance décomposante du frottement ; au-delà, il n'y a plus décomposition, ou ce qui revient au-même, les fluides se recomposent par leur attraction mutuelle dès qu'ils ont été décomposés. Si, au contraire, l'un des corps communique avec le sol, son électricité s'écoule à mesure qu'elle se développe ; il n'existe plus alors d'attraction, et par suite plus d'obstacle à la puissance du frottement.

On donne quelquefois des *conducteurs secondaires* aux machines électriques ; ce sont des cylindres de fer-blanc que l'on supporte par des cordons de soie ou par des tubes de verre, et que l'on fait communiquer avec le *conducteur principal* pendant qu'il se charge. Comme le conducteur de la machine présente alors une surface très-étendue, il reçoit une grande quantité d'électricité, et il peut, en se déchargeant tout d'un coup, donner des lames de feu de plusieurs pieds de longueur.

Les conducteurs secondaires ont ordinairement une très-grande longueur et un très-petit diamètre, car avec cette forme ils sont propres à recevoir une plus grande quantité d'électricité. On ne les emploie qu'avec les machines puissantes ; il faut, en effet, qu'elles puissent développer assez d'électricité pour réparer les pertes immenses qu'éprouvent ces conducteurs par le contact de l'air. Lorsque les conducteurs secondaires ont été éloignés du conducteur principal, ils conservent assez long-temps l'électricité qu'ils ont reçue, car ils ne présentent aucune des formes anguleuses qui favorisent la déperdition de l'électricité.

335. La machine électrique qui vient d'être décrite ne donne jamais que de l'électricité positive ; il en existe d'autres qui donnent à volonté l'électricité positive ou l'électricité négative, et d'autres enfin qui donnent à la fois les deux espèces d'électricité ; les machines de Van-Marum et de Nairne sont de ce nombre. Le conducteur de la machine de Van-Marum est mobile, et il peut être mis en communication soit avec le plateau, soit avec les coussins. Veut-on obtenir de l'électricité positive, on met les coussins en communication avec le sol, et le plateau en communication avec le conducteur comme dans les machines ordinaires ; veut-on obtenir de l'électricité négative, on met le verre en communication avec le sol, et les coussins en communication avec le conducteur. — La machine de Nairne donne à la fois les deux électricités ; elle se compose d'un cylindre de verre mobile autour de son axe, et de deux conducteurs cylindriques isolés du sol et séparés l'un de l'autre. L'un des conducteurs porte le coussin contre lequel doit frotter le cylindre et se charge d'électricité négative ; l'autre présente quelques pointes au verre et prend de l'électricité positive. La *figure* 34 représente une section horizontale de cette machine.

336. *De l'électrophore.* = Cet instrument (*fig.* 35) se

compose d'un gâteau de résine AB et d'un plateau métallique
CD muni d'un manche isolant. La résine est renfermée dans
une enveloppe de bois ou de métal; sa surface est bien unie.
Pour charger l'électrophore, on électrise d'abord la résine
en la battant avec une peau de chat, puis on pose sur elle
le plateau métallique. Ce plateau éprouve alors la décomposition par influence; son électricité négative se rend à la
surface supérieure, et son électricité positive se porte à la
surface inférieure. Si on le soulevait dans cet état, la recomposition des fluides aurait lieu, et l'on n'emporterait aucune
trace d'électricité; mais si on le touche avec le doigt pendant
qu'il est encore sur le gâteau, son fluide négatif passe dans
le sol, et, dès qu'on le soulève, on le trouve chargé de
fluide positif; on peut même alors en tirer une brillante
étincelle. Si on le replace sur le gâteau, qu'on le touche avec
le doigt et qu'on le soulève de nouveau, on le trouve encore
chargé, et l'on peut en tirer une nouvelle étincelle; on peut
même le charger ainsi plusieurs milliers de fois, sans être
obligé de donner une nouvelle électricité à la résine.

Il paraît étonnant que l'étincelle jaillisse entre le plateau
et le doigt, même à une assez grande distance, tandis qu'elle
ne jaillit pas entre le plateau et la résine à travers la mince
couche d'air qui les sépare. Cette différence est une conséquence des principes primitivement établis. Dans le premier
cas, l'électricité du plateau s'accumule, par l'influence du
doigt, en un seul point de sa surface, et y prend une forte
tension; dans le second, au contraire, elle est également
attirée par chacun des points de la résine, et se répand uniformément sur toute la surface du plateau, sans pouvoir
prendre en aucun point une tension suffisante pour traverser
la mince couche d'air qui le sépare de la résine.

L'électrophore suffit pour faire détoner le pistolet de

Volta ; il est d'un fréquent usage dans les laboratoires de Chimie.

337. *Des électroscopes.* = On nomme électroscopes ou électromètres de petits appareils destinés à rendre sensibles les plus petites quantités d'électricité et à indiquer en outre la nature de l'électricité.

L'électroscope à balles de sureau (*fig.* 36) se compose de deux fils métalliques, très-fins qui portent à leurs extrémités inférieures des balles de sureau et qui sont suspendus à un conducteur fixe terminé par une boule. Tout l'appareil, à l'exception de la boule, est enfermé dans une cloche de verre dont le fond est métallique. Deux lames d'étain CE, DF partent du fond de la cloche et s'élèvent verticalement sur ses parois intérieures à la hauteur des balles de sureau. Ces balles viennent les toucher dans leur plus grand écart et s'y déchargent de l'électricité qu'on leur communique ; si elles touchaient le verre, elles lui donneraient une électricité qu'il conserverait long-temps et qui pourrait produire de graves erreurs dans les expériences ; on obvie encore à un inconvénient du même genre en recouvrant la partie supérieure de la cloche d'un vernis non conducteur.

Les électroscopes à pailles et *à lames d'or* ne diffèrent de l'électroscope à balles de sureau que par le conducteur renfermé dans la cloche. Dans l'électroscope à paille (*fig.* 37) il est formé de deux brins de paille, que l'on attache au conducteur fixe par deux anneaux métalliques ; dans l'électroscope à lames d'or, il est formé de deux lames d'or qui se collent à la partie inférieure du conducteur fixe.

Pour reconnaître la présence de l'électricité dans un corps à l'aide d'un électroscope, l'électroscope à balles de sureau par exemple, on l'approche à une petite distance de la boule extérieure, et on observe les balles de sureau : le corps est

électrisé si elles s'écartent l'une de l'autre, et il est à l'état
naturel si elles restent dans leur position verticale d'équilibre. La divergence des balles varie avec la quantité d'électricité du corps et croît avec elle ; comme elle ne lui est pas
toutefois proportionnelle, elle ne fait pas connaître immédiatement le rapport des intensités électriques du corps dans
deux états différens, mais elle indique seulement si l'intensité
électrique du corps est plus grande dans un état que dans un
autre. — Pour reconnaître la nature de l'électricité à l'aide
du même électroscope, il faut d'abord lui communiquer une
électricité connue. Veut-on lui donner de l'électricité positive, on approche de la boule extérieure un bâton de cire
d'Espagne électrisé, et l'on touche la boule avec le doigt ; on
retire ensuite le doigt, puis le corps électrisé, et l'électroscope contient de l'électricité positive. Si alors on approche
un corps de la boule et qu'il augmente la divergence des
balles, il possède indubitablement la même électricité que
l'électroscope ; mais s'il la diminue, il n'est pas sûr qu'il
contienne une électricité contraire, car les corps conducteurs
non électrisés produisent aussi un rapprochement dans les
balles.

Dans les temps humides on ne peut pas faire des expériences
comparables avec les électroscopes, à moins de dessécher
l'air qu'ils contiennent ; on y parvient en mettant, dans
l'intérieur de la cloche, du chlorure de calcium ou toute
autre substance déliquiescente. — Les électroscopes que nous
venons de décrire sont plus sensibles que le pendule électrique, et ils conservent plus long-temps l'électricité qu'on
leur donne.

338. *Du condensateur.* == Le condensateur ordinaire se
compose de deux plateaux métalliques VV, RR (*fig.* 38),
séparés l'un de l'autre par un plateau de verre d'un plus grand

diamètre. Le plateau supérieur est muni d'un manche isolant, et le plateau inférieur repose sur un pied conducteur.

Supposons le plateau supérieur en communication avec une source d'électricité, une machine électrique par exemple, et cherchons à analyser les phénomènes qui se produisent. Ce plateau se couvrira d'abord de fluide positif, puis il agira, à travers le verre, sur le plateau inférieur et décomposera son fluide naturel : le fluide positif résultant de la décomposition, sera refoulé dans le sol, et le fluide négatif sera attiré près du verre. Ce fluide, en réagissant sur le fluide positif du plateau supérieur, neutralisera une partie de son action ; et comme par l'effet de cette neutralisation, l'équilibre électrique n'existera plus entre les fluides des plateaux et de la source, le plateau pourra recevoir une nouvelle quantité de fluide positif. Celui-ci agira, comme le premier, sur le fluide naturel du plateau inférieur, et le fluide négatif, résultant de cette nouvelle décomposition, réagira aussi sur le fluide du plateau supérieur pour le neutraliser en partie et pour détruire de nouveau l'équilibre électrique.... On pourra donc, au moyen des neutralisations successives, accumuler ou condenser sur l'appareil de grandes quantités d'électricité : de là lui vient le nom de *condensateur*.

On serait tenté de croire que les fluides positif et négatif se neutralisent complètement dans le condensateur, et par suite que cet appareil peut recevoir une charge illimitée ; cependant il n'en est pas ainsi, et c'est ce qu'il importe de faire bien comprendre. Nous supposerons, pour faciliter notre démonstration, que le fluide de la machine passe par intermittence sur le plateau supérieur, et nous admettrons que les deux plateaux aient identiquement la même forme et les mêmes dimensions. Si le plateau V reçoit de la machine une première quantité finie et déterminée de fluide positif, la

décomposition qu'il produit dans le plateau R est aussi finie
et déterminée, et de plus le fluide libre du premier plateau
est en plus grande quantité que celui du second, puisque les
actions-contraires, exercées par ces fluides sur une molécule
électrique m, doivent se faire équilibre malgré la différence
des distances. Si le plateau V reçoit une nouvelle quantité de
fluide positif, il décompose encore par influence le fluide
négatif du plateau R, et comme on peut, relativement à cette
décomposition, faire abstraction du fluide déjà répandu sur
l'appareil, le nouveau fluide négatif décomposé et maintenu
en R sera encore moindre que le nouveau fluide reçu par le
plateau V. La différence entre les quantités de fluide des
deux plateaux croîtra ainsi à chaque nouvelle décomposition.
Il en serait de même si le plateau supérieur recevait son fluide
d'une manière continue. Il est dès-lors évident que le fluide
positif finira par être accumulé en assez grande quantité sur
le plateau supérieur pour contre-balancer à lui seul les actions
concordantes que le fluide négatif du plateau inférieur et le
fluide positif de la machine exercent sur une molécule positive p du fil de communication. A cette époque le plateau
supérieur ne pourra plus recevoir de nouveau fluide, et le
condensateur aura sa charge maximum.

La charge du condensateur dépend de l'épaisseur du verre
interposé entre les plateaux et de la tension de la source qui
lui fournit de l'électricité. On conçoit facilement ces résultats
en comparant les forces qui se font équilibre dans l'appareil,
et en remarquant que les fluides des deux plateaux se neutralisent d'autant plus complètement que leur distance est
plus petite. Il ne faudrait pas croire cependant qu'on peut
augmenter indéfiniment la charge d'un condensateur en diminuant suffisamment l'épaisseur du verre, car les fluides contraires des deux plateaux s'attirant sans cesse finiraient par

s'ouvrir un passage à travers la lame de verre et par se combiner. — On ne doit par oublier, en chargeant le condensateur, de mettre son plateau inférieur en communication avec
le sol ; le fluide positif développé par influence sur ce plateau
contre-balancerait, en effet, une partie de l'action du fluide
négatif, et le condensateur ne prendrait qu'une faible charge.
Il ne faut pas oublier non plus de chauffer la lame de verre
et de bien l'essuyer avec des linges chauds, afin de la priver
de toute humidité ; car cette humidité établirait la communication entre les deux plateaux et nuirait à l'accumulation
de l'électricité.

Lorsque la charge du condensateur est arrivée à sa limite,
l'excès du fluide positif de son plateau supérieur sur le fluide
négatif de son plateau inférieur est toujours moindre que le
fluide que le premier plateau prendrait directement à la
source s'il ne faisait pas partie de l'appareil. S'il prenait un
excès égal, une molécule électrique p du fil de communication
devrait être en équilibre sous l'attraction du fluide négatif
du plateau inférieur et sous la répulsion d'une égale quantité
de fluide positif du plateau supérieur, ce qui est impossible ;
s'il prenait un excès plus grand, l'impossibilité serait encore
plus manifeste. L'excès du fluide du plateau supérieur approche d'ailleurs d'autant plus d'être égal au fluide qu'il
recevrait s'il était seul, que le verre interposé entre les deux
plateaux a une moindre épaisseur.

Lorsqu'on a chargé le condensateur et qu'on l'a fait reposer
sur un corps isolant, on peut le toucher avec un corps conducteur sans crainte de le décharger *sensiblement*, car les
électricités des plateaux s'attirent sans cesse à travers la
lame de séparation ; et leur attraction empêche l'une d'elles
de se répandre dans le sol. Les effets de ces électricités sont
donc pour ainsi dire *dissimulés*. Cependant la dissimulation

n'est pas complète, et l'on tire une petite étincelle du plateau supérieur en lui présentant le doigt ou tout autre corps conducteur, car l'électricité de ce plateau agit avec plus de force, comme étant en plus grande quantité et à une plus petite distance du conducteur. Dès que l'étincelle a jailli, l'électricité qui reste sur ce plateau est moindre que l'électricité du plateau inférieur, et l'on peut alors tirer une étincelle de ce deuxième plateau; on en tirera ensuite une du premier, puis une nouvelle du second, et de même ainsi jusqu'à ce que l'appareil ait perdu toute son électricité. Si on eût présenté d'abord le conducteur au plateau inférieur, on n'aurait pas eu d'étincelle, car son fluide est en totalité retenu sur lui par le fluide du plateau supérieur; mais au bout de quelque temps, il la donne aussi, car le plateau supérieur perd peu à peu son excès de fluide par le contact de l'air, et il finit par avoir une charge seulement égale à celle du plateau inférieur; à cette époque l'étincelle peut jaillir indifféremment de chacun des plateaux.

Nous venons de voir le moyen de décharger graduellement le condensateur en tirant des étincelles successives de ses deux plateaux; on peut aussi le décharger subitement, et, à cet effet, on emploie ordinairement *l'excitateur*. C'est un conducteur (*fig.* 39) formé de deux branches AB, AC qui sont munies des manches isolans D, E, et qui peuvent s'approcher ou s'éloigner l'un de l'autre en tournant autour du point A comme charnière. Lorsqu'on met l'une des boules en contact avec l'un des plateaux et qu'on approche l'autre boule du deuxième plateau, l'étincelle jaillit avec force, et l'appareil est presque entièrement déchargé. Si l'on faisait communiquer les plateaux en les touchant avec les deux mains, les fluides se rejoindraient également, et l'on éprouverait une forte commotion. Cette commotion se fait sentir avec une

égale énergie à travers une chaîne composée de plusieurs
personnes dont les extrémités sont en contact avec les plateaux.

La plus grande partie de l'électricité se trouve engagée
dans la lame de séparation ; si toute l'électricité résidait dans
les plateaux, on les déchargerait complètement en les faisant communiquer un instant au moyen de l'excitateur, tandis qu'on obtient encore d'autres petites décharges. Ce principe
se démontre d'ailleurs par une expérience plus directe : on
intercepte d'abord la communication du plateau supérieur
avec la machine, et du plateau inférieur avec le sol ; on
soulève ensuite le plateau supérieur par son manche isolant,
et on le met à l'état naturel ; cela fait, on sépare la lame de
verre du plateau inférieur en la tenant par son bord, et l'on
touche ce plateau pour lui enlever l'électricité qu'il renferme.
On replace alors les plateaux et la lame dans leur position
ordinaire, et l'appareil est presque autant chargé que si l'on
n'eût pas fait communiquer isolément chacun des plateaux
avec le sol.

339. *Diverses espèces de condensateurs.* = Le condensateur à *lame de verre* peut recevoir de très-fortes charges
d'électricité sans avoir sa lame trouée par l'attraction mutuelle
des fluides, mais aussi il ne peut être chargé, à cause de
l'épaisseur de cette lame, que par une source puissante d'é-
lectricité, telle qu'une machine ou un électrophore.

Le condensateur à taffetas ne peut recevoir d'aussi grandes
quantités d'électricité que le condensateur à lame de verre,
mais il peut se charger avec des sources plus faibles. Il est
formé d'un disque de bois recouvert de taffetas, et d'un plateau
métallique d'un plus petit diamètre.

Le condensateur à lame d'or est doué d'une extrême sensibilité ; il se compose d'un électromètre à lame d'or (*fig*. 40)

II.   7

surmonté d'un condensateur. Le plateau inférieur communique avec les lames d'or par une tige métallique ; la lame non conductrice qui le sépare du plateau supérieur est formée d'une couche de vernis d'une très-petite épaisseur, un dixième de millimètre par exemple ; on forme ce vernis en dissolvant de la gomme-laque dans l'alcool, on l'étend avec un pinceau sur les faces opposées des deux disques, et l'on attend, avant de les mettre en contact, que l'alcool se soit évaporé ou que le vernis soit sec. Veut-on reconnaître avec cet appareil la présence de l'électricité dans un corps, on fait communiquer le plateau inférieur avec ce corps et le plateau supérieur avec le sol ; on supprime, après quelque temps, les communications, et l'on soulève le plateau supérieur. L'électricité accumulée sur l'autre plateau devient alors libre, et fait diverger les lames d'or. On reconnaît également la nature de l'électricité du corps en donnant préalablement aux lames une électricité connue. Cet appareil est dû à Volta ; on le nomme souvent l'*électromètre condensateur*.

340. *De la bouteille de Leyde.* = La bouteille de Leyde est une espèce de condensateur à lame de verre. Elle consiste ordinairement en un flacon de verre (*fig.* 41) rempli de feuilles d'or ou d'une autre substance conductrice et recouvert extérieurement d'une feuille d'étain qui s'élève à un ou deux pouces du bord supérieur. Le bouchon de liége qui ferme la bouteille, est traversé par une tige métallique recourbée, dont l'extrémité intérieure se termine par une pointe et dont l'extrémité extérieure se termine par un bouton. Les substances conductrices qui remplissent le flacon et celles qui l'environnent, s'appellent les *armatures* de la bouteille. On doit éviter avec soin toute communication entre les deux armatures, et, à cet effet, on revêt le col de la bouteille d'un vernis.

On charge ordinairement la bouteille en faisant communiquer son bouton avec la machine électrique, et en tenant son armature extérieure avec la main. L'électricité positive s'introduit dans la bouteille en suivant la tige métallique, et agit, à travers l'épaisseur du verre, sur l'armature extérieure pour décomposer son fluide naturel : le fluide positif provenant de la décomposition, s'écoule dans le sol, et le fluide négatif reste sur la bouteille, maintenu par l'attraction du fluide intérieur. On pourrait également charger la bouteille en faisant communiquer sa panse avec la machine, et en tenant son crochet avec la main ; l'armature extérieure contiendrait alors du fluide positif, et l'armature intérieure du fluide négatif. — Un électromètre à cadran, placé sur le conducteur de la machine, fait connaître l'époque à laquelle la charge de la bouteille parvient à son maximum ; son aiguille reste verticale dans les premiers tours du plateau, puis elle s'élève graduellement, et s'arrête enfin dans une position qu'elle ne peut plus dépasser malgré la rotation du plateau, dès que la bouteille ne peut plus recevoir d'électricité. — Ce maximum ou cette limite se reconnaît également sans l'électromètre : il suffit de charger la bouteille en faisant communiquer l'une de ses armatures avec le sol et en approchant l'autre à quelque distance de la machine ; les étincelles qui jaillissent entre le conducteur et l'armature sont d'abord fortes et rapides, puis elles deviennent plus petites et plus rares, et enfin elles cessent complètement quand l'électricité de la machine ne peut plus se condenser sur la bouteille. Deux ou trois tours de plateau suffisent pour charger une bouteille dont l'une des armatures est isolée, mais aussi la charge qu'elle prend est très-petite.

La bouteille de Leyde peut être déchargée ou lentement ou subitement : veut-on la décharger lentement, on la pose

sur un isoloir, et l'on tire des étincelles successives de sa panse
et de son crochet; veut-on la décharger subitement, on fait
communiquer ses deux armatures par un corps conducteur.
Les dimensions de ce conducteur sont indifférentes : des fils
métalliques de plusieurs lieues de longueur transmettent la
décharge avec la même facilité que des fils moins longs; ils la
transmettent également soit qu'ils reposent sur des tubes
isolans, soit qu'ils communiquent avec le sol, soit même qu'ils
traversent des terrains secs ou humides et qu'ils plongent dans
de grandes masses d'eau. — Si l'on interposait en même temps
plusieurs conducteurs entre les armatures d'une bouteille, les
fluides traverseraient toujours le meilleur pour se réunir ;
ainsi qu'on applique, avec la main, une chaîne métallique
sur la panse de la bouteille, et qu'on approche, avec l'autre
main, l'autre extrémité de la chaîne à quelque distance du
crochet, l'étincelle jaillit avec force et l'on n'éprouve aucune
commotion, car les métaux sont des conducteurs plus par-
faits que nos organes; il ne faudrait pas cependant que la
chaîne offrît quelques solutions de continuité, car on recevrait toute la violence de la décharge.

Les deux électricités s'attirent avec force à travers la lame
de verre de la bouteille, et se pressent, par l'effet de cette
attraction, sur ses deux faces opposées; aussi les armatures
sont-elles presque entièrement dépourvues d'électricité. Ce
fait se vérifie aisément avec une bouteille (*fig*. 42) dont
les armatures peuvent se séparer, et qu'on nomme pour cette
raison une bouteille à *armatures mobiles*. Lorsqu'on l'a
chargée et placée sur un isoloir, on la décompose en enlevant successivement son armature intérieure et sa lame isolante, puis on touche ses deux élémens métalliques pour les
mettre à l'état naturel, et on les replace ensuite dans leur
position primitive : la bouteille est alors presque aussi char-

gée qu'avant la communication de ses armatures avec le sol.

On compare les charges des bouteilles de Leyde par les distances auxquelles l'explosion a lieu entre leurs armatures, ou plutôt entre leur bouton et un autre bouton de même forme communiquant avec leur armature extérieure. Ce second bouton est fixé à l'extrémité d'une tige métallique (*fig.* 43) mobile le long d'une règle divisée; on l'approche graduellement de la bouteille, et l'on observe la distance à laquelle l'étincelle jaillit entre les deux boutons. Il est important, pour obtenir des résultats comparables, de donner les mêmes dimensions aux boutons de toutes les bouteilles dont on veut mesurer les charges. On reconnaît facilement, à l'aide de cet appareil, que les charges des bouteilles sont proportionnelles aux surfaces de leurs armatures.

La découverte de la bouteille de Leyde remonte à 1746; elle est due à Muschenbroeck et à Cunéus.

341. *Des effets produits par la décharge des bouteilles de Leyde.* == L'étincelle qui jaillit entre les armatures d'une bouteille de Leyde, peut, comme l'étincelle des machines ordinaires, enflammer l'alcool, l'éther et les mélanges détonans; elle peut en outre produire d'autres effets qui s'obtiennent difficilement avec l'étincelle des autres machines. Nous en citerons quelques-uns.

La décharge d'une bouteille de Leyde suffit pour percer une carte; on place cette carte entre les pointes de deux tiges métalliques (*fig.* 44) isolées l'une de l'autre, et l'on fait communiquer l'une des tiges avec l'armature intérieure de la bouteille et l'autre avec l'armature extérieure; l'étincelle jaillit, et la carte est percée d'un trou très-fin. On dirait, dans cette expérience, que les fluides électriques sortent de la carte pour se porter sur les pointes, car on observe toujours, de chaque côté de sa surface, un petit bourrelet qui

entoure le trou, et quelques filamens qui paraissent avoir été
tirés de dedans en dehors. Lorsque les tiges ne se correspondent pas directement, le trou de la carte n'est jamais à égale
distance des pointes : la décharge a-t-elle lieu dans l'air, il
est plus près de la pointe négative ; a-t-elle lieu dans le vide
ou dans un air raréfié, il se rapproche de la pointe positive.
Ce fait, qui n'a pas encore reçu d'explication, semble prouver que le fluide négatif traverse moins facilement l'air que le
fluide positif.

La décharge d'une bouteille suffit aussi pour percer une
lame de verre. Le *perce-verre* diffère peu du *perce-carte* ;
il se réduit aussi à deux tiges métalliques, isolées l'une de
l'autre et terminées par une pointe. On place la lame de
verre entre les deux pointes (*fig.* 45) en ayant soin d'entourer leurs extrémités de quelques gouttes d'huile ou d'un
autre liquide conducteur, afin de faciliter l'écoulement de
l'électricité. Dès que l'étincelle jaillit, le verre est percé d'un
trou plus ou moins grand.

L'étincelle des bouteilles de Leyde dilate les gaz dans lesquels elle éclate ; on s'en assure ordinairement avec le *thermomètre électrique de Kinnersley.* C'est un cylindre de
verre (*fig.* 46) fermé, à ses extrémités, par deux virolles
de cuivre, et communiquant, à sa partie inférieure, avec un
tube latéral d'un plus petit diamètre ; ses virolles sont traversées par deux tiges métalliques à boules qui se rendent
à deux ou trois pouces l'une de l'autre. Lorsqu'on met un
peu de liquide dans l'appareil et qu'on fait éclater l'étincelle
entre les boules, le gaz du cylindre se dilate, et le liquide
s'élève dans le tube latéral au-dessus de sa hauteur primitive.
La hauteur à laquelle il parvient fait juger de la force
expansive du gaz, et par suite, de l'intensité de la décharge.
Le *mortier électrique* (*fig.* 47) sert, comme le thermo-

mètre de Kinnersley , à donner une idée de la dilatation que l'étincelle produit dans les gaz.

L'étincelle produit l'explosion de la poudre ; on s'en assure avec des cartouches de quelques lignes de diamètre ; on les fait traverser, dans le sens de leur axe , par deux fils métalliques qui se rendent vers leur milieu et qui restent séparés par un petit intervalle ; l'étincelle , en jaillissant entre ces fils , détermine l'explosion.

Les deux électricités de la bouteille de Leyde donnent lieu à une expérience curieuse. On trace sur un gâteau de résine bien sec , des caractères quelconques , les uns avec le croclíet , les autres avec la panse de la bouteille ; puis on injecte sur sa surface , au moyen d'un soufflet , un mélange de minium et de soufre en poudre très-fine ; les caractères que l'on a tracés sur la résine , se distinguent alors parfaitement. Les caractères positifs prennent la couleur jaune du soufre, et les caractères négatifs la couleur rouge du minium ; car, dans l'injection de la poudre , le soufre s'électrise négativement , et le minium s'électrise positivement. Les traces du minium et du soufre n'offrent pas le même aspect ; les premières ont leurs contours bien terminés et parfaitement arrondis, les autres sont entourées d'une multitude de filamens plus ou moins allongés.

342. *Des piles électriques.* = Les piles électriques se composent de plusieurs bouteilles de Leyde disposées comme l'indique la *figure* 48. L'armature intérieure de la première communique avec le conducteur d'une machine électrique , les armatures intérieures de chacune des autres communiquent avec les armatures extérieures des précédentes , et l'armature extérieure de la dernière communique avec le sol. Lorsque la machine est en activité , le fluide positif s'accumule dans l'intérieur de la première bouteille , et décompose

le fluide naturel de son armature extérieure : le fluide négatif
reste sur cette armature, et le fluide positif est refoulé dans
l'intérieur de la deuxième ; de là il agit sur le fluide naturel
de l'armature extérieure, fixe le fluide négatif sur sa surface
et repousse le fluide positif dans la troisième bouteille. —
Mêmes résultats pour les bouteilles suivantes. — Les armatures intérieures de toutes les bouteilles n'auront ainsi que
du fluide positif, et les armatures extérieures n'auront que du
fluide négatif. La quantité de fluide contenue sur chaque
bouteille ne sera pas la même, elle ira en décroissant de la
première où elle est maximum, jusqu'à la dernière où elle
est minimum. La charge d'un pareil système de bouteille a
reçu le nom de *charge par cascade*. On décharge évidemment toutes les bouteilles en faisant communiquer ensemble
l'armature intérieure de la première avec l'armature extérieure de la dernière, mais l'effet est moins énergique qu'en
mettant en communication les deux armatures d'une même
bouteille, car les électricités libres des bouteilles intermédiaires se neutralisent entre elles, et la décharge est seulement due à la neutralisation de l'électricité négative de la
dernière avec une égale quantité de l'électricité positive de
la première. — Lorsqu'on partage la pile en plusieurs parties,
chacune des parties forme une pile complète possédant les
deux électricités, et ces électricités sont disposées dans chacune des piles comme dans la pile entière.

343. *Des batteries électriques.* = Les batteries électriques se composent de plusieurs bouteilles de Leyde dont
toutes les armatures intérieures communiquent au moyen de
tiges métalliques, et dont toutes les armatures extérieures
communiquent par l'intermédiaire d'une lame de plomb ou
d'étain qui revêt le fond de la caisse sur laquelle elles reposent. Les bouteilles qui entrent dans la composition des batte-

ries, portent ordinairement le nom de *jarres ;* elles présentent une grande surface, et leurs armatures intérieures sont formées, comme leurs armatures extérieures, de feuilles d'étain collées sur la surface des bocaux. Les batteries se chargent comme une seule bouteille de Leyde, en faisant communiquer leur armature extérieure avec le sol, et leur armature intérieure avec une source puissante d'électricité. L'électromètre à cadran fait connaître le degré de charge qu'elles possèdent.

On se sert ordinairement de *l'excitateur universel* (*fig.* 49) pour faire passer la décharge des batteries à travers les corps ; cet appareil se compose de deux tiges métalliques AB et CD supportées par des colonnes de verre ; ces tiges sont mobiles autour de deux axes horizontaux perpendiculaires à leurs directions, et elles peuvent s'approcher ou s'éloigner l'une de l'autre en glissant à frottement dans deux anneaux de cuivre. Un support xy, placé entre les extrémités voisines des tiges, est destiné à recevoir le corps que la décharge doit traverser. Lorsqu'on fait communiquer la tige AB avec l'armature intérieure d'une batterie, et la tige CD avec son armature extérieure, les deux fluides se portent de l'une des tiges sur l'autre et traversent le corps qui les sépare.

344. *Des effets produits par la décharge des batteries électriques.* == Les effets que les batteries électriques produisent sur l'économie animale, sont plus énergiques que ceux des simples bouteilles de Leyde, et à plus forte raison que ceux des machines électriques ordinaires ; aussi faut-il bien se garder de les recevoir à travers les organes. Les oiseaux et les lapins succombent facilement sous le choc d'une batterie même assez faible, et les animaux plus robustes ne peuvent résister à la décharge d'une batterie puissante.

Les métaux interposés entre les branches de l'excitateur universel, ne s'échauffent pas sensiblement par la décharge d'une batterie s'ils ont un assez grand diamètre, mais ils sont portés au rouge s'ils sont très-fins; quelquefois même ils sont fondus, volatilisés et oxidés. Les effets calorifiques qu'ils éprouvent, à égalité de diamètre et de longueur, dépendent de leur faculté conductrice; les plus mauvais conducteurs, comme le fer, l'étain et le platine, rougissent, se fondent et se volatilisent plus facilement que le cuivre, l'or et l'argent qui sont doués d'une plus grande conductibilité.

Les corps mauvais conducteurs sont brisés par la décharge des batteries; qu'on place, par exemple, un prisme de bois d'un ou deux pouces de longueur entre les branches de l'excitateur, et qu'on facilite l'écoulement du fluide en enfonçant dans le bois les deux pointes qui terminent les branches, il sera brisé par une forte décharge, et ses morceaux seront lancés avec fracas. Des pierres et des morceaux de verre de plusieurs lignes d'épaisseur sont brisés avec la même facilité.

Lorsqu'on soumet à la décharge d'une batterie des fils de soie dorés, l'or qui les couvre se volatilise, et la soie reste intacte sans que la chaleur développée puisse la rompre ou la brûler. De même, lorsqu'on presse une feuille d'or sur une carte ou sur un ruban de satin, et qu'on fait communiquer les deux extrémités opposées de la feuille avec les deux armatures d'une batterie, l'or se volatilise, et la carte ou le ruban n'éprouve aucun effet calorifique. On voit seulement sur ces corps une empreinte de couleur brune qui provient de la vapeur d'or. Cette expérience a donné l'idée des *portraits électriques*. On découpe le portrait sur une carte, à laquelle on colle deux bandes d'étain; on place un ruban de satin ou une carte blanche au-dessous de la découpure, et on la recouvre d'une feuille d'or assez large pour toucher les

deux bords de l'étain ; on met ensuite le tout sous une presse ,
et l'on fait communiquer les deux bandes d'étain avec les deux
armatures d'une batterie. La vapeur d'or laisse sur la carte ou
sur le ruban de satin une empreinte fidèle de l'image que
représente la découpure.

Un phénomène remarquable dû aux courans des batteries
électriques ; c'est le transport qu'ils font éprouver à quelques
matières solides dans l'intérieur de quelques autres matières
solides. Si l'on place , par exemple , un disque d'argent bien
poli à égale distance entre une boule d'or et une boule d'argent, et qu'on fasse communiquer la première avec l'armature
intérieure d'une petite batterie et l'autre avec l'armature extérieure , on observe , après la décharge , deux petites taches
d'argent de même diamètre sur chacune des faces du disque.
D'autres métaux sont également transportés par le courant
électrique des batteries soit à travers l'air , soit à travers les
corps solides , et ils se déposent sur les surfaces qu'ils rencontrent , tantôt à l'état métallique , tantôt à l'état d'oxide.
M. Fusinieri , à qui l'on doit ces expériences , a observé , en
outre , que les taches métalliques de cette nature conservent
une grande volatilité , car elles s'effacent peu à peu et disparaissent avec le temps.

345. *Vitesse de l'électricité.* === La vitesse de l'électricité
est connue seulement depuis quelques années ; c'est à M.
Wheatstone qu'on doit sa détermination.

L'appareil de M. Wheatstone consiste essentiellement en
une large plaque de métal ABCD (*fig.* 50) polie sur ses
deux faces opposées , de manière à former un miroir double ;
cette plaque est fixée à un axe vertical XY parallèle aux côtés
AB , CD , et passant par son milieu ; on peut , au moyen d'un
mécanisme particulier , lui imprimer un mouvement uniforme
de rotation autour de cet axe , et compter le nombre de ré-

volutions qu'elle fait dans un temps donné. — Lorsqu'on place
un point lumineux à quelque distance de cette plaque et qu'on
la fait tourner autour de son axe, l'image du point tourne en
même temps, et se meut sur une circonférence horizontale
dont le centre est sur l'axe de rotation , et dont le rayon est
la distance du point lumineux à cet axe ; si même le miroir
décrit dans un certain temps une demi-révolution , l'image du
point lumineux décrira dans le même temps une circonférence
entière[1]. Il est facile , quand on connaît la vitesse de rotation du miroir et la distance du point lumineux à l'axe, de
calculer le temps que met l'image à parcourir un arc donné ;
supposons , par exemple, que le miroir fasse 100 révolutions
par seconde et que la distance du point lumineux soit de 3
mètres, l'image parcourra , en une seconde, 200 fois une
circonférence de 3^m de rayon, c'est-à-dire 3770^m; elle parcourra par conséquent un mètre en $\frac{1''}{3770}$ et un centimètre en
$\frac{1''}{377000}$

Cela posé , concevons sur une même verticale., et à quelque
distance du miroir ; six boules métalliques égales (*fig.* 52);
supposons qu'on réunisse les boules a et c, d et f respectivement par deux fils identiques abc, def, et qu'on fixe aux
deux boules extrêmes deux fils qu'on puisse approcher à volonté des armatures d'une bouteille de Leyde chargée d'élec-

---

[1] Soient A le point lumineux, MM', NN' (*fig.* 51) deux positions du miroir, B l'image du point A vue dans le premier miroir
et C l'image du même point vue dans le second. Ces deux images
sont, comme on le démontre en optique , symétriques du point A
relativement au miroir , et se trouvent , par conséquent , sur la circonférence AMB décrite du point O avec AO pour rayon. Les deux
angles BAC , MON étant égaux , l'arc BC sera double de l'arc MN.
Ainsi le déplacement de l'image est double du déplacement du
miroir.

tricité. Lorsqu'on établit la communication , on observe trois
étincelles entre les boules , la 1re entre les boules a , m , la
2e entre les boules n , f, et la 3e entre les boules c , d. Chacune de ces étincelles donne, par réflexion dans le miroir,
une image parfaitement verticale quelle que soit sa vitesse de
rotation; les images des deux étincelles extrêmes paraissent,
en outre, sur la même verticale, ce qui annonce que ces
étincelles ont été produites en même temps ; et l'image de
l'étincelle des boules intermédiaires paraît sur une verticale
différente, ce qui prouve qu'elle n'a pas brillé au même
instant que les deux autres : on juge facilement , d'ailleurs ,
par la position des images , qu'elle a éprouvé un retard. Ce
retard est le temps que l'électricité met à parcourir l'un des
fils abc , def; il peut être apprécié par la distance des deux
verticales qui contiennent les images ; si la distance de ces
verticales est de 2 centimètres , par exemple , il est égal au
temps que met l'image d'un point lumineux à parcourir 2
centimètres par l'effet de la rotation du miroir, c'est-à-dire
$\frac{2''}{577000}$. Tel serait le temps que l'électricité mettrait à parcourir
l'un des fils abc , def. Connaissant la longueur de ces fils , on
en déduit la longueur que l'électricité parcourrait en une
seconde ou sa vitesse. M. Wheatstone a trouvé ainsi que
l'électricité parcourt un fil de laiton de 2mm de diamètre avec
une vitesse de 115000 lieues ; cette vitesse surpasse celle de
la lumière , qui n'est que de 70000 lieues. Elle doit varier
avec plusieurs circonstances et principalement avec la conductibilité du fil.

346. *Des poissons électriques.* == Plusieurs poissons jouissent de la faculté de produire , quand on les touche , une
commotion pareille à celle qui provient de la décharge d'une
bouteille de Leyde. Il en existe, ou plutôt on en connaît
maintenant sept espèces; deux d'entre elles , la torpille et le

gymnote , ont été étudiées avec soin par M. Walsh ; voici les
principales conséquences qu'il a déduitês de ses expériences :

1° Lorsque la torpille est dans l'air , on reçoit la commotion en la touchant en un point quelconque de sa peau ,
soit par un seul doigt , soit par toute la largeur de la main ;
on reçoit également la commotion en la touchant avec, un
corps bon conducteur.

2° La commotion est interceptée par tous les corps mauvais
conducteurs ; elle l'est même par un corps bon conducteur
qui offre une solution de continuité aussi petite qu'il soit
possible de la faire.

3° La commotion se fait sentir à travers une chaîne
composée de plusieurs personnes qui se tiennent par la main,
quand l'une des extrémités de la chaîne communique avec
le ventre et l'autre avec le dos de la torpille. Plusieurs personnes non isolées , qui se tiennent par la main , éprouvent
aussi la commotion quand la première seule touche la torpille ; mais la commotion diminue d'intensité à partir de la
première , et elle n'est plus sensible à la quatrième ou à la
cinquième.

4° La commotion , produite par la torpille, dépend de
sa volonté, car on peut la toucher sans recevoir aucune décharge électrique quand elle n'est pas irritée , tandis qu'on
en reçoit de fréquentes et d'énergiques en lui pinçant les
nageoires ou en l'irritant de toute autre manière. Walsh a
même compté plus de cinquante décharges en une minute.

5° Lorsque la torpille est dans l'eau , elle produit des
commotions moins violentes que dans l'air , mais, en compensation, elle les produit à distance. Walsh a observé , en
effet , qu'elle étourdit de petits poissons sans les toucher.

Plusieurs observateurs habiles, et entre autres MM. Walsh
et de Humbolt n'ont jamais pu tirer aucune étincelle de la

torpille. MM. Linari et Matteucci ont été plus heureux ; ils ont obtenu l'année dernière de nombreuses étincelles avec plusieurs torpilles , au moyen d'un appareil particulier ; une seule torpille leur en a donné jusqu'à dix , toutes très-visibles et très-brillantes.

Le gymnote jouit des mêmes propriétés que la torpille ; il transmet aussi la décharge d'un corps conducteur avec lequel il communique , à un autre corps séparé du premier par un petit intervalle ; Walsh avait observé cette dernière propriété du gymnote dès l'année 1776, et il avait vu d'une manière très-distincte la petite étincelle qui accompagne la décharge. Le gymnote et la torpille ne donnent aucune trace de lumière dans l'obscurité , et ils n'exercent aucune action sur l'électroscope le plus sensible. L'organe électrique de ces poissons est peu connu.

La torpille est assez abondante dans la Méditerranée , sur les côtes occidentales de France et sur les côtes d'Angleterre ; le gymnote est très-répandu dans quelques ruisseaux et dans quelques rivières de l'Inde.

CHAPITRE V.

De la lumière électrique.

347. *Lumière électrique dans l'air ordinaire.* = La lumière électrique provient, en général, de la combinaison des deux électricités, soit que cette combinaison s'opère entre les fluides de deux corps conducteurs diversement électrisés, soit qu'elle se produise entre les fluides de deux corps dont l'un est électrisé et dont l'autre est à l'état naturel. Elle se manifeste cependant encore dans d'autres circonstances où il ne paraît exister, au premier abord, aucune combinaison des fluides électriques : ainsi l'électricité d'une forte machine, en s'écoulant dans le sol par un fil de métal, devient quelquefois lumineuse ; Van-Marum en a fait l'expérience avec la grande machine du musée de Teyler, sur un fil de fer de cinquante pieds de longueur ; il le vit entouré, dans tous ses points, d'une auréole lumineuse, en mettant l'une de ses extrémités en communication avec la machine et l'autre avec le sol. L'électricité des fortes machines produit aussi quelquefois de la lumière en faisant explosion dans l'air sans être soumise à l'influence d'aucun corps conducteur, et enfin il n'est pas besoin d'une machine puissante pour obtenir de belles aigrettes lumineuses, en plaçant sur son conducteur une pointe qui permette l'écoulement de l'électricité.

La lumière électrique varie dans son aspect avec la nature

des électricités ; l'électricité négative, en s'écoulant par une pointe, ne donne à son extrémité qu'un seul point lumineux, tandis que l'électricité positive produit un trait de lumière qui se divise, à quelque distance de la pointe, en une infinité de filets plus ou moins divergens. Cette expérience doit être faite dans l'obscurité, comme toutes celles qui ont rapport à la lumière électrique.

On fait, dans les cours de Physique, de nombreuses expériences sur la lumière électrique ; ces expériences sont fondées principalement sur la rapidité avec laquelle les fluides se meuvent dans les corps conducteurs, et sur la facilité avec laquelle ils se portent d'un corps à un autre. Les appareils employés le plus ordinairement sont les tubes et les carreaux étincelans, les carreaux magiques et les bouteilles de Leyde fulminantes.

Les *tubes étincelans* (*fig.* 53) sont des tubes de verre dont les extrémités sont munies de virolles métalliques, et dont la surface est recouverte d'un très-grand nombre de petites lames d'étain. Ces lames ont la forme de losanges ; elles sont disposées suivant une hélice, et leurs pointes sont très-voisines les unes des autres. Lorsqu'on fait communiquer l'une des virolles avec le sol, et qu'on approche l'autre d'un conducteur électrisé, l'étincelle jaillit en même temps entre les pointes opposées de tous les losanges, et le tube est resplendissant de lumière. — Les *carreaux étincelans* (*fig.* 54) sont des carreaux de verre dont l'une des surfaces est recouverte de petites lames d'étain séparées par de petits intervalles. Pour les former, on colle d'abord un ruban ABC...DEF de feuilles d'étain sur un carreau de verre, et l'on pratique ensuite les solutions de continuité en enlevant plusieurs parties du ruban avec la pointe d'un canif.

Le *carreau magique* est une espèce de condensateur à lame

II.   8

de verre; l'une des faces du verre est recouverte d'une lame d'étain, et l'autre d'un vernis mêlé d'une poussière conductrice. Lorsqu'on l'a chargé d'électricité, et qu'on fait communiquer ses deux faces par un corps bon conducteur, l'étincelle jaillit entre les diverses parties de la poussière, et la surface du vernis est sillonnée par des traits de feu qui se croisent et se ramifient de mille manières. — La *bouteille de Leyde fulminante* repose sur le même principe ; son armature extérieure est formée d'un vernis mêlé d'une poussière conductrice, et son crochet se rend à un ou deux pouces de cette armature, afin que la bouteille se décharge d'elle-même dès que ses fluides ont acquis une assez grande tension.

348. *Lumière électrique dans l'air dilaté.* = Pour étudier la lumière électrique dans l'air dilaté, on se sert d'un tube de verre de 5 à 6 pieds de longueur sur 3 à 4 pouces de diamètre, fermé à ses deux extrémités par des virolles métalliques, et muni à l'une d'elles d'un robinet en cuivre. Lorsqu'on a raréfié l'air du tube, et qu'on met l'une de ses extrémités en communication avec une machine électrique et l'autre avec le sol, l'électricité s'écoule librement à travers le tube en le remplissant d'un flot de lumière qui dure tant que la machine est en activité. La lumière est, en général, également vive dans toutes les parties du tube ; mais on peut la rendre plus intense en un de ses points en en approchant la main ou tout autre corps conducteur, car l'action par influence force l'électricité à s'y accumuler.

On se sert souvent aussi du *globe électrique* dans les expériences de cette nature. C'est un ballon de verre (*fig.* 55) traversé par deux tiges métalliques à boules qui peuvent s'approcher ou s'éloigner l'une de l'autre ; il est muni à sa partie inférieure d'un robinet destiné à établir ou à intercepter la communication entre l'intérieur et l'extérieur.

L'électricité remplit de lumière toute la capacité du ballon
lorsque l'air qu'il renferme est réduit à une tension de 2 ou
3 millimètres, et elle prend un volume d'autant moindre que
l'air possède une plus forte tension. On trouve cette différence
sensible en laissant rentrer l'air peu à peu pendant le passage
de l'électricité ; on voit en même temps que la lumière devient de plus en plus vive, de sorte qu'elle gagne en éclat ce
qu'elle perd en volume.

349. *Lumière électrique dans les gaz et dans les va-*
peurs. = La lumière électrique peut être produite dans les
fluides les plus raréfiés ; elle l'est, par exemple, dans la
vapeur mercurielle qui remplit la chambre barométrique.
Cavendisch a constaté ce résultat d'une manière directe avec
un baromètre consistant en un syphon (*fig.* 56) dont les deux
branches plongent dans le mercure ; il a donné de l'électricité
au mercure de l'une des branches ; et il a vu qu'elle traver-
sait l'espace compris entre les deux colonnes en le remplissant
de lumière, quoiqu'il ne contînt aucune particule d'air. — Il
résulte des expériences de sir H. Davy que la lumière électrique est verte et très-intense dans la chambre du baromètre
quand le tube est très-chaud, qu'elle s'affaiblit à mesure que
la température baisse, et enfin qu'elle n'est plus sensible que
dans une obscurité profonde à une température voisine de
30 degrés au-dessous de zéro.

La couleur de la lumière électrique varie avec la nature
du gaz ou de la vapeur que l'électricité traverse ; et son éclat
dépend, pour un même fluide, de la pression qu'il exerce et
de la force de l'étincelle. Ces résultats peuvent être constatés
soit avec le globe électrique, soit avec le baromètre à vapeur.

350. *Cause de la lumière électrique.* = Quelques physiciens ont attribué la production de la lumière électrique à la
compression que l'électricité produit dans les fluides élastiques

en traversant leur masse; d'autres la regardent comme le résultat de la combinaison des deux électricités. On est forcé d'admettre, avec cette dernière hypothèse, que les fluides électriques ne se meuvent jamais d'une extrémité à l'autre d'un corps bon ou mauvais conducteur; mais que les effets qui paraissent dûs au mouvement des fluides, proviennent uniquement d'une série de décompositions et de recompositions électriques entre les molécules de ces corps. Considère-t-on, par exemple, un fil métallique en contact avec une source d'électricité positive; l'électricité de la source se combine avec la partie négative de la première molécule électrique du fil pour former du fluide neutre, et laisse en liberté la partie positive de cette molécule; celle-ci se combine à son tour avec la partie négative de la seconde molécule et laisse en liberté la partie positive..... Ces décompositions et ces recompositions successives s'opèrent en même temps dans tous les points du fil, de sorte que l'électricité se manifeste en même temps dans toute son étendue, sans que le fluide de la source se porte de l'une à l'autre des extrémités. Cette hypothèse est appuyée sur un grand nombre d'expériences, et entre autres sur l'expérience du perce-carte qui semble annoncer que les fluides sortent de la carte pour se porter sur les fils conducteurs; elle est assez généralement admise.

CHAPITRE VI.

De l'électricité atmosphérique.

351. *Electricité des nuages orageux.* = Il existe une analogie frappante entre les effets de la foudre et ceux de l'électricité : l'éclair a la forme sinueuse de l'étincelle électrique ; la foudre, comme nos batteries, fond et volatilise les métaux ; comme elles, elle enflamme les matières combustibles ; elle brise et déchire les mauvais conducteurs de l'électricité, et les animaux qu'elle frappe se putréfient rapidement comme ceux qui périssent par l'effet d'une décharge électrique.

Ces analogies ne suffisaient pas cependant pour établir l'identité de la foudre avec l'électricité de nos machines ; il fallait des preuves plus décisives, des expériences plus directes. Ce ne fut qu'en 1752 que tous les doutes furent levés, et que l'identité fut pleinement constatée ; la gloire en est due à Franklin.

Franklin, guidé par ses expériences sur le pouvoir des pointes, eut l'idée ingénieuse de puiser l'électricité jusque dans les nuages ; il arma d'une pointe l'extrémité d'un cerf-volant, et le lança, près de Philadelphie, vers un nuage orageux. Le cerf-volant était déjà depuis quelque temps sous l'influence du nuage, sans donner aucun signe électrique, lorsqu'une légère pluie, qui survint fort à propos, mouilla la corde de chanvre, et la rendit assez conductrice pour

transmettre l'électricité du nuage jusqu'à l'extrémité inférieure. Franklin put alors, en approchant le doigt de la
corde, en tirer de vives étincelles comme d'un conducteur
électrisé. Après cette première expérience, il plaça sur sa
maison une longue barre de fer isolée, qu'il avait terminée
en pointe; il suspendit un carillon électrique à son extrémité
inférieure, et il reconnut, par le bruit de l'appareil, que la
barre se chargeait d'électricité à l'approche des nuages orageux. Cette expérience lui donna l'idée des paratonnerres;
elle eut lieu le 12 avril 1753.

La découverte de Franklin fut bientôt connue en Europe,
et de nouvelles expériences vinrent la confirmer. M. de Romas,
assesseur au présidial de Nérac, lança, en 1753, vers un nuage
orageux, un cerf-volant de sept pieds et demi de long sur
trois pieds de large; il avait entrelacé un fil de fer dans la
corde de chanvre, afin de la rendre plus conductrice, et il
l'avait terminée par un cordon de soie bien sec, afin d'être à
l'abri de toute décharge. Il tira d'abord de la corde plusieurs
étincelles de trois pouces de long sur trois lignes d'épaisseur dont le bruit fut entendu à plus de deux cents pas,
et il sentit sur son visage comme une espèce de toile d'araignée, quoiqu'il fût à peu près à trois pieds de la corde du
cerf-volant. Il crut dès-lors qu'il était prudent de s'éloigner
davantage, et il se plaça à cinq ou six pieds de distance. Quelque temps après, en jetant les yeux sur un tube de fer-blanc
qu'il avait attaché vers l'extrémité de la corde de chanvre,
il vit trois pailles, dont l'une avait au moins un pied de
longueur, se lever toutes droites et former une danse circulaire sous le tube, quoiqu'il fût à plus de trois pieds du sol.
Ce spectacle amusant dura près d'un quart-d'heure; puis il
survint une légère pluie, et les effets électriques prirent une
intensité vraiment effrayante. La plus longue paille fut attirée

par le tube de fer-blanc, et il se fit une explosion dont le bruit ressemblait à celui du tonnerre ; le feu qu'on aperçut en même temps avait la figure d'un fuseau de huit pouces de long et cinq lignes de diamètre ; les explosions se renouvelèrent ensuite plusieurs fois, mais en diminuant graduellement d'intensité. On sentit, depuis la première explosion jusqu'à la fin des expériences, une odeur de soufre très-marquée, et on aperçut, autour de la corde, un cylindre lumineux de trois ou quatre pouces de diamètre ; enfin, après la chute du cerf-volant, on découvrit dans le sol, et précisément sous le tube de fer-blanc, un trou d'une grande profondeur et d'un demi-pouce de largeur, qui probablement avait été fait par l'électricité, au moment des premières explosions.

Pour compléter les expériences relatives à l'électricité des nuages, Dalibard plaça, sur une cabane, une barre de fer isolée, de quarante pieds de longueur, qu'il avait terminée en pointe à son extrémité la plus élevée. Cette barre, à l'approche d'un nuage orageux, faisait entendre un bruit analogue à celui du tonnerre, et elle conservait assez d'électricité après le passage du nuage, pour donner des étincelles, et pour accuser, par son action sur un électromètre, la nature de l'électricité qu'elle avait reçue. Les expériences de cette nature, comme celle des cerfs-volans, exigent les plus grandes précautions : M. de Romas fut une fois renversé par une violente décharge, et le professeur Richmann, de Saint-Pétersbourg, fut frappé de mort par une lame de feu qui l'atteignit au front.

352. *Electricité habituelle de l'atmosphère.* — On a employé plusieurs appareils pour constater la présence de l'électricité dans l'atmosphère, et pour étudier la nature de cette électricité ; l'un des plus simples est un électroscope armé d'une tige métallique assez longue et terminée en

pointe. Cet appareil a fait connaître que l'atmosphère contient toujours de l'électricité libre, que son électricité est en général positive dans les temps sereins ; qu'elle est modifiée soit en nature soit en intensité par les moindres nuages et les moindres brouillards, et enfin qu'elle est d'autant plus abondante dans un lieu qu'il est plus élevé au-dessus du sol. Le dernier de ces résultats se vérifie en jetant dans l'air, à diverses hauteurs, une boule métallique attachée à un fil très-flexible dont l'extrémité inférieure est fixée à la tige de l'électroscope ; il est dû à Saussure, et il a été confirmé par MM. Biot et Gay-Lussac dans leur ascension aérostatique.

L'électricité est quelquefois si abondante dans l'atmosphère que les buissons et les troncs d'arbres isolés deviennent lumineux. Ce phénomène a été observé par plusieurs personnes sur les côtes orientales des Etats-Unis, dans la nuit du 17 janvier 1817. On vit en même temps les oreilles, les queues et les crinières des chevaux entourées d'une flamme vive, vacillante et parfaitement ressemblante à celle qui s'écoule d'une pointe placée sur un conducteur électrisé ; on entendit de plus, près des objets lumineux, un sifflement analogue à celui que l'eau produit dans les vases métalliques, un instant avant d'entrer en ébullition. Le docteur Allamand observa un phénomène du même genre, la nuit du 3 mai 1820, dans le canton de Neuchâtel ; il vit les bords de son chapeau entourés d'une vive lumière qu'il rendit plus brillante en cherchant à l'éteindre avec la main. Cette lumière était sans odeur, et elle ne produisait aucun sifflement.

353. *Cause de l'électricité atmosphérique.* == L'évaporation et la végétation sont les principales causes de l'électricité atmosphérique, car ces phénomènes, qui se produisent à chaque instant dans tous les points du globe, donnent lieu à un développement énergique d'électricité. Ce résultat est

dû à M. Pouillet; nous citerons quelques-unes des expériences qui l'y ont conduit.

Électricité produite par l'évaporation. = On porte à une température élevée un creuset de platine parfaitement net; on le met ensuite en communication avec le plateau supérieur d'un électromètre condensateur, et après avoir fait communiquer l'autre plateau avec le sol, on projette dans le creuset quelques gouttes de liquide. L'évaporation s'opère avec une vitesse qui dépend de la température, et l'électromètre accuse en général un développement d'électricité. En suivant ce mode d'expérience, M. Pouillet a obtenu les résultats suivans : 1° les solutions alcalines, en s'évaporant, donnent toujours de l'électricité, la vapeur d'eau prend l'électricité négative et l'alcali l'électricité positive; 2° les solutions acides donnent pareillement de l'électricité dans leur évaporation, mais pour ces corps c'est la vapeur d'eau qui prend l'électricité positive, et la solution qui conserve l'électricité négative; il en est de même pour la plupart des dissolutions salines; 3° l'eau et les liquides purs ne donnent jamais de l'électricité dans leur changement d'état.

Électricité produite par la végétation. = Les combinaisons dont la végétation est accompagnée, ne s'accomplissent jamais sans un développement d'électricité. Veut-on constater la production de l'électricité dans la combinaison de l'oxigène et du carbone; on place un cylindre de charbon un peu au-dessous d'une plaque de laiton (*fig.* 57) soudée au plateau inférieur de l'électromètre condensateur, on met la base du charbon et le plateau supérieur de l'électromètre en communication avec le sol, et on enflamme l'extrémité supérieure du charbon. L'acide carbonique qui se produit s'élève, frappe la plaque de laiton, et lui donne une électricité qu'on rend sensible en soulevant après quelque temps le plateau supérieur du condensateur. — Veut-on constater le dégagement d'électricité dans la combinaison de l'oxigène et de l'hydrogène; on approche une flamme verticale d'hydrogène d'une petite spirale en platine communiquant au plateau inférieur de l'électromètre, puis on fait communiquer le plateau supérieur avec le sol, et on soulève ce plateau après quelque temps : la divergence dans les lames d'or atteste le développement d'électricité. Dans ces deux expériences, l'oxigène prend l'électricité positive, et le corps combustible l'électricité négative.

354. *Action des nuages orageux sur les corps placés à la surface de la terre.* = L'action d'un nuage orageux sur la terre et sur les corps placés à sa surface, est une conséquence nécessaire des principes de l'électricité par influence ; l'électricité du nuage décompose l'électricité naturelle des corps qui se trouvent dans sa sphère d'activité, repousse dans le sol l'électricité de même nom, et attire l'électricité de nom contraire : chaque corps prend ainsi un état électrique plus ou moins énergique, et devient un centre d'action vers lequel l'électricité du nuage tend à se porter. Toutes les actions élémentaires donnent lieu à une résultante déterminée en grandeur et en direction : cette résultante est-elle peu énergique, le nuage ne peut se décharger, et les corps, quoique électrisés, ne ressentent aucun des effets de la foudre ; est-elle suffisamment énergique, le nuage se décharge, l'éclair jaillit, et les corps qui se trouvent dans sa direction sont foudroyés. — On dit souvent que la foudre tombe, que le tonnerre tombe ; mais ces expressions sont inexactes, car l'électricité ne se transporte jamais d'une extrémité à l'autre de l'éclair ; ses effets s'accomplissent uniquement par une suite de décompositions et de recompositions entre les molécules électriques du nuage, du corps foudroyé et du fluide qui sépare le nuage de ce corps.

La tension électrique que prend un corps par l'influence d'un nuage dépend de plusieurs circonstances, et entre autres de sa distance au nuage, de sa conductibilité propre et de la conductibilité des corps qui l'entourent ; elle est d'autant plus forte que le corps est plus conducteur, qu'il communique avec des masses plus conductrices, et qu'il est plus voisin du nuage. Cette dernière circonstance est surtout très-influente : quelques pieds de plus ou de moins dans la distance, produisent une différence dans l'état électrique du corps, et par suite, dans la réaction qu'il exerce sur l'électricité du nuage ; c'est pour cette raison que les arbres isolés *attirent* la foudre, et que les animaux sont si souvent frappés au milieu des plaines!

Lorsque l'explosion a lieu entre un nuage et un corps placé à la surface du sol ; l'influence électrique du nuage cesse tout-à-coup, et les corps non foudroyés reprennent instantanément leur état naturel. De là une recomposition subite des fluides, ou un choc en retour. Les effets du choc en retour sont toujours moins terribles que ceux de la foudre ; ils sont cependant quelquefois assez violens pour frapper de mort les hommes et les animaux.

La foudre produit des effets analogues à ceux des batteries électriques, mais incomparablement plus intenses ; elle échauffe, elle fait rougir, elle fond ou elle volatilise les métaux, selon leurs dimensions et leur conductibilité ; elle brise ou déchire les corps peu conducteurs ; elle carbonise les matières combustibles, et met le feu aux plus inflammables. Ses effets paraissent les plus bizarres, et cependant ils se rattachent tous aux principes primitivement établis.

355. *Des paratonnerres.* == Les paratonnerres sont formés d'une *tige* métallique pointue qui s'élève au-dessus d'un édifice, et d'un *conducteur* qui fait communiquer le pied de

la tige avec le sol. Lorsqu'un nuage orageux passe au-dessus d'un paratonnerre, il agit par influence sur l'électricité naturelle de la tige et du conducteur, refoule dans le sol l'électricité de même nom, et attire l'électricité de nom contraire. L'électricité attirée se porte à l'extrémité supérieure de la tige, s'écoule dans l'air d'une manière continue, passe sur le nuage sans produire d'explosion, neutralise l'électricité qu'il renferme, et le ramène à l'état naturel. Les fluides ne peuvent jamais s'accumuler sur le paratonnerre, puisqu'ils s'écoulent l'un dans l'air, l'autre dans le sol, obéissant chacun à la force qui produit leur décomposition ; aussi peut-on impunément le toucher avec la main pendant qu'il est en activité.

On observe diverses conditions dans la construction des paratonnerres.

1° On évite avec soin toute solution de continuité dans la tige et dans le conducteur : s'il en existait, le fluide repoussé par le nuage, abandonnerait le paratonnerre pour se porter sur les diverses parties de l'édifice. Cette circonstance s'est présentée, il y a quelques années, dans les environs de Paris ; il s'est opéré, par accident, une solution de continuité de 55 centimètres dans le conducteur d'un paratonnerre ; et la foudre, après être tombée sur la tige, perça le toit pour se porter sur une gouttière en fer-blanc. Un tel paratonnerre est extrêmement dangereux.

2° On rend aussi parfaite que possible la communication du conducteur avec le sol ; à cet effet, on fait arriver l'extrémité du conducteur dans un puits qui ne tarisse jamais, ou bien, si l'on n'a pas de puits, on fait, dans le sol, un trou de quatre à cinq mètres de profondeur ; on y fait descendre le conducteur, et on l'entoure de braise de boulanger : cette braise a le double avantage d'empêcher la prompte oxidation du fer, et de faciliter, en vertu de sa conductibilité, l'écoulement du fluide. On l'emploie aussi, par les mêmes raisons, lorsque le conducteur se rend dans un puits, pour l'entourer, dans toute sa longueur, depuis le point où il arrive au sol, jusqu'à celui où il perce le mur du puits. Dans tous les cas, soit que le conducteur se rende dans un puits, soit qu'il arrive dans un terrain sec ou humide, on termine toujours son extrémité par deux ou trois racines pour faciliter la déperdition de l'électricité. On ne saurait d'ailleurs s'entourer de trop de précautions pour procurer à la foudre un prompt écoulement dans le sol, car c'est principalement de cette circonstance que dépend l'efficacité d'un paratonnerre.

3° On doit faire parvenir la foudre du pied de la tige dans le sol par le chemin le plus court possible ; car la résistance que les corps opposent au mouvement de l'électricité augmentant avec leur longueur, les barres de fer trop longues ne leur offriraient pas une issue assez facile, et elle se porterait en partie sur les divers corps de l'édifice.

4° On doit donner un diamètre suffisant à la tige et au conducteur, car on sait que les métaux d'un très-petit diamètre sont fondus et volatilisés par la foudre, et qu'ils ne peuvent, par conséquent, la conduire dans le sol. On n'a pas d'exemple que la foudre ait fondu ou même fait rougir une barre de fer de 13 ou 14 millimètres de côté, ou un cylindre de même diamètre ; il suffirait donc, pour construire un paratonnerre, de prendre une barre de fer de ces dimensions ; mais sa tige, devant s'élever dans l'air à une hauteur assez grande, n'aurait pas à sa base une force suffisante pour résister à l'action du vent, et il est nécessaire de lui donner en cet endroit une épaisseur beaucoup plus considérable. Quant au conducteur, il suffit de lui donner 17 ou 18 millimètres en carré.

5° On doit terminer la tige par une pointe aiguë ; car alors

elle verse continuellement dans l'air, sous l'influence d'un
nuage orageux, un torrent d'électricité de nature contraire
à la sienne, qui se dirige sur celle du nuage et la neutralise
en partie. Cependant si la tige était arrondie à son extrémité,
ou bien si la pointe avait été émoussée par la foudre ou par
toute autre cause, le paratonnerre n'aurait pas, pour cela,
perdu toute son efficacité ; il attirerait encore le nuage, et
le déchargerait en partie, dès que son fluide aurait une force
suffisante pour vaincre la pression de l'air. Mais avec une tige
à boule, l'écoulement du fluide est moins facile, et le paratonnerre ne décharge que les nuages qui sont près de lui,
tandis qu'avec une tige à pointe, il les décharge à une plus
grande distance.

Ces conditions établies, passons aux détails de la construction de la tige et du conducteur.

La tige des paratonnerres se compose d'une barre de fer
amincie de sa base à son sommet en forme de pyramide ; sa
hauteur moyenne est de 9 mètres, et le côté de sa base est
de 60 millimètres. Si la tige entière était en fer, sa pointe
serait promptement émoussée par l'effet de la rouille, et le
paratonnerre perdrait une partie de son effet ; pour obvier à
cet inconvénient, on retranche de l'extrémité de la tige une
longueur de 55 centimètres, et on la remplace par une tige
conique de cuivre jaune dorée à son extrémité ou terminée
par une petite aiguille de platine de 5 centimètres. L'aiguille
de platine est soudée, à la soudure d'argent, avec la tige de
cuivre, et pour qu'elle ne puisse point s'en séparer, ce qui
arriverait quelquefois malgré la soudure, on renforce la soudure par un petit manchon de cuivre. On peut d'ailleurs ne
point employer de platine et se contenter de la tige de cuivre ;
on peut même ne pas la dorer, si on n'en a pas la facilité,
car le cuivre ne s'altère pas facilement à l'air. — On emploie

rarement des barres de fer pour le conducteur du paratonnerre; car en raison de leur rigidité, on éprouverait quelques
difficultés à leur faire suivre les contours des bâtimens ; on
les remplace par des cordes métalliques qui, indépendamment
de leur flexibilité, ont l'avantage d'éviter les raccords et de
diminuer les chances de solution de continuité. Les cordes
sont d'ailleurs enduites de goudron afin de prévenir leur
oxidation ; on les attache solidement au pied de la tige du
paratonnerre, et on les fixe aux murs avec des crampons placés de distance en distance; il est bon de ne pas les faire
arriver jusque dans le sol, et de les réunir, à deux mètres
au-dessus de sa surface; à une barre de fer de vingt-cinq millimètres en carré, qui éprouve moins d'altération par l'action
de l'humidité.

Lorsque le bâtiment que l'on arme d'un paratonnerre,
renferme des pièces métalliques un peu considérables, comme
de grandes lames de plomb, des gouttières de métal, de
longues barres de fer, il est nécessaire de les faire toutes
communiquer avec le conducteur; si cette communication
n'avait pas lieu, la foudre pourrait abandonner le paratonnerre pour se porter sur ces corps; elle pourrait même éviter
le paratonnerre, et les frapper directement, à cause de la
grande quantité de fluide qu'ils renferment, eu égard à leurs
dimensions.

La distance à laquelle un paratonnerre étend efficacement
sa sphère d'action, n'est pas exactement connue ; elle dépend
d'ailleurs de plusieurs circonstances qui varient avec les loca-
lités ; mais, depuis l'usage des paratonnerres, on a observé
que les parties des édifices qui se sont trouvées à une distance
de la tige de plus de trois à quatre fois sa longueur, ont été
quelquefois foudroyées, et on n'a jamais vu la foudre atteindre
les parties qui se sont trouvées dans un cercle d'un rayon dou-

ble de sa longueur. On peut donc affirmer qu'un paratonnerre protége autour de lui un espace circulaire d'un rayon double de la longueur de sa tige. C'est d'après cette règle qu'on dispose les paratonnerres sur les édifices. — Lorsqu'on place deux paratonnerres sur le même édifice, on leur donne ordinairement un conducteur commun ; lorsqu'on en place trois, on leur donne deux conducteurs, et, en général, on donne un conducteur à chaque paire de paratonnerres. Quel que soit le nombre des paratonnerres placés sur un édifice, on les rend tous solidaires en établissant une communication intime entre les pieds de toutes les tiges, au moyen de barres de fer des mêmes dimensions que celles des conducteurs.

356. *De la grêle.* = Le phénomène de la grêle paraît intimement lié à l'électricité ; le tonnerre se fait toujours entendre avant ou pendant la chute des grêlons, quelquefois même il se fait entendre avant et pendant la chute. La cause de ce phénomène météorologique est peu connue.

Volta donnait une raison singulière du froid qui produit la grêle en congelant l'eau dans les nuages orageux : il supposait que les nuages, en raison de leur épaisseur, absorbaient presque en totalité les rayons solaires; que cette absorption donnait lieu à une évaporation rapide, et que l'évaporation elle-même était la cause du froid. Cette raison est évidemment insuffisante, car un froid assez intense pour congeler l'eau, suppose une évaporation très-rapide, et cette évaporation ne peut avoir lieu sans que le liquide s'échauffe, bien loin de se refroidir.

En admettant la formation des petits grêlons dans les nuages, il fallait encore expliquer l'accroissement de volume qu'ils reçoivent avant de tomber sur la terre. On a d'abord supposé que les globules élémentaires congelaient dans leur chute les molécules liquides placées sur leur passage, qu'ils groupaient les molécules congelées autour de leurs noyaux primitifs, et que leur volume croissait ainsi peu à peu par addition de couches successives ; mais cette explication ne peut être admise, car les nuages à grêle sont en général trop voisins de la terre pour que les grêlons acquièrent, dans leur chute le volume qu'ils ont ordinairement. — L'explication de Volta paraît d'abord plus satisfaisante. On suppose que deux nuages, chargés d'électricité contraire, sont placés l'un au-dessus de l'autre, et à une assez petite distance pour pouvoir exercer leur action attractive ou répulsive sur les corps inter-posés ; on suppose, en outre, que le nuage supérieur renferme les grêlons élémentaires, et que la température des nuages est assez basse. Les petits grêlons du nuage supérieur, entraînés par leur poids, tombent sur le nuage inférieur, et s'y couvrent d'une première couche de glace ; une fois en contact avec ce nuage, ils prennent son électricité, puis ils en sont repoussés, et sont attirés au contraire vers le nuage supérieur ; ils re-montent alors, malgré l'action de la pesanteur, arrivent dans le nuage, s'y couvrent d'une deuxième couche de glace, et retombent après le contact, pour s'élever de nouveau.... Les grêlons vont ainsi plusieurs fois d'un nuage à l'autre, et pren-nent à chaque contact une nouvelle couche de glace. — Cette théorie est encore insuffisante ; il est, en effet, difficile de concevoir comment l'explosion n'a pas lieu entre deux nuages chargés d'électricité contraire, assez peu éloignés, assez for-tement électrisés pour soulever des masses de glace dont le poids dépasse quelquefois huit ou neuf onces, et surtout lors-qu'ils sont séparés par une multitude de petits corps conduc-teurs qui favorisent leur action par influence.

M. Lecoq a proposé récemment une nouvelle explication du phénomène de la grêle ; il l'a déduite de plusieurs obser-vations qu'il a faites, dans deux orages consécutifs, le 2 août

1835 , sur le Puy-de-Dôme , au milieu des nuages chargés de grêle ; on peut la formuler de la manière suivante :

1° Deux couches de nuages superposés et deux vents différens semblent nécessaires pour produire la grêle.

2° Les grêlons ne vont pas d'un nuage à l'autre comme le supposait Volta ; ils sont, au contraire , animés d'une vitesse horizontale très-grande, et ils voyagent poussés par un vent très-froid.

3° L'électricité joue un rôle dans ces phénomènes, et, selon toute apparence, le nuage supérieur soutient le nuage inférieur , pesamment chargé de grêlons et probablement électrisé contrairement.

4° Les grêlons ne se choquent pas pendant leur transport horizontal, et le bruit que l'on entend , le roulement qui est si sensible de loin, est dû à la réunion des bruits partiels produits par chaque grêlon qui traverse l'air avec vitesse. Le choc de quelques grêlons pendant leur trajet les fait immédiatement tomber.

5° La formation des grêlons et leur grossissement paraissent dûs au froid produit par l'évaporation de leur surface à cause de leur grande vitesse. L'air chaud dans lequel pénètre l'extrémité antérieure du nuage laisse déposer sur eux une portion d'eau , dont une partie se vaporise en faisant congeler l'autre , et forme ainsi les couches concentriques qui s'appuient sur le noyau ; le vent transporte continuellement les grêlons dans de nouvelles couches d'air saturées d'humidité , et le nuage supérieur les soutient pendant ce trajet. Le nuage inférieur, augmentant continuellement de densité, s'éloigne peu à peu par sa partie antérieure du nuage électrisé qui le soutenait, puis il arrive au point, où son action étant presque nulle, les grêlons, électrisés de la même manière , se repoussent fortement et offrent alors ce tourbillonnement qu'on aperçoit de la surface de la terre, et qui chasse dans tous les sens les grêlons que le vent réunit en leur imprimant sa propre direction.

La structure intérieure des grêlons paraît, au premier abord, confirmer cette explication; ils sont, en effet, généralement formés d'un petit *noyau* complètement opaque, autour duquel se succèdent des couches alternativement transparentes et opaques qui semblent prouver que l'accroissement a eu lieu par addition de couches successives. Ce résultat, toutefois, n'est pas encore parfaitement démontré; quelques observations de M. Boisgiraud paraissent même le contredire ; ce professeur distingué n'a, en effet, jamais pu, malgré ses tentatives, trouver, entre les diverses couches, aucun joint naturel qui lui permît de les séparer ; et, de plus, en cassant avec les dents les noyaux des grêlons, il a reconnu à l'intérieur une texture radiée du centre à la circonférence qui paraît entièrement contraire à ce mode de formation. Cette texture radiée, qu'il aperçut même assez bien dans les noyaux entiers, avait déjà été observée par M. Deleros.

CHAPITRE VII.

De l'électricité due à la pression.

Nous n'avons étudié jusqu'ici que l'électricité développée par le frottement et par l'influence des corps déjà électrisés ; nous avons à étudier maintenant l'électricité développée par quelques autres causes, savoir par la pression, par la chaleur, par le contact et par les actions chimiques. Ce chapitre sera consacré à l'électricité de pression.

357. M. Libes, en pressant, sur un taffetas gommé, un disque de métal qu'il tenait avec un manche isolant, a reconnu que le disque et le taffetas se chargeaient d'électricité : le taffetas prenait l'électricité positive, et le disque l'électricité négative. L'électricité développée dans cette circonstance ne pouvait être attribuée au frottement du disque sur le taffetas, car, par l'effet du frottement, le taffetas s'électrise négativement et le disque positivement ; elle devait donc être regardée comme le seul fait de la pression. M. Haüy reconnut ensuite que le spath d'Islande s'électrise aussi par la pression, et même qu'il suffit de le presser légèrement entre les doigts pour lui donner une assez forte charge d'électricité positive. Plusieurs autres substances et entre autres la topaze, le quartz et le mica lui donnèrent des résultats analogues.

On doit à M. Becquerel de nombreuses expériences sur l'électricité de pression. Cet habile observateur forme, avec les substances qu'il veut éprouver , deux disques de quelques millimètres d'épaisseur, il les adapte à des tubes isolans ; puis, en tenant ces tubes , il presse un instant les deux substances l'une contre l'autre. Un seul contact suffit , en général ; pour développer sur eux une électricité appréciable à l'électroscope ; mais en réitérant les contacts, et surtout en augmentant la pression , leur charge électrique devient assez forte pour attirer les corps légers. — M. Becquerel a reconnu ainsi que deux corps isolés dont l'un est peu conducteur , se constituent toujours, par la pression , dans deux états électriques opposés, et que l'espèce d'électricité , acquise par un corps , dépend de la nature du corps contre lequel il est pressé : un disque de liége , par exemple, pressé sur le spath d'Islande , la chaux fluatée , la chaux sulfatée... prend l'électricité négative , tandis qu'il s'électrise positivement sur le cuivre , le zinc et d'autres substances. Si l'un des corps n'était pas isolé et qu'il fût bon conducteur , il perdrait son fluide dans le sol , et l'autre donnerait seul des traces d'électricité.

358. Le développement de l'électricité par la pression est modifié par plusieurs circonstances ; il l'est par la nature des corps, l'état de leur surface , la température , le degré de pression et la vitesse de séparation.

La nature des corps influe sur l'électricité de pression : ils conservent , après leur séparation , d'autant moins d'électricité qu'ils sont plus conducteurs , et même ils n'en conservent aucune trace appréciable à l'électroscope le plus sensible (abstraction faite de l'électricité due au contact) s'ils ont une conductibilité parfaite. — Leur degré d'élasticité ne modifie pas moins leur aptitude à s'électriser par la pression : les corps les plus élastiques développent le plus d'électricité, et ceux qui le sont faiblement n'en développent qu'une très-

petite quantité. On reconnaît facilement l'influence de l'élasticité en pressant un disque de liége sur un fruit plus ou
moins sec, une orange par exemple.

L'état de la surface des corps influe aussi sur l'électricité
de pression : le spath d'Islande, par exemple, conduit
mal l'électricité lorsqu'il est poli, et il devient bon conducteur lorsqu'il est recouvert d'aspérités ; il est même alors
nécessaire de l'isoler pour le trouver électrisé après la pression. L'eau hygrométrique, qui adhère ordinairement à
la surface des corps, anéantit quelquefois la propriété
électrique de pression ; aussi faut-il avoir soin de les priver
de cette eau avant de les soumettre aux expériences.

La température modifie en même temps la nature et la
quantité de l'électricité de pression : le spath d'Islande, par
exemple, pressé avec un disque de liége, acquiert l'électricité positive à la température ordinaire, et l'électricité
négative à une température élevée. Deux corps parfaitement
identiques ne donnent aucune trace d'électricité s'ils sont à
la même température, et ils s'électrisent l'un et l'autre si
l'un deux restant à sa température primitive, l'autre est
porté à une température plus élevée. Il ne faut pas toutefois
attendre, pour séparer les corps, qu'ils soient venus à la
même température, car ils ne conserveraient plus l'électricité
qui aurait été développée sur leur surface.

Le degré de pression et la vitesse de séparation exercent
enfin une influence sur ces phénomènes ; la quantité d'électricité croît avec la pression, et lui est proportionnelle, si
toutefois la pression ne dépasse pas une certaine limite. On
conçoit qu'il faut, pour reconnaître cette loi, séparer les
disques avec rapidité après que la pression a eu lieu, car en
les séparant plus ou moins lentement, leurs fluides se recomposent en partie, et si les corps n'ont pas une *faculté conser-*

vatrice assez grande , ils ne possèdent plus qu'une charge
d'électricité relative à la pression qu'ils avaient à la fin du
contact. Si , par exemple , on presse un disque de liége sur une
orange , et qu'on le retire avec vitesse , on trouve le liége
assez fortement électrisé ; mais si on le retire plus lentement,
sa tension électrique diminue , et même elle finit par être
nulle quand la vitesse de séparation est très-petite. Il existe ,
comme l'a démontré M. Becquerel, pour chaque corps et
pour chaque pression, une vitesse qui donne un maximum
d'électricité : cette vitesse est d'autant plus grande que les
corps sont plus conducteurs.

359. Les corps qui ont été électrisés par la pression ,
conservent assez long-temps leur électricité ; M. Haüy, à
qui l'on doit cette remarque, a trouvé que le spath d'Islande
donnait encore des traces d'électricité onze jours après
la pression , et de plus que sa force conservatrice subsistait
malgré la conductibilité du milieu où il était placé. Un petit
électroscope a été construit d'après cette propriété : il se compose d'un fil de métal très-fin , terminé à l'une de ses extrémités par un petit prisme de spath d'Islande, et muni vers son
milieu d'une chape en agate ou en acier que l'on pose sur un
pivot. Il suffit , pour reconnaître , à l'aide de cet appareil , l'espèce d'électricité d'un corps, de l'approcher du petit prisme
que l'on électrise préalablement par une légère pression, et de
voir s'il l'attire ou s'il le repousse. S'il y a répulsion , le
corps possède , comme le prisme , l'électricité positive; s'il
y a attraction , il possède une électricité contraire, c'est-à-
dire l'électricité négative.

CHAPITRE VIII.

De l'électricité due à la chaleur.

360. Plusieurs corps cristallisés et entre autres la tourmaline, la topaze... jouissent de la propriété de s'électriser par
l'action de la chaleur ; les fluides séparés par cette action se
distribuent dans leur masse à peu près comme le magnétisme
dans les aimans : ils prennent des tensions égales et contraires
à des distances égales d'une ligne neutre placée vers le milieu
de l'axe du cristal, et ils possèdent une intensité maximum
en deux points voisins des extrémités : ces deux points ont reçu
les noms de *pôles*.

Il n'est besoin d'aucun appareil nouveau pour constater le
simple fait de l'électrisation de la tourmaline par l'action de
la chaleur ; car chacun de ses pôles attire les corps légers pris
à l'état naturel ou chargés d'une électricité contraire, et il
repousse les corps chargés de la même électricité ; mais il faut
des appareils particuliers pour étudier tous les détails des
phénomènes. On suspend ordinairement la tourmaline à un fil
de soie sans torsion, on l'entoure d'un cylindre de verre,
ouvert à ses deux extrémités, et l'on fait reposer l'extrémité
inférieure du cylindre sur une lame de métal que l'on chauffe
avec une lampe à alcool. Un thermomètre placé dans le cylindre sert à indiquer la température. On reconnaît l'électricité
que prennent les différens points de la tourmaline en lui présentant un corps faiblement électrisé. Cet appareil s'emploie

également pour la topaze et les autres cristaux électriques par la chaleur.

361. Les propriétés électriques de la tourmaline ont été étudiées avec soin par plusieurs physiciens, et entre autres par Æpinus, Canton, Haüy, et par M. Becquerel : nous en indiquerons seulement quelques-unes.

1° Les pôles ne se développent dans les tourmalines qu'entre deux limites de température : ces limites varient, en général, avec la longueur et les dimensions transversales des cristaux, mais cependant elles sont ordinairement assez voisines de 10 et 150 degrés. Au-delà, les tourmalines ne s'électrisent pas par l'action de la chaleur.

2° Lorsqu'on chauffe une tourmaline uniformément sur tous les points de sa surface, en restant toutefois dans les limites précédentes de température, elle acquiert ses deux pôles électriques, et les conserve pendant toute la durée de l'échauffement. La polarité disparaît dès que la température devient stationnaire, et elle reparaît en sens inverse dès que la température commence à baisser. On voit par là que les tourmalines n'ont pas toujours le même pôle à la même extrémité, et qu'elles prennent tel ou tel pôle à telle ou telle extrémité, selon qu'elles deviennent électriques par échauffement ou par refroidissement.

3° Lorsqu'une tourmaline est devenue électrique par l'action de la chaleur, et qu'on la brise transversalement en deux ou en plus grand nombre de parties, chacune des parties possède encore deux pôles, et de plus ces pôles sont disposés comme dans la tourmaline entière.

4° Lorsqu'une tourmaline s'est électrisée par l'action du calorique, elle ne perd pas son électricité par le contact des corps conducteurs.

5° On trouve dans le même gissement des tourmalines qui

s'électrisent par la plus faible élévation de température
comme par le plus petit refroidissement ; on en trouve d'autres qui ne s'électrisent que par un changement brusque et
assez grand de température : on en trouve d'autres enfin qui
ne peuvent jamais s'électriser par l'action de la chaleur. Ces
différences d'effets proviennent de différences dans les dimensions, dans la structure et dans la couleur des tourmalines.
Les cristaux de tourmaline qui jouissent de la faculté électrique au plus haut degré, l'acquièrent par les changemens
lents et par les changemens brusques de température, tandis
que les cristaux peu électriques ne s'électrisent que par le
deuxième mode. Il résulte des expériences de M. Becquerel
que les fragmens de tourmaline donnent des effets plus mar-
qués que les tourmalines entières : par exemple, une tourmaline de 50 millimètres de longueur et de 15 millimètres
de diamètre, qui n'était électrique que par un échauffement
rapide de 12° à 50°, ayant été cassée en deux parties, chacune d'elles l'est devenue par un échauffement lent, et quelques tourmalines qui n'étaient pas électriques par la chaleur,
ont donné des fragmens faciles à électriser.

6° Lorsqu'on chauffe ou qu'on refroidit l'une des extrémités d'une tourmaline, et qu'on maintient l'autre à une
température constante, l'extrémité chauffée ou refroidie
prend le même état électrique que si la tourmaline entière
participait au même changement de température, et l'autre
ne donne aucun signe d'électricité. Ce résultat est inexplicable, car on sait que l'une des électricités ne se développe
jamais sans l'autre.

CHAPITRE IX.

De l'électricité due au contact.

362. *Découverte de Galvani.* = En 1789, Galvani, professeur d'anatomie à Bologne, ayant fait communiquer, au moyen d'un arc métallique, les nerfs lombaires avec les muscles d'une grenouille récemment dépouillée, s'aperçut que la grenouille éprouvait de violentes commotions. Il fit dépendre ce phénomène d'un fluide particulier qu'il supposa dans les nerfs de la grenouille, et auquel il attribua la propriété de contracter les muscles en se portant sur eux à travers l'arc de métal. On remarqua bientôt qu'on n'excitait jamais les contractions en susbtituant à l'arc métallique un corps peu conducteur de l'électricité, et de plus que l'électricité pouvait produire tous les phénomènes galvaniques. Ces phénomènes furent dès-lors attribués au fluide électrique, et la grenouille fut assimilée à une bouteille de Leyde, dont les muscles et les nerfs formaient les armatures, et dont les couches grasses interposées servaient de lame isolante.

363. *Hypothèse de Volta.* = Quelque temps après la découverte de Galvani, Volta, professeur de Physique à Pavie, reconnut que les commotions étaient extrêmement faibles quand l'arc de communication était formé d'un seul métal, et qu'elles étaient plus violentes et plus énergiques quand il se composait de deux métaux différens; il crut, d'après ce fait, que le fluide électrique n'existait ni dans les

muscles ni dans les nerfs de la grenouille, mais qu'il était développé par le contact des métaux qui servaient à établir la communication, et par celui de ces métaux avec les muscles et les nerfs.

Volta prouva d'ailleurs, par des expériences directes, que le contact de deux corps hétérogènes et surtout de deux métaux donne lieu à un développement d'électricité. La suivante est une des plus simples et des plus concluantes : il toucha le plateau inférieur de l'électromètre condensateur avec une lame de zinc communiquant au sol, et l'autre plateau avec les doigts mouillés ; il souleva ensuite le plateau supérieur de l'électromètre, et il vit les lames d'or s'écarter l'une de l'autre. Volta reconnut, en outre, que le cuivre du plateau inférieur s'électrisait négativement, car les lames d'or divergèrent encore après avoir été chargées préalablement d'électricité négative. Un seul contact suffit pour la production du phénomène.— L'électricité développée dans cette expérience ne put être attribuée au frottement ou à la pression du zinc et du cuivre, car il ne remarqua aucune divergence dans les lames de l'électromètre en touchant son plateau inférieur avec une lame de cuivre, quoiqu'il exerçât le même frottement ou la même pression ; elle dut provenir du contact des deux métaux. Le zinc et le cuivre développent donc de l'électricité dans leur contact : l'électricité négative se porte dans le cuivre, et l'électricité positive passe dans le zinc. La même expérience réussit avec d'autres métaux : le fer, le plomb, l'étain.... prennent, comme le zinc, l'électricité positive ; le platine, l'or, l'argent.... prennent, au contraire, l'électricité négative.

Volta attribua ce développement d'électricité à une force particulière qu'il nomma la *force électromotrice*. Cette force, dans l'hypothèse de cet habile physicien, provient du contact

de deux corps hétérogènes ; elle décompose une partie de
l'électricité naturelle des deux corps, transporte l'électricité
positive sur l'un, et l'électricité négative sur l'autre ; elle
s'oppose en outre à la recomposition des fluides qu'elle a décomposés, et qui tendent sans cesse à se réunir par l'effet de
leur attraction. La force électromotrice n'agit pas seulement
au contact des corps pris à l'état naturel ; elle agit encore
lors même qu'ils possèdent l'une ou l'autre des deux électricités.

Pour donner une idée plus complète de cette force, considérons son action au contact de deux plaques de même di-
mension, l'une de zinc, l'autre de cuivre, soudées ensemble
et isolées ; la force développera, dès l'origine du contact, de
l'électricité positive sur le zinc, et de l'électricité négative
sur le cuivre, puis elle agira pour empêcher les fluides de se
recomposer. Un seul instant suffit pour qu'elle produise tout
son effet, ou pour qu'elle porte les tensions électriques des
métaux à leur maximum. Désignons par $+a$ la tension électrique du zinc, par $-a$ celle du cuivre, et conséquemment
par $2a$ la différence algébrique des deux tensions. Qu'arrive-
rait-il si l'on donnait de l'électricité à l'une des plaques, de
l'électricité positive, par exemple ? Cette électricité se répan-
drait uniformément sur les deux corps, et après la distribution
des fluides, le zinc aurait une plus grande tension que le
cuivre ; car l'électricité positive répandue sur le zinc s'ajouterait à l'électricité positive qu'il doit au contact, tandis que
l'électricité positive répandue sur le cuivre se combinerait en
tout ou en partie avec son électricité négative de contact pour
former de l'électricité naturelle. Dans tous les cas, soit que
le cuivre renferme encore de l'électricité positive, soit qu'il
contienne de l'électricité négative, soit enfin qu'il n'ait plus
d'électricité libre, on admet, avec Volta, que la différence

des tensions électriques des deux plaques est constante et égale à 2a, comme si les plaques n'avaient que l'électricité de contact. — Lorsque l'une des plaques communique avec le sol, elle perd son électricité, et l'autre prend, d'après le principe précédent, une tension double de celle qu'elle a quand elle est isolée.

La force électromotrice agit sans cesse au contact des métaux, quelle que soit la durée du contact, et quelles que soient les causes qui leur enlèvent leur électricité; elle agit aussi au contact de tous les autres corps, mais avec une énergie différente. Les métaux sont les corps les plus électromoteurs ou ceux qui développent le plus d'électricité; les autres n'en prennent qu'une quantité très-faible soit dans leur contact réciproque, soit dans leur contact avec les métaux.

Nous admettrons, pour le moment, l'hypothèse de Volta avec ses conséquences; nous verrons plus loin si l'électricité qu'il attribue au contact, est uniquement due à cette cause.

364. *Des piles voltaïques.* = Les piles voltaïques sont des appareils destinés à accumuler l'électricité de contact; elles se forment avec deux corps bons électromoteurs, des disques de cuivre et de zinc, par exemple, et un troisième corps bon conducteur et peu électromoteur. On met l'un des métaux, le cuivre par exemple, en communication avec le sol; au-dessus, on place un disque de zinc; au-dessus de celui-ci, une rondelle de drap humide; puis on continue à superposer les trois corps dans le même ordre : cuivre, zinc, rondelle humide; cuivre, zinc....

Chaque disque forme un élément de la pile; deux élémens, l'un de cuivre, l'autre de zinc, simplement en contact ou soudés ensemble, forment un couple. L'extrémité qui se termine par le zinc s'appelle le pôle zinc, celle qui se termine par le cuivre s'appelle le pôle cuivre.

Pour faire comprendre la distribution de l'électricité dans la pile, reprenons sa construction, et voyons l'influence du contact à chaque disque qu'on ajoute. Si l'on met d'abord un disque de cuivre en contact avec le sol, et qu'on place dessus un disque de zinc, l'électricité négative développée par le contact des deux corps ira dans le sol, et l'électricité positive se portera sur le zinc; représentons par 1 la tension électrique de ce corps. Si l'on place une rondelle humide au-dessus du zinc, elle partagera son électricité sans donner lieu à aucune nouvelle force électromotrice, et comme le zinc ne peut avoir une tension moindre que 1, il y aura une nouvelle décomposition d'électricité naturelle au contact du zinc et du cuivre : la nouvelle électricité négative ira dans le sol, et la nouvelle électricité positive se portera dans le zinc et dans la rondelle, afin de leur donner la tension primitive du zinc. On obtient les mêmes résultats en plaçant un disque de cuivre sur cette rondelle; il prend aussi une tension égale à 1 par l'effet d'une nouvelle décomposition. — Qu'arrive-t-il si l'on place un 2ᵉ disque de zinc sur ce 2ᵉ disque de cuivre? On fait intervenir une nouvelle force électromotrice, et la différence des tensions des deux nouveaux disques doit être égale à 1 comme celle des deux premiers; or, comme le 2ᵉ cuivre ne peut avoir une tension moindre que 1, à cause de l'action permanente exercée au contact des deux premiers disques, le 2ᵉ zinc devra avoir une tension égale à 2; la 2ᵉ rondelle et le 3ᵉ cuivre auraient, par les mêmes raisons, une tension égale à 2; le troisième zinc une tension égale à 3; le 4ᵉ zinc une tension égale à 4; le 100ᵉ zinc une tension égale à 100.

La pile qui vient d'être formée, se nomme *la pile à colonne*; elle est uniquement chargée d'électricité positive quand elle repose sur le sol par un disque de cuivre; elle ne contient que de l'électricité négative quand elle est montée

en sens inverse. Du reste, quelle que soit la nature de l'élément qui communique avec le sol, la tension électrique croît
toujours de la base au sommet de la pile, et la distribution
de l'électricité est toujours la même.

365. *De là pile isolée.* = Les piles isolées se forment
comme les piles ordinaires, et se chargent, comme elles, par
la décomposition de leur électricité naturelle; mais elles contiennent à la fois les deux électricités, car elles ne peuvent
perdre, en raison de leur isolement, ni l'électricité positive,
ni l'électricité négative.

Pour connaître la distribution de l'électricité dans la pile
isolée, concevons deux piles composées d'un même nombre
d'élémens, montées en sens contraire et communiquant au
sol par leurs bases : les tensions électriques croîtront, sur
chaque pile, des bases où elles sont nulles, jusqu'aux sommets
où elles sont maximum, et elles seront égales et contraires à
des distances égales des extrémités; or, si l'on réunit ces deux
piles par leurs bases en interposant entre elles une rondelle
humide, et qu'on ne fasse communiquer avec le sol aucune des
extrémités de la nouvelle pile, on n'ajoute aucune nouvelle
force électromotrice, et on ne change rien à la disposition des
deux électricités, de sorte que les électricités seront réparties
dans chaque moitié de cette pile comme dans une pile entière
qui communiquerait avec le sol par sa base. Il résulte de là
que les tensions, dans les piles isolées, sont égales et contraires
aux mêmes distances des extrémités, et que la tension à chaque sommet est égale à la tension d'une pile non isolée qui
n'aurait que la moitié de ses élémens, ou bien qu'elle est la
moitié de la tension d'une pile non isolée d'un nombre égal
d'élémens. — Lorsque l'un des pôles est mis en communication
avec le sol, il vient rapidement à l'état naturel, et l'électricité se distribue dans la pile comme si elle n'eût pas été isolée.

366. *Tension de la pile.* = Les tensions aux sommets des piles se comparent, à l'aide du plan d'épreuve et de la balance de torsion, comme celles des corps électrisés par frottement ; elles varient avec plusieurs circonstances, et entre autres avec la nature des métaux et le nombre des couples.

Tous les métaux peuvent être employés dans la construction des piles, mais tous ne leur donnent pas les mêmes tensions ; le cuivre et le zinc sont ceux que l'on préfère ordinairement, car ils réunissent la double condition de développer beaucoup d'électricité dans leur contact et de s'obtenir à peu de frais. Quelle que soit d'ailleurs la nature des métaux employés dans les piles, les tensions produites à leur sommet croissent avec le nombre des élémens ; elles sont même, d'après la théorie de Volta, directement proportionnelles à ce nombre. — Cette proportionnalité est loin d'être exacte, car elle suppose que le liquide interposé entre les couples ne développe pas d'électricité ; et que la différence des tensions de deux disques réunis est indépendante des quantités d'électricité libre qu'ils renferment ; principes dont le premier est inexact et dont le second n'est pas démontré.

La tension des piles est indépendante des dimensions des couples ; qu'on construise, par exemple, deux piles avec les mêmes métaux et le même conducteur, qu'on leur donne le même nombre d'élémens, et qu'on ne les fasse différer que par l'étendue de la surface des disques, on trouve la même tension soit à leurs sommets, soit à leurs divers élémens. Il en serait encore de même si les métaux qui composent un couple ne se touchaient pas dans toute l'étendue de leur surface. La nature et les dimensions du conducteur humide sont également sans influence sur la tension des piles ; c'est du moins ce que M. Biot a reconnu pour l'eau, les acides étendus et la plupart des dissolutions salines ; mais si la nature du liquide n'influe pas sur la tension, elle influe d'une manière énergique sur la vitesse de propagation de l'électricité dans les diverses parties de la pile. Le liquide est-il peu conducteur, la pile se charge lentement, et une fois que l'on enlève de l'électricité à l'un de ses pôles, elle met long-temps avant de reprendre sa tension primitive ; est-il bon conducteur, elle se charge avec rapidité, et si on lui enlève de l'électricité, elle répare aussitôt la perte qu'elle éprouve. On n'emploie jamais l'eau pure pour mouiller les roudelles de drap ; on préfère les dissolutions salines et acides ; l'eau qui contient environ $\frac{1}{20}$ d'acide nitrique et $\frac{1}{16}$ d'acide sulfurique., est souvent employée ; elle serait encore plus conductrice si elle renfermait plus d'acide ; mais alors elle exercerait une action trop vive sur le zinc, et la détérioration de la pile serait trop prompte.

L'électricité accumulée dans la pile, jouit de toutes les propriétés de l'électricité qu'on développe avec plus d'énergie par le frottement ; elle attire les corps légers qui contiennent une électricité contraire, repousse ceux qui contiennent une électricité de même nature, et même, si elle a un nombre de couples suffisans, elle donne des étincelles à l'approche du doigt ou de tout autre corps conducteur ; elle peut également charger le condensateur et la bouteille de Leyde : il suffit même d'un contact instantané pour que ces appareils prennent leur tension maximum, pourvu toutefois que la communication soit bien établie ; M. Biot, afin de la rendre aussi parfaite que possible, place sur le sommet de la pile un petit vase en fer rempli de mercure, et il fait plonger dans ce liquide le bouton d'un fil de fer qui communique avec le condensateur ou avec la bouteille de Leyde.

367. *Courant de la pile.* — Lorsque les deux pôles d'une pile communiquent par un fil métallique, ils ne donnent plus aucune étincelle, ils n'exercent plus aucune attraction

sur les corps légers, et ne manifestent plus aucune tension appréciable à l'électromètre le plus sensible. La pile ne perd pas cependant tous ses effets électriques, et la preuve c'est qu'elle donne lieu à de nouveaux phénomènes aussi remarquables et aussi extraordinaires que ceux qu'elle produit à l'état de tension ; on peut citer, parmi ces phénomènes, l'incandescence des fils métalliques très-fins, la déviation de l'aiguille aimantée, la décomposition de l'eau, des acides, des oxides, des sels..... Ces derniers phénomènes, que nous étudierons bientôt, disparaissent tout-à-coup dès qu'on intercepte la communication entre les pôles, et les premiers recommencent.

Comme les deux électricités qui sont séparées dans chaque couple, se portent l'une au pôle positif, l'autre au pôle négatif, malgré les causes qui tendent à décharger la pile, on peut concevoir qu'elles continuent leur mouvement lorsque les communications sont établies par un fil conducteur. Si l'on considère, par exemple, la pile isolée CZ (*fig.* 58), dont le pôle positif Z communique au pôle négatif C par un fil métallique ZAC, l'électricité positive se mouvra de C en Z dans la pile et de Z en C dans le conducteur ZAC, tandis que l'électricité négative se mouvra en sens contraire, soit dans la pile, soit dans le fil métallique. On a désigné ce transport des fluides par le nom de *courant électrique*, et, afin d'éviter toute amphibologie, on a appliqué cette expression plus spécialement au mouvement de l'électricité positive ; ainsi l'on dit que le courant a lieu du pôle négatif au pôle positif à travers la pile, et du pôle positif au pôle négatif à travers le fil de communication. — Il n'est pas certain que les deux électricités se meuvent soit à travers les élémens voltaïques, soit à travers le conducteur qui réunit les pôles ; il paraît au contraire, et nous l'avons déjà dit, qu'elles n'éprouvent jamais de translation, et que leur recomposition a lieu dans toutes les molécules des couples et du conducteur. S'il en est ainsi, comme tous les phénomènes tendent à le prouver, l'expression de courant ne doit plus désigner le transport des fluides, mais seulement leur état soit dans la pile, soit dans le conducteur; nous verrons, en effet, qu'on change quelquefois cet état dans la pile en faisant varier la nature du conducteur humide, et qu'on le change toujours dans le conducteur en faisant varier la nature du pôle avec lequel communique l'une ou l'autre de ses extrémités.

On emploie le *galvanomètre* pour reconnaître l'existence des courans voltaïques et pour mesurer leurs intensités; nous donnerons plus loin la description de cet appareil.

368. *Diverses dispositions de la pile.* = Volta se servait fréquemment de la pile à colonne. Il plaçait les disques entre trois tubes verticaux en verre, montés sur une rondelle de bois, et terminés par une autre rondelle à leurs extrémités supérieures; mais cette disposition n'est pas sans inconvénient : la pile ne conserve pas long-temps sa conductibilité primitive, car le poids des disques supérieurs, en comprimant les rondelles humides, fait écouler leur liquide, et les dessèche promptement; de plus, elle n'a jamais une tension considérable, puisque le liquide, en s'écoulant, établit une communication entre les couples, et donne lieu à la recomposition partielle de leur électricité. On préfère maintenant la pile à auge et la pile de Wollaston.

Pile à Auge. = Les couples de la pile à auge sont formés, comme ceux de la pile à colonne, de plaques de zinc et de cuivre soudées ensemble; ils sont fixés parallèlement à une distance de 5 ou 6 millimètres dans une caisse de bois (*fig.* 59) dont les parois intérieures sont recouvertes de mastic, et ils laissent entre eux un intervalle que l'on remplit

d'eau acidulée. Il faut éviter avec soin toute communication
entre le liquide des divers compartimens, et à cet effet, il
faut essuyer avec précaution les bords supérieurs de la caisse
et des couples. Lorsqu'on veut produire de grandes tensions,
on réunit deux piles à auge en faisant communiquer le pôle
positif de l'une avec le pôle négatif de l'autre, au moyen de
lames de laiton soudées à des tiges du même métal; deux
piles de 50 couples chacune étant réunies de cette manière,
donnent une pile nouvelle de 100 couples. — Si l'on réunis-
sait les deux piles en faisant communiquer ensemble leurs
pôles positifs, ainsi que leurs pôles négatifs, on formerait une
nouvelle pile qui posséderait la même tension que chacune
des deux premières, mais dont la surface des couples serait
égale à la somme des surfaces des couples de chacune des
piles; ce serait alors la quantité de fluide qui traverse la pile
qui serait augmentée. La grande batterie de la société royale
de Londres est composée de 2000 couples dont les uns ont 6
pouces et les autres 4 pouces de côté.

Pile de Wollaston. = Pour faire comprendre plus facilement la construction de la pile de Wollaston, nous considérerons seulement deux couples (*fig.* 60), et nous les
représenterons en section. Le premier élément cuivre *ca* est
soudé en *a* au premier élément zinc *azz*; le deuxième élément
cuivre *c'c'* entoure, sans la toucher, la lame *zz* de zinc, et
se rend jusqu'au point *a'* où il est soudé au deuxième zinc
a'z'z'; le troisième cuivre entouré de même le deuxième zinc
et se rend jusqu'en *a"*..... Des morceaux de liége sont placés,
dans chaque couple, à la partie supérieure et à la partie
inférieure de la lame de zinc, afin de consolider l'appareil.
Dans la pile de Wollaston (*fig.* 61), tous les couples sont
solidement attachés à une barre de bois, et chaque couple
a, au-dessous de lui, un vase rempli d'eau acidulée. Il suffit;

pour mettre la pile en activité, de faire plonger les couples dans les vases qui leur correspondent. Cette pile est d'un fréquent usage dans les expériences relatives aux courans électriques ; elle laisse la plus grande liberté au mouvement des fluides.

369. *Des piles sèches.* == Les piles sèches diffèrent des piles ordinaires par la nature du conducteur interposé entre les élémens métalliques ; elles ont, pour conducteur, un solide légèrement humide, tandis que les autres ont un solide totalement imprégné d'humidité et plus ordinairement encore un corps liquide. Les premières piles sèches ont été construites, en 1803, par MM. Hachette et Désormes avec des couples de zinc et de cuivre séparés par de la colle d'amidon ; elles ont été perfectionnées depuis par MM. Biot, Deluc, et plus tard par M. Zamboni.

Zamboni prend une feuille de papier un peu forte et légèrement humide ; il colle sur l'une des faces, avec de la gomme ou de l'amidon, une feuille très-mince de zinc ou d'étain, et applique sur l'autre du péroxide de manganèse très-divisé. Il superpose ensuite dans le même ordre plusieurs feuilles ainsi préparées, et il enlève, avec un emporte-pièce, des disques de 10 à 15 lignes de diamètre ; il réunit enfin plusieurs milliers de ces disques, les serre sous une forte presse pour mieux établir le contact, et il les enduit d'une couche de gomme-laque pour les garantir du contact de l'air. On mastique ordinairement, sur la face zinc, un disque de zinc assez épais, et l'on visse sur ce disque une boule du même métal qui forme le pôle positif de la pile. On mastique à l'autre extrémité un disque de cuivre, muni également d'une boule de cette matière qui forme le pôle négatif.

On imbibe quelquefois le papier avec du lait, du beurre, du miel ou une dissolution saline ; les piles sont alors un peu plus fortes au commencement de leur construction, mais elles s'affaiblissent avec le temps, tandis que les premières conservent leur tension primitive pendant de longues années. Les piles de Zamboni, même celles de 2000 couples, ne donnent ni commotion, ni étincelle, et ne produisent aucune décomposition chimique; elles peuvent cependant charger assez fortement le condensateur pour qu'il donne des étincelles d'un pouce à l'approche du doigt. Leurs tensions se comparent, comme celles des piles ordinaires, avec le plan d'épreuve et la balance de Coulomb.

La tension d'une pile sèche dépend de l'état hygrométrique de l'air; elle prend seulement une valeur fixe quand l'air enlève à la pile autant d'électricité qu'elle en reçoit par l'action de la force électromotrice. Or, comme cette force reste constante, l'air doit toujours enlever à la pile la même quantité d'électricité dans le même temps; si donc l'état hygrométrique varie, la tension de la pile doit varier; s'il est plus grand, par exemple, l'air tend à enlever plus de fluide, et il ne peut en enlever une quantité constante qu'autant que la tension de la pile est devenue plus faible.

Mouvement perpétuel. = Qu'on place deux piles sèches verticalement sur une plaque métallique, les pôles contraires en regard, et qu'on suspende, entre leurs pôles supérieurs, une aiguille de métal isolée et très-mobile (*fig.* 62), on obtient une espèce de mouvement perpétuel. L'aiguille est d'abord attirée par l'un des pôles, puis repoussée quand elle lui a pris de l'électricité et attirée vers l'autre pôle qui possède une électricité contraire; elle prend ainsi un mouvement de rotation autour de son axe, et conserve la même vitesse tant que les piles conservent la même énergie. Les mouvemens de cet appareil ne sont pas toujours réguliers; quelquefois ils sont rapides, d'autres fois ils sont lents, souvent

ils s'arrêtent pendant quelque temps pour recommencer ensuite. Ces irrégularités sont principalement dues aux variations de tension que l'état hygrométrique de l'air produit
dans les piles.

Electromètre de Bohnenberger. == Bohnenberger a construit, avec une pile sèche, un électromètre d'une extrême
sensibilité. Cet appareil, perfectionné par M. Becquerel, se
compose d'une pile sèche, munie à ses pôles de deux plaques de laiton qui se rapprochent l'une de l'autre après
s'être recourbées, et qui restent parallèles dans une longueur
de deux ou trois pouces. La pile est placée horizontalement
sous la cloche d'un électromètre condensateur à une seule
lame d'or, et la lame correspond au milieu de l'intervalle
qui sépare les deux plaques de laiton. Lorsque la lame reçoit
de l'électricité, elle cesse d'être également attirée par les
deux pôles, et se porte vers celui qui possède une électricité
contraire à la sienne.

370. *Des effets de la pile.* == Les effets de la pile peuvent être ramenés à cinq classes principales : la 1re comprend
les effets physiologiques, la 2e les effets calorifiques, la 3e les
effets chimiques, la 4e les effets mécaniques, et la 5e les effets
magnétiques. Chacune d'elles sera étudiée isolément.

371. *Des effets physiologiques.* == Lorsqu'on touche les
deux pôles d'une pile avec les mains mouillées, on éprouve
une commotion aussi forte et aussi terrible qu'avec les batteries électriques, et de plus on la trouve continue, parce que
la pile se recharge d'elle-même dès qu'elle s'est déchargée
aux dépens des organes. L'intensité de la commotion dépend
de la tension de la pile, et par suite du nombre des couples ;
elle est faible avec une pile de 10 ou 12 couples, elle est
assez forte si leur nombre s'élève à 50 ou 60, et devient
dangereuse s'il dépasse 100. Il est facile, avec une même pile,

de graduer à volonté la commotion en touchant avec une main l'un des pôles, et en plaçant l'autre sur des couples de plus en plus éloignés; car alors on n'éprouve que la décharge due aux couples intermédiaires.

Lorsqu'on touche la pile avec les mains sèches, on n'éprouve qu'une faible commotion, ou même on n'en éprouve aucune, car l'épiderme est trop mauvais conducteur pour donner aux fluides la liberté de se réunir à travers les organes. La cause de la commotion galvanique est complètement inconnue.

Dès les premières découvertes de Volta, on a employé la pile à la guérison de la goutte, des paralysies, des rhumatismes.... On faisait traverser l'organe affecté par le courant en disposant de chaque côté des plaques métalliques que l'on mettait en communication avec les deux pôles. On a souvent obtenu des effets salutaires, mais malheureusement ils n'ont pas été de longue durée; M. Marianini assure cependant avoir guéri complètement plusieurs paralysies en employant, au lieu d'un courant continu, des décharges successives très-rapides, en graduant peu à peu leur intensité, et en prolongeant les effets pendant plusieurs jours et quelquefois pendant plusieurs semaines. MM. Magendie, Andral, Roulin et Pouillet ont fait de nombreuses expériences sur l'irritabilité produite par les courans électriques, et ils ont reconnu, dans le cours de leurs recherches, que les animaux asphyxiés sont promptement rappelés à la vie dès qu'on les met entre les deux pôles de la pile; ils ont même ranimé des lapins asphyxiés depuis plus d'une demi-heure. Les courans galvaniques produisent des effets extraordinaires dans les cadavres récemment privés de la vie.

372. *Des effets calorifiques.* = Lorsqu'un fil de métal est mis en communication avec les deux pôles d'une pile, il s'échauffe et rougit s'il n'a pas une trop grande longueur et

un trop grand diamètre ; il se fond et se volatilise s'il est très-fin et très-court. Un fil de platine, par exemple, d'un mètre de long et d'un millimètre de diamètre est porté au rouge, dans tous ses points, par une pile de Wollaston d'une ving-taine de couples assez larges ; un fil plus court ou plus fin aurait été fondu, et un fil plus long ne serait devenu incan-descent que vers le milieu de sa longueur. Les effets calori-fiques dépendent surtout des dimensions des couples et de la conductibilité de la pile. M. Children, en acidulant fortement une pile de 21 couples, dans lesquels le zinc avait 32 pieds de surface, a obtenu des effets vraiment extraordinaires ; il a porté au rouge un fil de platine de 5 pieds 6 pouces de long sur une ligne et quart d'épaisseur, il a fondu une tige carrée de platine de 2 lignes de côté sur 2 pouces 3 lignes de long, et il a réduit ou liquéfié plusieurs oxides terreux.

Lorsqu'on fait communiquer les deux pôles d'une pile avec deux fils métalliques, et qu'on approche les extrémités de ces fils à une petite distance, il se produit une série continue d'étincelles et des effets remarquables de chaleur. Ces effets varient, comme l'a observé Children, avec la nature des métaux : quand l'un des fils est en platine et l'autre en fer, le platine devient rouge-blanc ; et le fer est fondu ; quand l'un est en fer et l'autre en or, le fer entre en ignition, et l'or n'é-prouve aucun changement ; quand on se sert de fils d'or et d'argent, l'argent n'est pas altéré, et l'or entre en ignition. Children a varié ces expériences d'une infinité de manières ; il donnait toujours aux deux fils qu'il employait en même temps, la même longueur et le même diamètre.

Les effets calorifiques dépendent moins de la tension des piles que de la quantité de fluide qu'elles laissent circuler dans un temps déterminé, ou ce qui revient au même, elles dépendent moins du nombre des couples que de leur étendue.

On peut, même, avec un seul couple à la Wollaston, produire assez de chaleur pour faire rougir un fil de platine : on prend, à cet effet, le couple de la *figure* 63 ; le cuivre *ca* est soudé en *a* au zinc *az*, et l'enveloppe de cuivre *def* sert à conduire le fluide positif du zinc aux points *f* et *h*. On attache le fil de platine aux pôles *c* et *h* ; et en tenant le couple par le manche *b*, on le plonge dans un vase rempli d'eau fortement acidulée.

Plusieurs expériences calorifiques exigent cependant des piles d'une forte tension ; celle de Davy est du nombre. On prend un ballon de 10 à 12 pouces de diamètre (*fig.* 55) muni de deux tubulures opposées ; la tubulure inférieure porte une tige métallique fixe, et la tubulure supérieure une tige métallique mobile qui peut s'approcher plus ou moins de la première en glissant dans une boîte à cuir. On attache à l'extrémité de chaque tige un petit cône de charbon fortement calciné et éteint dans le mercure, on approche les pointes des cônes à une petite distance, on fait le vide dans le ballon, et on met les deux tiges en communication avec les deux pôles d'une forte pile. Le courant franchit alors l'intervalle qui sépare les charbons, et le remplit d'une lumière tellement éblouissante qu'il est difficile d'en supporter l'éclat. On peut dès lors écarter peu à peu les tiges l'une de l'autre sans arrêter le courant, et la lumière tout en conservant la même intensité, acquiert un volume plus considérable. Le phénomène se produit encore dans l'air raréfié, mais alors le charbon se consume, et donne lieu à de l'acide carbonique.

Les effets calorifiques proviennent, dans l'opinion de M. de La Rive, de la résistance qu'éprouve l'électricité à passer d'un corps à un autre, ou d'une molécule d'un corps à la molécule suivante ; et le développement de la chaleur est d'autant plus grand que la portion d'électricité qui est arrêtée est plus considérable. Plusieurs expériences justifient cette hypothèse :

quand on réunit les deux pôles d'une pile par une chaîne composée de plusieurs fils métalliques de même nature et de même diamètre, attachés à la suite les uns des autres, c'est toujours aux points d'attache que se manifeste l'incandescence; et quand les fils sont hétérogènes, ce sont toujours les moins conducteurs qui s'échauffent le plus. De même, quand une mèche de coton, imprégnée d'une solution saline, sert de conducteur au courant électrique, elle s'échauffe fortement, tandis que la même solution reste froide si elle est renfermée dans un tube de même diamètre que la mèche; cela vient de ce que la transmission est plus difficile dans le premier cas que dans le second.

373. *Des effets chimiques.* == C'est en 1800 que la pile fut appliquée pour la première fois à la Chimie; depuis cette époque, les applications se sont succédé rapidement, et l'on est parvenu à opérer les décompositions les plus remarquables et à former les composés les plus curieux.

Décomposition de l'eau. == La première application de la pile à la Chimie est due à MM. Carlisle et Nickolson; elle a eu pour objet la décomposition de l'eau. Pour produire facilement cette décomposition, et pour recueillir en même temps les gaz séparés par l'action de la pile, on se sert d'un verre (*fig.* 64) dont le fond est traversé par deux petites lames de platine qui s'élèvent en dedans de quelques centimètres, et qui, à l'extérieur, sont recourbées en crochet. On remplit à moitié le verre d'eau, et l'on recouvre les petites lames avec deux cloches pleines de ce liquide; la décomposition se produit dès qu'on fait communiquer les deux parties extérieures des lames avec les pôles d'une pile : l'hydrogène s'élève dans la cloche qui couvre le fil négatif, et l'oxigène dans la cloche qui couvre le fil positif; le volume du premier gaz est double du volume du second.

L'eau pure est décomposée difficilement par la pile ; mais la décomposition devient facile dès qu'on augmente sa conductibilité en y versant quelques gouttes d'un sel ou d'un acide. On doit employer dans cette expérience une pile assez forte, et l'on doit éviter de substituer des fils de fer ou d'un autre métal oxidable aux lames de platine, car alors l'oxigène se fixerait sur ces corps, et l'on n'obtiendrait qu'un dégagement d'hydrogène.

Décomposition des oxides. = Tous les oxides, soumis à l'action de la pile, donnent des preuves non équivoques de décomposition : leur oxigène se porte constamment au pôle positif, et leur radical au pôle négatif.

Lorsqu'il s'agit d'un oxide dont les élémens n'ont pas une forte affinité, et dont le métal ne s'oxide pas promptement au contact de l'air, on le place sur une petite lame de platine communiquant avec le pôle positif de la pile, et on le touche avec un fil de platine communiquant avec le pôle négatif. De petits globules métalliques paraissent bientôt à l'extrémité de ce fil. On réduit quelquefois l'oxide en poudre afin de faciliter la décomposition, et on l'humecte souvent avec de l'eau afin d'augmenter sa conductibilité; dans ce dernier cas, l'eau se décompose avec l'oxide, et son hydrogène se porte, avec le métal, au pôle négatif.

Davy, en 1807, ayant soumis à l'expérience un morceau de potasse légèrement humide, vit aussitôt de petits globules métalliques brûler à l'extrémité du fil négatif, et produire des jets de lumière comme une gerbe d'artifice ; il crut dès-lors que la potasse était un corps composé, et qu'elle renfermait, parmi ses élémens, un métal auquel il donna le nom de potassium. La méthode de Davy ne pouvait donner le potassium puisque ce métal brûlait dans l'air, en se combinant avec son oxigène dès qu'il était isolé ; il fallait donc une dis-

position particulière pour l'obtenir : celle du docteur Seebeck
ne laisse rien à désirer. On forme dans un morceau de potasse
humide une petite cavité que l'on remplit de mercure ; on'pose
ensuite la potasse sur une lame de platine communiquant avec
le pôle positif, et l'on fait plonger le fil négatif dans le liquide
de la cavité. La décomposition se produit aussitôt, et le potassium se rend dans le mercure, avec lequel il se combine
en formant un amalgame. On jette, de temps à autre, ce
composé dans l'huile de naphte ; afin de le garantir du contact
de l'air, puis on renouvelle le mercure, et dès qu'on s'est
procuré assez d'amalgame, on le distille dans une petite cornue
de verre ; l'huile et le mercure se vaporisent, et le potassium
reste dans la cornue. MM. Gay-Lussac et Thénard se sont également procuré le potassium par un procédé purement chimique.
Le sodium s'extrait de la soude par les mêmes moyens.

Les autres métaux alcalins et les métaux terreux sont plus
difficiles à obtenir par la pile ; on les obtient cependant à
l'état de pureté en combinant son action avec une action
chimique convenablement choisie.

Décomposition des acides. = Les acides sont aussi décomposés par les courans électriques : leur oxigène se porte encore
au pôle positif, et leur radical au pôle négatif. Les hydracides
cèdent également à l'action de la pile ; mais, pour ces corps,
c'est le radical qui se porte au pôle positif, et l'hydrogène qui
se dégage au pôle négatif. Il résulte de là qu'un même corps
ne se rend pas toujours au même pôle de la pile ; le soufre,
par exemple, se dirige au pôle négatif ou au pôle positif,
selon qu'il provient de la décomposition de l'acide sulfurique
où de l'acide sulfhydrique. Le moyen le plus simple de produire la décomposition, c'est de mettre l'acide dans un tube
recourbé en siphon (*fig.* 65), et de faire communiquer les
deux extrémités du liquide avec les pôles de la pile.

Décomposition des sels. ⇒ Tous les sels sont enfin décomposés par l'action de la pile; la décomposition est quelquefois complète, et quelquefois elle n'est que partielle. Si l'acide et l'oxide sont difficilement décomposables, ils sont seulement séparés par la pile, et l'acide se rend au pôle positif, tandis que l'oxide se porte au pôle négatif. Si l'acide est facile à réduire, son oxigène se rend au pôle positif, et son radical passe au pôle négatif avec l'oxide non décomposé. Si l'oxide est facilement décomposable, son métal va seul au pôle négatif, et son oxigène se rend avec l'acide au pôle positif. Enfin, si les élémens de l'acide et de l'oxide n'ont pas une forte affinité, leur oxigène se porte au pôle positif, et leurs radicaux au pôle négatif. On peut, du reste, dans ce dernier cas, obtenir simplement la séparation de l'acide avec l'oxide, ou la réduction de l'un des corps seulement, en employant une pile assez faible, et surtout en écartant suffisamment les extrémités des fils voltaïques qui plongent dans la dissolution saline.

Une expérience assez curieuse est fondée sur la décomposition des sels, et sur les changemens de couleur qu'éprouvent les substances végétales par l'action des acides et des alcalis. On verse une dissolution de tournesol dans un tube en siphon (*fig.* 65) ; on mélange avec elle quelques gouttes d'une dissolution de sulfate de potasse ou de soude, et on la fait traverser par le courant de la pile. Après quelques temps, le liquide qui environne le fil positif se colore en rouge, et celui qui environne le fil négatif se colore en vert, ce qui prouve que le sel se décompose, et que ses élémens se transportent aux deux pôles de la pile.

Phénomènes de transport observés dans les décompositions. ⇒ On observe souvent un phénomène remarquable dans les décompositions des sels par le courant électrique;

c'est le transport qu'éprouvent leurs élémens à travers d'autres substances.

Lorsqu'on met une dissolution saline dans une capsule de verre, et de l'eau distillée dans une autre capsule, qu'on interpose un fil d'amiante humide (*fig.* 66) entre les liquides des deux vases, et qu'on fait communiquer chacun d'eux avec l'un des pôles d'une pile, le sel se décompose comme si les deux fils voltaïques plongeaient directement dans la dissolution, et ses élémens se portent à leurs pôles respectifs. L'un des produits de la décomposition doit ainsi être transporté par le courant à travers le fil d'amiante. Emploie-t-on du sulfate de potasse, on trouve l'acide dans l'une des capsules, et la base dans l'autre; emploie-t-on de l'azotate d'argent, et fait-on plonger le pôle positif dans la dissolution, on trouve l'argent, à l'état métallique, vers le fil négatif, de sorte que ce métal traverse l'amiante comme les acides et les bases. — L'expérience du transport est encore plus frappante quand les deux capsules contiennent une dissolution saline; au bout de quelques heures la *capsule positive* ne contient plus que l'acide, et la *capsule négative* ne contient plus que la base, de sorte que les élémens décomposés se croisent dans leur transport.

De même, lorsqu'on prend trois capsules (*fig.* 67); qu'on fait communiquer, par des fils d'amiante, celle du milieu avec les deux extrêmes, qu'on met la dissolution saline dans la capsule intermédiaire, et qu'on remplit les autres d'eau distillée, on produit encore la décomposition en faisant plonger les fils de la pile dans l'eau des capsules extrêmes: l'acide se porte toujours dans la capsule positive, et la base dans la capsule négative.

Les produits de la décomposition sont transportés par le courant avec une telle énergie qu'ils traversent souvent des milieux pour lesquels ils ont beaucoup d'affinité sans être arrêtés dans leur mouvement. Si , par exemple , on met une dissolution de tournesol dans la capsule intermédiaire , une dissolution de sulfate de soude dans l'une des capsules extrêmes ,. et de l'eau distillée dans l'autre , la décomposition s'opère encore , et les élémens du sel se trouvent , après quelques instans, à leurs pôles respectifs , sans que la teinture de tournesol ait éprouvé la moindre altération par le passage de l'acide ou de la base. Bien plus ; si la capsule positive contenait de l'eau distillée , la capsule intermédiaire une dissolution d'ammoniaque , et la capsule négative une dissolution de sulfate de potasse , la potasse resterait dans la dernière, et l'acide sulfurique passerait dans la première sans être arrêté par l'ammoniaque pour laquelle il a cependant une puissante affinité. Le transport n'a plus lieu quand l'acide ou la base rencontrent sur leur passage un corps avec lequel ils peuvent former un composé insoluble ; si l'on met, par exemple , de l'azotate de baryte dans la capsule du milieu et du sulfate de potasse dans la capsule négative , l'acide sulfurique ne peut traverser l'azotate de baryte , il se combine alors avec la baryte , et forme un sulfate de baryte qui se précipite dans la capsule du milieu.

Ces mouvemens de transport ont été étudiés par plusieurs physiciens , et entre autres par sir H. Davy.

Explication des décompositions électro-chimiques.= On a donné diverses explications des décompositions produites par le courant de la pile ; nous rapporterons seulement celles de MM. Grotthuss et de La Rive.

Lorsqu'on fait plonger les deux fils de la pile dans un liquide composé , les élémens de ce corps se mettent d'abord , par l'influence du courant , dans deux états opposés d'électricité, et les molécules se tournent ensuite de manière à présenter tous leurs élémens positifs vers l'un des pôles, et tous leurs élémens négatifs vers l'autre. Considérons l'eau par exemple ; son hydrogène prendra l'électricité positive, et son oxigène l'électricité négative ; puis ses molécules se tourneront toutes dans le même sens, leur oxigène correspondant au pôle positif, et leur hydrogène au pôle négatif, comme la *figure* 68 le représente. Si la tension de la pile est suffisamment énergique, l'attraction du fluide du pôle positif sur le fluide négatif de la première molécule d'eau l'emportera sur l'affinité des deux élémens qui composent cette molécule, et l'oxigène séparé, par cette action, de l'hydrogène, se dégagera au pôle positif : l'hydrogène de la première molécule, devenu libre, se combinera avec l'oxigène de la deuxième molécule ; l'hydrogène de cette molécule avec l'oxigène de la molécule suivante.... Ces décompositions et ces recompositions successives s'étendent jusqu'à la molécule la plus voisine du pôle négatif qui laisse dégager son hydrogène : l'action de ce pôle se combine, d'ailleurs avec celle du pôle positif pour augmenter les effets. Les décompositions et les recompositions successives se produisent en même temps, dans toutes les files de molécules interposées entre les deux pôles, et elles ne cessent pas tant que la pile conserve son activité.

Cette théorie est due à M. Grotthuss ; elle rend bien compte du phénomène quand les deux fils voltaïques plongent directement dans le liquide qui doit être décomposé ; mais elle est insuffisante dans plusieurs circonstances, et entre autres dans les décompositions qui sont accompagnées du transport des élémens.

M. de La Rive attribue les décompositions électro-chimiques à une combinaison entre l'électricité et la matière pondérable des corps. Le courant qui sort du fil positif de la pile, décompose la molécule contiguë du liquide, s'empare de son hydrogène si c'est de l'eau, de sa base si c'est un sel, et laisse en liberté l'oxigène et l'acide qui se dégagent ; le courant, en se rendant au pôle négatif, transporte avec lui l'hydrogène et les bases à travers la masse liquide, et les abandonne sur la surface du métal qui ne peut leur donner passage. Le courant qui sort du fil négatif produit une décomposition analogue sur les molécules contiguës au fil, laisse en liberté l'hydrogène et les bases, et emporte avec lui l'oxigène et les acides pour les déposer vers le fil positif. Il résulte de cette théorie que les molécules contiguës aux fils voltaïques éprouvent seules la décomposition, et que le liquide placé au milieu de la masse ne sert qu'à conduire l'électricité, avec les matières qu'elle transporte, sans éprouver aucun effet. — Cette explication suppose un transport des fluides électriques d'un pôle à l'autre et une affinité entre l'électricité et la matière.

Des combinaisons électro-chimiques. = Les courans électriques ne produisent pas seulement des décompositions chimiques ; ils produisent aussi quelquefois des combinaisons.

Si, par exemple, on remplit de mercure une capsule de chlorhydrate d'ammoniaque, et qu'on la pose sur une lame de platine communiquant avec le pôle positif de la pile, on voit le mercure augmenter graduellement de volume dès qu'on a fait plonger le fil négatif dans sa masse. L'amalgame qui se forme a une consistance sirupeuse ; il pèse spécifiquement plus que l'eau, et il forme des cristaux cubiques à la température de la glace fondante. MM. Gay-Lussac et Thénard ont donné pour sa composition : 1 volume de mercure, 3,47 d'hydrogène et 4,22 d'ammoniaque. Il ne subsiste que sous l'influence du courant ; dès que le courant est interrompu, l'hydrogène et l'ammoniaque se dégagent, et le mercure reprend son volume primitif.

374. *Des effets mécaniques.* = M. Porret a observé, en 1816, une propriété assez curieuse du courant électrique. Il partagea un vase en deux compartimens par une cloison verticale, une membrane de vessie ou une feuille de papier enduite d'albumine coagulée; il remplit d'eau l'un des compartimens et en versa seulement quelques gouttes dans l'autre; il fit ensuite plonger le fil positif de la pile dans le premier, et le fil négatif dans le second. Il vit alors que l'eau, indépendamment de la petite portion décomposée, fut transportée par le courant à travers la cloison verticale; qu'elle arriva au même niveau dans les deux cloisons en moins d'une demi-heure, et qu'elle s'éleva enfin dans le compartiment négatif au-dessus de son niveau dans l'autre. M. Porret observa, en outre, que la nature du liquide n'avait pas d'influence sur ces résultats, et que l'ascension avait toujours lieu dans le compartiment négatif.

M. Pouillet a observé un phénomène qui tient probablement à la même cause. Il mit du mercure dans un siphon renversé à une hauteur de 3 à 4 pouces, versa une dissolution saline dans l'une des branches, et fit plonger les pôles de la pile dans les liquides, le pôle négatif étant dans la dissolution, et le pôle positif dans le mercure. La dissolution glissa peu à peu de l'un des tubes dans l'autre, et après quelque temps, elle se trouva toute entière dans la branche positive.

On peut citer, parmi les effets mécaniques des courans, les mouvemens remarquables qu'ils impriment au mercure. Erman avait observé, dès 1808, que les globules mercuriels prennent un mouvement de rotation très-rapide quand ils sont soumis au courant de la pile; H. Davy a remarqué plus tard que ces globules, placés dans un large vase et recouverts d'une eau très-faiblement acidulée, s'agitent vivement quand

ils font partie du courant voltaïque, et qu'ils s'allongent vers
le fil négatif. M. Herschell a aussi observé des mouvemens
analogues; il a reconnu en outre qu'ils étaient complètement
altérés quand le mercure était mêlé avec des quantités presque inappréciables de potassium ou de sodium, et qu'ils ces-
saient entièrement quand la surface du mercure était recouverte d'une dissolution alcaline.

375. *Des effets magnétiques.* == Lorsqu'une aiguille
aimantée est placée près d'un conducteur traversé par le courant de la pile, elle se dévie aussitôt de sa position primitive,
et fait de nombreuses oscillations autour d'une nouvelle position d'équilibre ; ces effets sont évidemment dûs au courant
électrique, car ils cessent dès que le courant est interrompu,
et ils recommencent dès qu'il est rétabli.

L'action des courans sur l'aiguille aimantée a été découverte, en 1820, par M. OErsted, professeur à Copenhague ;
elle est la base de l'*électro-magnétisme*, l'une des branches
les plus curieuses de la physique moderne.

Cherchons à analyser la découverte d'OErsted en plaçant le
conducteur voltaïque dans diverses positions relativement à
l'aiguille. Lorsque le conducteur est placé horizontalement
dans le méridien magnétique et que le courant va du sud au
nord, le pôle austral de l'aiguille se dirige à l'ouest ou à l'est,
selon que le conducteur est au-dessus ou au-dessous de l'aiguille; il se dirigerait à l'est ou à l'ouest dans les mêmes
circonstances si le courant allait du nord au sud. Lorsqu'on
place le conducteur à droite ou à gauche dans le plan horizontal, mené par l'aiguille, elle n'éprouve aucune déviation
horizontale, mais elle s'incline à l'horizon ; son pôle austral
est abaissé si le fil est à l'ouest et que le courant aille du sud
au nord; il est relevé si le fil est à l'est et que le courant aille
dans le même sens. Lorsque le courant va de l'ouest à l'est et

qu'il est placé au-dessus de l'aiguille, elle ne change pas de direction ; mais s'il est placé au-dessous, elle tend à décrire une demi-circonférence et à porter au sud son pôle austral.

On voit par ces expériences qu'un observateur placé dans la direction du courant, la face tournée vers l'aiguille, les pieds correspondant au pôle positif et la tête au pôle négatif de la pile, voit toujours le pôle austral de l'aiguille se porter vers sa gauche, et le pôle boréal se tourner vers sa droite ; c'est ce qu'on exprime en disant que le pôle austral se dirige à gauche du courant, et le pôle boréal à sa droite, en appelant la gauche et la droite du courant, la gauche et la droite de l'observateur placé comme il vient d'être dit.

Dans les expériences précédentes, l'action du courant se compose avec l'action magnétique du globe, de sorte que la direction de l'aiguille n'indique pas, en général, la direction de la *force électro-magnétique*. Pour connaître la direction de cette force, il faudrait neutraliser l'action terrestre soit en plaçant un barreau aimanté dans le méridien magnétique à une distance convenable de l'aiguille, soit en fixant sur le même axe deux aiguilles identiques dont les pôles seraient tournés en sens contraire. Lorsque l'action du globe a été neutralisée par l'un ou l'autre de ces moyens, l'aiguille se dirige toujours perpendiculairement à la direction du courant, ou plus généralement, perpendiculairement au plan qui passe par le courant et par la perpendiculaire abaissée du milieu de l'aiguille sur la direction du courant. Telle est la direction de la force électro-magnétique.

Nous n'étudierons pas ici les autres phénomènes produits par l'action des courans sur les aimans, nous leur consacrerons un chapitre spécial en raison de leur importance ; nous nous bornerons à décrire un appareil fondé sur la découverte d'OErsted : c'est le galvanomètre.

Du galvanomètre. = L'aiguille aimantée placée près d'un courant voltaïque pourrait servir à mesurer son intensité, car la déviation qu'elle éprouve varie avec l'énergie du courant, augmentant ou diminuant selon que cette énergie augmente ou diminue. Une simple aiguille n'offrant pas cependant toute la sensibilité qu'on doit désirer dans les recherches délicates, on a dû construire un galvanomètre qui présentât plus d'avantages. On y est parvenu en remarquant que toutes les parties d'un courant polygonal *abcd* (*fig.* 69) concourent pour diriger dans le même sens le pôle austral d'une aiguille qui serait placée dans l'intérieur du polygone et qui serait mobile autour d'un axe situé dans son plan. On a pris, d'après cette observation, un fil de cuivre de 40 ou 50 mètres de longueur; on l'a entouré, sur toute sa surface, d'un fil de soie, et on l'a enroulé autour d'un cadre en bois, en laissant seulement libres 30 à 40 centimètres de longueur à ses extrémités. On a placé l'aiguille sur un pivot fixé à la partie inférieure du cadre, ou bien on l'a suspendue par un fil traversant sa partie supérieure. L'effet du courant est évidemment augmenté par cette disposition; il serait même proportionnel au nombre des circuits si la même portion du fil recevait une égale quantité de fluide quand elle est seule et quand elle fait partie des circonvolutions, ou, ce qui revient au même, si la quantité de fluide qui traverse un fil était proportionnelle à sa longueur.

Au lieu d'enrouler un seul fil autour du cadre, on préfère en enrouler cinq, et donner à chacun une longueur cinq fois moindre; on les recouvre de soie dans toute leur longueur, on les réunit parallèlement, et on les enroule ensemble; ils communiquent seulement par leurs extrémités qui sont mises à découvert. On conçoit l'avantage de cette disposition en remarquant que l'intensité d'un courant électrique qui provient d'une source déterminée, diminue avec la longueur du fil et croît avec son diamètre.

Pour augmenter la sensibilité du galvanomètre, on emploie souvent deux aiguilles parallèles ; on les attache invariablement au même axe, l'une en dedans, l'autre en dehors du cadre (*fig.* 70), et l'on fait correspondre leurs pôles contraires. On augmente ainsi l'effet du courant en le faisant agir sur une plus grande quantité de magnétisme, et l'on réduit l'action du globe, en donnant aux aiguilles une énergie peu différente. — On ne doit pas cependant neutraliser complètement cette action quand on veut appliquer le galvanomètre à la mesure de l'intensité des courans, car alors les courans les plus faibles comme les plus forts amèneraient l'aiguille perpendiculairement à leur direction, et il n'y aurait plus de comparaison possible. — On emploie souvent aussi quatre aiguilles parallèles fixées au même axe, deux intérieures dont les pôles sont tournés dans le même sens, et deux extérieures dont les pôles sont tournés en sens contraire des premières. Un seul cadrant suffit pour indiquer la déviation produite par le courant ; il est ordinairement placé près de l'aiguille supérieure ; une cloche doit entourer l'appareil, afin de garantir les aiguilles des courans d'air. — La *figure* 71 réprésente un galvanomètre complet.

Le galvanomètre a été construit par Schweiger peu de temps après la découverte d'OErsted ; il a été perfectionné par plusieurs physiciens, et surtout par M. Lebaillif. Cet appareil se désigne souvent sous le nom de *multiplicateur*, parce qu'il multiplie, pour ainsi dire, les effets du courant électrique.

Usages du galvanomètre. == On emploie souvent le galvanomètre pour constater le développement de l'électricité au contact des corps, et pour reconnaître la nature de l'électricité développée sur chacun d'eux. Veut-on rendre sensible l'électricité produite au contact du cuivre et d'un autre métal, on attache un disque de cuivre à l'une des extrémités du galvanomètre, un disque de l'autre métal à l'autre extrémité, puis on met une rondelle humide sur l'un des disques et on les presse l'un contre l'autre : la déviation qu'éprouve l'aiguille, indique un développement d'électricité, et le sens de la déviation fait connaître le sens du courant ou l'électricité propre à chacun des métaux. Dans la théorie de Volta, l'électricité n'est pas produite au contact des deux métaux avec la rondelle humide, mais uniquement au contact des fils de cuivre du galvanomètre avec l'autre métal. — Veut-on constater le développement de l'électricité au contact de deux corps quelconques, l'or et le zinc par exemple, dont aucun ne forme le fil du galvanomètre, on commence par attacher aux deux extrémités de ce fil des fils d'or ou de zinc, puis on opère comme si le fil du galvanomètre était en entier d'or ou de zinc. On adapte alors un disque de zinc à l'un des fils, un disque d'or à l'autre, et on les presse l'un contre l'autre après les avoir séparés préalablement par une rondelle humide.

* On emploie souvent aussi le galvanomètre pour reconnaître les circonstances qui influent sur l'intensité des courans voltaïques ; il n'est pas hors de propos d'en rapporter ici quelques-unes :

1° Lorsqu'un courant passe d'un solide dans un liquide ou réciproquement d'un liquide dans un solide, il perd une partie de son intensité. M. de La Rive a constaté ce résultat en divisant une cuve en plusieurs compartimens avec des lames métalliques, en remplissant les compartimens d'un même liquide et en forçant les deux électricités de la pile à traverser ces lames pour se rejoindre. Un galvanomètre, placé

dans le circuit, indique toujours une diminution d'autant
plus grande dans l'intensité du courant que le nombre des
lames interposées est plus considérable. — La diminution
d'intensité, pour un même nombre de lames, varie d'ailleurs
avec la force de la pile ; elle est presque nulle quand le courant est très-énergique et provient d'une pile composée d'un
très-grand nombre de couples, tandis qu'elle croît très-rapi-
dement quand le courant provient d'une source assez faible.
La diminution d'intensité varie aussi avec le nombre des lames
que le courant a déjà traversées, car le courant transmis à
travers une première lame éprouve une perte proportionnel-
lement moindre en en traversant une deuxième; le courant
transmis à travers celle-ci éprouve encore une perte moindre
en en traversant une troisième..... Ces deux derniers résultats
établissent une analogie entre la transmission de l'électricité
à travers les lames métalliques, et le rayonnement de la chaleur à travers les écrans transparens.

2° La diminution d'intensité qu'éprouve l'électricité en
passant d'un solide dans un liquide, ou réciproquement,
dépend de la nature des deux corps. Veut-on reconnaître la
différence de transmission des liquides pour un même solide ;
le platine par exemple, on prend deux verres qu'on remplit
successivement de divers liquides ; on y fait plonger deux
lames de platine (*fig.* 72) qui communiquent avec les extrémités d'un galvanomètre, et l'on amène dans chaque verre
l'un des pôles de la pile. On a soin de mettre toujours un
même volume de liquide dans les verres, d'y faire plonger
également les deux lames de platine et d'employer des
piles d'une égale énergie. M. de La Rive, en opérant ainsi,
a reconnu que l'acide azotique fait éprouver aux courans la
perte la plus faible, que l'acide chlorhydrique vient ensuite,
puis l'acide sulfurique, les dissolutions salines et les dissolu-

tions alcalines; il a reconnu en outre que le degré de concentration faisait aussi varier l'intensité du courant : l'acide
azotique concentré diminue moins le courant que le même
acide étendu, et au contraire l'acide sulfurique concentré le
diminue plus que l'acide sulfurique étendu. — Veut-on reconnaître la différence de transmission des solides pour un
même liquide, on se sert du même appareil, on met toujours
le même liquide dans les verres, et on les fait communiquer
par des fils métalliques de même grandeur, de même surface
et de nature différente. On s'est assuré par ce moyen qu'une
lame de cuivre transmet mieux qu'une lame de platine, et
qu'une lame de zinc transmet mieux qu'une lame de cuivre;
— Ces résultats sont d'ailleurs indépendans du pouvoir conducteur des solides et des liquides, comme M. de La Rive
l'a démontré par des expériences directes.

CHAPITRE X⁺.

De l'électricité due aux actions chimiques.

376. *Développement de l'électricité dans les actions chimiques.* = Le développement de l'électricité dans les actions chimiques a été long-temps révoqué en doute par plusieurs physiciens; mais il est maintenant démontré par des expériences si nombreuses et si décisives, qu'il est impossible de refuser de l'admettre. Les expériences suivantes sont simples et directes :

1° On attache un fil d'or ou de platine aux deux extrémités du fil d'un galvanomètre, et l'on plonge chacun des fils dans un vase rempli d'acide azotique pur. On n'observe alors aucun effet électrique, car l'acide azotique n'attaque ni l'or ni le platine; mais si l'on verse une goutte d'acide chlorhydrique près de la partie immergée de l'un des fils, on fait naître une action chimique, et l'on reconnaît aussitôt un développement d'électricité. Le sens du courant indique en outre que le fil attaqué prend l'électricité négative, et que l'autre fil ou l'acide prennent l'électricité positive.

2° Veut-on reconnaître le développement de l'électricité dans l'action réciproque des dissolutions acides et alcalines; on prend deux capsules de porcelaine d'égales dimensions, on remplit l'une d'une dissolution alcaline, l'autre d'une dissolution acide, on joint les liquides des capsules par une lame de platine, et l'on fait plonger dans chacune d'elles un fil du même métal, communiquant avec le galvanomètre; on n'obtient alors aucun effet électrique; car en supposant même une action entre le platine et les liquides, les effets seraient égaux et contraires, et par suite ils se détruiraient mutuellement. Mais il n'en est plus de même quand on pose sur la lame intermédiaire une mèche d'amiante qui fasse communiquer les dissolutions : il se produit un courant dont la direction va de l'acide à l'alcali.

On pourrait également prendre une cuillère de platine et une lame du même métal, mettre la cuillère et la lame en communication avec les fils du galvanomètre, remplir la cuillère d'une dissolution, et y plonger la lame préalablement immergée dans l'autre dissolution. Cette méthode est plus simple; mais elle n'est pas à l'abri des objections des physiciens qui admettent les effets électriques de contact.

3° Veut-on reconnaître le développement de l'électricité dans l'action réciproque d'une dissolution acide et d'un alcali solide, l'acide sulfurique et la potasse par exemple; on attache à l'un des fils du galvanomètre une cuillère de platine remplie d'acide sulfurique, et à l'autre une pince de platine destinée à saisir un morceau de potasse caustique; on plonge ensuite la potasse dans l'acide, et l'on obtient aussitôt un courant. Ce n'est pas seulement au contact de l'acide et de l'alcali que l'électricité a été produite, car en admettant même l'existence de la force électromotrice, le développement des fluides électriques aurait été très-faible au contact de ces deux corps.

MM. Becquerel, Wollaston, Fabroni, Faraday, de La Rive..... se sont occupés, avec un soin tout particulier, du développement de l'électricité dans les actions chimiques; il paraît résulter de leurs expériences qu'il n'est pas une action chimique, même la plus faible, qui ne soit accompagnée d'un développement énergique d'électricité.

377. *Cause de la limite de tension que prennent deux corps par leur action chimique.* == L'électricité, développée dans l'action réciproque de deux corps , n'est pas toujours perçue en totalité ; les deux principes électriques, séparés par l'action chimique , tendent à se réunir en vertu de leur attraction mutuelle , et leur réunion immédiate est d'autant plus complète que les deux corps sont meilleurs conducteurs , et surtout que la transmission est plus facile de l'un à l'autre. Il en résulte donc une limite dans la tension électrique que peuvent acquérir les corps qui agissent l'un sur l'autre.

S'il n'y avait aucune recomposition immédiate des électricités , la tension électrique des corps serait illimitée et croissante avec la durée de l'action chimique , puisque les deux principes électriques se développent pendant toute la durée de cette action, quelque prolongée qu'elle soit. Des preuves directes ne laissent d'ailleurs aucun doute sur la recomposition partielle des électricités. Qu'on place un creuset métallique sur le plateau supérieur de l'électromètre condensateur , et qu'on y verse quelques gouttes d'un acide capable d'attaquer le métal, l'électromètre accuse une tension très-faible si les corps agissent à froid, et une tension considérable s'ils agissent à chaud , ou si le creuset a été chauffé préalablement. Cette différence provient évidemment en grande partie de la différence dans la recomposition immédiate des deux électricités. Dans le premier cas , elles restent presque en contact , et se neutralisent presque entièrement aussitôt qu'elles ont été séparées ; dans le second , l'une d'elles est emportée par la vapeur du liquide dès que l'action chimique a eu lieu , et l'autre se trouvant ainsi libérée manifeste son action sur l'électromètre. La recomposition s'opère également dans l'action chimique des gaz sur les métaux ; mais elle est moins complète à cause de l'imparfaite conductibilité des corps gazeux.

On pourrait croire que la tension électrique de deux corps augmente avec la vivacité de leur action mutuelle ; mais il n'en est pas toujours ainsi, et cela par deux raisons : la première c'est que la recomposition des deux électricités est d'autant plus complète que la décomposition est plus énergique ; la seconde, c'est que les atomes de tous les corps ne dégagent pas la même quantité d'électricité dans leurs combinaisons. On sait en effet qu'un atome de zinc dégage plus d'électricité en se combinant avec un atome d'oxigène qu'en se combinant avec un atome de chlore, et qu'un atome d'oxigène en dégage plus avec un atome de zinc qu'avec un atome de cuivre.

378. *Influence des actions chimiques sur l'électricité de la pile.* == La cause de l'électricité voltaïque est depuis long-temps un sujet de controverse entre les physiciens. Les uns avec Volta, admettent que le contact des deux portions métalliques hétérogènes détermine seul le sens du courant, ou la nature de l'électricité propre à chacun des élémens du couple, et que le liquide interposé agit seulement comme conducteur plus ou moins bon de l'électricité. Les autres, avec Davy, tout en prenant pour base la théorie de Volta, reconnaissent la nécessité d'une action chimique pour la production du courant et l'influence de cette action sur l'intensité du courant ; mais ils admettent que la nature des deux principes électriques, accumulés sur chaque métal, dépend uniquement du contact des deux portions métalliques et de la force électromotrice. D'autres enfin, avec Fabroni, Wollaston et de La Rive, trouvent, dans l'action chimique du liquide sur les métaux, la cause unique qui détermine la production de l'électricité. Cette dernière hypothèse ne se refuse à l'explication d'aucun phénomène ; elle est la plus vraisemblable.

M. de La Rive a d'ailleurs reconnu par des expériences directes qu'on peut faire varier le sens du courant dans un même couple voltaïque en employant simplement différens conducteurs liquides, et par suite que la nature de l'électricité répandue sur chaque métal ne dépend pas uniquement du contact des métaux. En plongeant, par exemple un couple de cuivre et d'étain dans une dissolution saline. ou acide, il a reconnu, par le sens du courant, que l'étain était positif et que le cuivre était négatif ; en le plongeant au contraire dans l'ammoniaque, il a obtenu des effets tout opposés : l'étain s'est trouvé négatif, et le cuivre positif. On ne doit pas attribuer cette différence d'action au contact des métaux avec l'alcali, car si un alcali pouvait renverser par son contact le pouvoir électromoteur des corps, le zinc qui, dans l'échelle des électromoteurs, est positif par rapport au cuivre et à l'étain, devrait être négatif par rapport à eux dans l'ammoniaque, ce qui n'arrive jamais. D'ailleurs si l'effet était dû au contact des alcalis, la potasse dissoute produirait les mêmes effets que l'ammoniaque, et cependant le couple de cuivre et d'étain plongé dans la potasse se comporte comme dans une dissolution saline ou acide.

De même, en construisant une pile de fer et de cuivre, et en la plongeant dans une dissolution acide ou saline, on trouve le pôle positif à l'extrémité fer et le pôle négatif à l'extrémité cuivre, tandis qu'en la plongeant dans l'ammoniaque, on trouve le pôle positif à l'extrémité cuivre et le pôle négatif à l'extrémité fer. M. de La Rive, avec une semblable pile, a obtenu, dans la décomposition de l'eau et des sels, l'oxigène et l'acide, tantôt du côté fer, tantôt du côté cuivre, selon la nature de la dissolution dans laquelle il plongeait les couples.

La diversité d'action des acides concentrés et des acides étendus sur quelques métaux donne des preuves remarquables de ces changemens de polarité. Ainsi le cuivre est négatif par rapport au plomb dans l'acide azotique étendu, et il est positif par rapport à lui dans l'acide concentré; il en est de même du fer et du plomb. Tous ces faits sont complètement inexpli- cables dans la théorie de Volta et dans celle de Davy.

379. *Nécessité d'une action chimique pour le dévelop- pement de l'électricité voltaïque.* = M. de La Rive ne s'est pas contenté d'attaquer les conséquences de la théorie de Volta, il a attaqué la théorie elle-même jusque dans son prin- cipe, et il a prétendu que l'électricité développée dans le contact de deux corps, n'était jamais le résultat du contact, mais seulement celui d'une action chimique. Cet habile phy- sicien a reconnu, en effet, par des expériences directes qu'une action chimique est indispensable pour la production de l'é- lectricité voltaïque. Ainsi, de l'or et du platine très-purs fixés aux deux extrémités du galvanomètre et plongés dans l'acide azotique, ne donnent aucun courant; tandis qu'une seule goutte d'acide chlorhydrique versée dans l'acide azotique, en déterminant sur l'or une légère action chimique, a produit un courant très-sensible. Il en est de même du platine et du palladium plongés dans l'acide sulfurique étendu ; le courant ne commence qu'après avoir versé dans le liquide un peu d'acide azotique. Dans les deux cas, l'expérience directe a démontré que la conductibilité du liquide interposé entre les deux élémens métalliques n'a pas été augmentée en versant la goutte d'acide chlorhydrique ou celle d'acide azotique, et par suite que le courant ne peut être attribué qu'à la création d'une action chimique; cependant les circonstances les plus favorables pour qu'il existât dans la théorie du contact étaient réunies : deux métaux très-différens, l'or et le platine, se trouvaient en contact ; et de tous les liquides le plus conduc- teur, l'acide azotique, était interposé entre eux.

Il semblerait cependant résulter de l'expérience fonda- mentale de Volta que le zinc et le cuivre développent de

II.   12

l'électricité dans leur contact ; mais M. de La Rive , en ana-
lysant complètement cette expérience, s'est encore assuré
que le développement de l'électricité était uniquement dû
à l'action chimique. Il a placé l'électromètre condensateur
sous un récipient où il était facile de faire le vide et d'introduire différens gaz ; il a fixé la lame de zinc à l'extrémité
d'une pince de bois très-sec , l'a introduite dans le récipient ,
et l'a mise en communication avec le plateau supérieur de
l'électromètre pendant qu'il faisait communiquer avec le sol
l'extrémité extérieure de la pince. M. de La Rive n'a obtenu
aucun signe électrique en opérant de cette manière , et en
substituant à l'air atmosphérique de l'azote ou de l'hydrogène bien desséchés. L'action chimique produite dans l'expérience de Volta , provient de l'humidité de la main avec
laquelle on tient le métal , et de l'oxigène ou des vapeurs
aqueuses de l'air atmosphérique. Il suffit même d'introduire
dans le récipient de l'azote ou de l'hydrogène humides , de
l'air , de l'oxigène ou du chlore pour que l'électromètre indique aussitôt un développement d'électricité.

380. *Influence de l'action chimique sur l'espèce d'électricité que prennent les deux élémens d'un couple voltaïque.* == M. de La Rive , après avoir renversé la théorie
de Volta , a cherché à expliquer tous les phénomènes de
contact par les actions chimiques ; il s'est d'abord occupé de
la cause qui portait telle ou telle électricité sur chacun des
élémens d'un même couple.

Lorsqu'un métal est attaqué par un agent chimique soit
liquide , soit gazeux, la surface attaquée acquiert une électricité positive qui se répand dans le liquide ou le gaz envi-
ronnant , et le fluide négatif chassé de cette surface tend à
sortir par tous les conducteurs qui lui sont soudés. Si l'on
plonge en partie deux lames solides dans un liquide , chacune

d'elles se constitue dans l'état électrique qui vient d'être décrit, et si l'on fait communiquer leurs extrémités extérieures par un conducteur métallique, on permet aux deux fluides positifs et négatifs des lames de se réunir et de se neutraliser, de sorte que chacune d'elles est à la fois la source d'un courant si elle est attaquable, et la conductrice du courant de l'autre dans tous les cas. Les deux surfaces sont-elles soumises à une action chimique parfaitement égale; alors les deux courans contraires sont égaux et se détruisent, l'effet résultant est nul comme s'il n'y avait aucune action chimique. L'une des surfaces est-elle plus attaquée que l'autre, le courant de la première l'emporte, et sa direction est celle du courant définitif; c'est ce qu'on exprime en disant que cette plaque est positive par rapport à l'autre, expression inexacte puisque, si la seconde est négative, c'est qu'elle reçoit le fluide négatif de la première séparé de son fluide positif par l'action chimique. — De là résulte que l'intensité du courant est d'autant plus grande que la différence d'action chimique est elle-même plus grande.

Il resterait à démontrer, pour appuyer ces principes, que le métal le plus attaqué est positif par rapport à l'autre. C'est ce que M. de La Rive a reconnu par de nombreuses expériences. Une des plus simples consiste à prendre un tube recourbé (*fig.* 65), et à verser de l'acide sulfurique concentré dans l'une des branches, et de l'acide sulfurique étendu dans l'autre : ces deux liquides communiquent entre eux par leur surface de contact sans se mélanger à cause de la différence de leur densité. On fait plonger dans chacune des dissolutions, une plaque du même métal, ou de deux métaux différens adaptés aux extrémités du fil du galvanomètre, et l'on trouve en général celui qui est dans l'acide étendu, positif par rapport à celui qui est dans l'acide concentré, car il est

ordinairement plus attaqué que l'autre. On peut varièr beau-
- coup les expériences de ce genre en se servant du même acide
à deux degrés différens de concentration ou de deux acides
de nature différente.

On rencontre cependant quelques exceptions apparentes.
Si l'on verse, par exemple, de l'acide sulfurique concentré dans
l'une des branches et de l'acide azotique dans l'autre, et que
l'on plonge l'extrémité zinc d'un galvanomètre dans l'acide
sulfurique et l'extrémité cuivre dans l'acide azotique, on
trouve le zinc positif par rapport au cuivre quoique ce métal
soit plus attaqué par l'acide azotique que le zinc par l'acide
sulfurique concentré. Cette expérience paraît d'accord avec
la théorie du contact, mais ce qui indique que le développement de l'électricité n'est pas dû au contact des deux métaux
hétérogènes, c'est que deux lames de cuivre soudées aux extrémités du galvanomètre et mises en communication avec
les liquides, donnent lieu à un courant dont la direction indique que la lame positive plonge dans l'acide sulfurique. Puisqu'il peut arriver, avec deux lames parfaitement homogènes,
que la moins attaquée soit positive par rapport à l'autre, il
n'est pas étonnant qu'il en soit de même avec deux lames hétérogènes; et l'on ne peut en faire un argument en faveur de
la théorie du contact.

On peut d'ailleurs se rendre compte de ces anomalies en
remarquant que les deux principes électriques qui sont séparés l'un de l'autre par l'action de l'acide azotique sur la
surface de la lame métallique plongée dans cet acide, peuvent, ou se recomposer immédiatement, ou faire le tour du
circuit pour se réunir et se neutraliser. Dans le cas dont il
s'agit, la facilité que possède l'électricité à passer de l'acide
azotique dans le métal, la difficulté qu'elle éprouve au
contraire à passer du métal dans l'acide sulfurique, font que

la plus grande proportion des deux principes électriques se
réunit immédiatement, et qu'une très-faible partie fait le tour
du circuit. Par la même raison, les deux principes électriques, séparés à la surface de la lame qui plonge dans l'acide
sulfurique, suivront en grande partie, pour se neutraliser,
la route la plus longue, mais la plus facile, que leur présente
le tour entier du circuit ; car ils ne rencontrent que le passage facile du métal dans l'acide azotique, tandis que, s'ils
se recomposaient directement sans parcourir le circuit, ils
auraient à passer du métal dans l'acide sulfurique. Ainsi,
quoiqu'il y ait réellement moins d'électricité développée par
l'action de l'acide sulfurique sur le métal que par l'action
de l'acide azotique, c'est le courant produit par le premier
de ces acides qui l'emporte dans le circuit sur le courant
produit par le second, ce qui par conséquent détermine le
sens du courant définitif.

Cette différence de transmission de l'électricité d'un corps
à un autre peut servir à expliquer un grand nombre de
phénomènes de cette nature.

381. *Théorie chimique de la Pile.* = Les physiciens
ont proposé diverses théories pour rendre compte des phénomènes de la pile en partant des actions chimiques ; nous
nous bornerons à la théorie de M. de La Rive qui satisfait à
toutes les exigences de la science.

Concevons d'abord une pile isolée dont les couples soient
parfaitement identiques sous tous les rapports, et considérons
dans cette pile un couple b (*fig.* 73) pris au hasard, et disposé de manière que son zinc plonge dans le liquide du
couple a qui le précède et son cuivre dans le liquide du
couple c qui le suit. L'action chimique du liquide développe
dans le couple b une certaine quantité d'électricité ; une
portion plus ou moins grande des deux principes électriques.

séparés se neutralise immédiatement, tandis qu'une autre
portion reste libre; quelles que soient les causes qui font
varier le rapport existant entre la portion qui se recompose
immédiatement et la portion qui reste libre, ce rapport est
le même dans tous les couples, puisqu'ils sont parfaitement
semblables et symétriquement disposés les uns par rapport aux
autres. D'après cela, l'électricité positive de b, portée par
l'action chimique dans le liquide où plonge le cuivre de a,
neutralise l'électricité négative de ce dernier couple qui lui
est parfaitement égale et qui résulte de l'action chimique du
liquide sur le zinc de a. De même l'électricité négative de b,
qui, par l'action chimique, est portée dans le zinc, et de là
se répand dans le cuivre en contact avec ce zinc, neutralise
l'électricité positive de c qui lui est parfaitement égale et qui
résulte de l'action chimique qu'exerce sur le zinc de c le
même liquide dans lequel plonge le cuivre de a. Il reste donc
ainsi un excès d'électricité positive libre dans le liquide où
plonge le zinc de a et un excès d'électricité négative libre
parfaitement égal sur le cuivre de c et par conséquent dans
le liquide où plonge c. Mais ces excès libres sont neutralisés
par les électricités égales et opposées des couples suivans, sur
lesquels on peut faire le même raisonnement que l'on vient
de faire sur les couples b, a et c. Il en résulte donc un excès
d'électricité positive libre à l'extrémité de la pile située du
côté de a, et un excès parfaitement égal d'électricité négative
à l'extrémité située du côté de b.

Il est facile d'expliquer l'influence du nombre des couples
sur la tension de la pile d'après les principes préalablement
exposés. Les deux électricités accumulées à chacun des pôles,
avec un certain degré d'intensité, par l'effet de l'action chimique, tendent à se réunir et à se neutraliser mutuellement
par l'intermédiaire de la pile elle-même qui leur sert de con-

ducteur. Mais comme cette neutralisation ne peut s'effectuer
aussi promptement que s'opère, en vertu de l'action chimique, la séparation des deux électricités, il en résulte à chaque
pôle un excès d'électricité libre. Pour une même pile, la
quantité de cet excès ou la tension des pôles doit dépendre
de la difficulté plus ou moins grande que les deux électricités
éprouvent à se réunir, et par conséquent du nombre des
couples, puisque plus il y a d'alternatives solides et liquides,
plus la conductibilité est imparfaite. Toute circonstance qui
diminue la conductibilité de la pile, sans diminuer l'intensité
de l'électricité développée individuellement par chacun de
ses couples, doit donc augmenter la tension électrique à ses
deux pôles. C'est ce qui explique comment il se fait qu'une
pile chargée avec de l'eau pure, possède une tension électrique aussi forte qu'une pile chargée avec une solution
saline ou acide; dans ce dernier cas, l'électricité développée
en un temps donné sur chaque plaque de zinc par l'action
chimique est réellement plus considérable; mais comme les
deux électricités accumulées aux deux pôles ont beaucoup
plus de facilité à se réunir, il en résulte une compensation
en vertu de laquelle en définitive les pôles peuvent bien se
charger plus vite, mais ne peuvent acquérir une tension plus
grande.

Les effets dynamiques, ou de courant, dépendent principalement de la quantité d'électricité, qui, dans un temps
donné, passe à travers le conducteur où ces effets sont produits; ils dépendent, par conséquent, de la surface des élémens
voltaïques, car là quantité d'électricité développée dans un
temps donné croît avec l'étendue de la surface attaquée par
le liquide. Cependant il existe des effets dynamiques qui
dépendent aussi du nombre des couples. On en conçoit la
raison en remarquant que les deux principes accumulés aux

deux pôles de la pile, ont toujours deux voies différentes pour
se réunir et se neutraliser : l'une est l'appareil voltaïque lui-
même, l'autre est le conducteur qui réunit ses deux pôles.
La proportion plus ou moins grande des deux principes qui
suivent l'une ou l'autre des deux routes, dépend de la facilité
relative qu'elles offrent à leur réunion. Pour peu que la pile
conduise mieux que le corps interposé entre ses pôles, il ne
passe aucune portion du courant à travers ce corps, ou du
moins il n'en passe qu'une portion très-faible. Il faut, d'après
ces considérations, calculer le nombre des couples de la pile
en ayant égard à la conductibilité électrique des corps que
son courant doit traverser, car le nombre des couples doit
toujours être assez grand pour que la pile conduise moins que
le corps interposé entre ses pôles.

Il nous reste, pour terminer la théorie de M. de La Rive,
à considérer une pile dont les couples n'ont pas tous la même
force; cette circonstance se présente le plus ordinairement,
car, en supposant même qu'on emploie dans la pile les mêmes
métaux, la même surface, le même liquide, il est impossible
d'atteindre à une identité mathématique dans l'électricité
développée sur chacun des couples. Considérons donc deux
couples voisins a et b de force différente, et supposons que b
soit le couple le plus faible. L'électricité positive dégagée
par b ne pourra neutraliser toute la négative de a; il restera
donc dans le cuivre de a un excès d'électricité négative qui
retiendra, en la neutralisant, une égale quantité de positive;
il en résultera que a, quoique plus fort que b, ne pourra
cependant mettre en liberté qu'une quantité d'électricité
positive égale à celle de b. De même l'électricité négative
de b ne pourra neutraliser qu'une partie de la positive de c;
le reste de cette électricité positive neutralisera une partie
égale de la négative du même couple; et par conséquent c

ne pourra aussi libérer qu'une quantité d'électricité négative égale à celle de b. Le même raisonnement s'appliquera aux couples suivans. Ainsi donc toutes les quantités d'électricité libre dans chaque couple seront égales comme dans le cas où les couples avaient la même force. M. de La Rive a d'ailleurs vérifié ce fait par expérience ; en réunissant les uns à la suite des autres, dans l'ordre convenable pour former une pile, plusieurs couples qui chacun séparément dégageaient une quantité d'électricité différente, il a trouvé que le courant électrique qui traverse chacun d'eux lorsqu'ils font partie du même circuit est de même intensité, et que cette intensité est égale à celle du courant qui passe dans le conducteur avec lequel on réunit les deux pôles.

Il ne faudrait pas croire cependant que, dans une pile composée de plusieurs couples de force inégale, le courant de chacun des couples, et par conséquent celui de la pile, soit égal en intensité au courant produit par le couple le plus faible. Il n'en est pas ainsi, car les deux principes électriques séparés dans un couple par l'action chimique tendent à se réunir immédiatement en plus grande proportion, s'il est seul, que s'il est placé entre deux autres dont l'un s'empare de son électricité positive et l'autre de son électricité néga-tive. Ainsi le même couple qui donne un courant très-faible quand il est seul, devient capable de développer un courant plus fort quand il est réuni à d'autres couples plus éner-giques.

382. *Phénomènes électro-chimiques.* = Plusieurs phé-nomènes tiennent au développement de l'électricité dans les actions chimiques ; on peut citer entre autres la formation de l'arbre de Saturne, la corrosion du cuivre des vaisseaux, les cristallisations si remarquables obtenues par M. Becquerel... Quelques détails sur ces phénomènes.

Arbre de Saturne. == L'arbre de Saturne se forme en faisant plonger une lame de zinc dans une dissolution d'acétate de plomb ; on met ordinairement la dissolution dans un flacon à large goulot , et l'on fixe la lame de zinc au bouchon du flacon. Après quelques jours , on observe une multitude de petites paillettes de plomb qui reposent sur le zinc , et qui s'étendent, à partir de sa surface, dans l'intérieur du liquide, en formant de brillantes ramifications. Ce phénomène s'explique : l'acétate de plomb est d'abord décomposé par le zinc ; l'oxigène de l'oxide de plomb se porte sur le zinc pour l'amener à l'état d'oxide, et le plomb se trouve ainsi revivifié. Ce métal forme alors avec le zinc une véritable pile qui accélère encore la décomposition ; le zinc , jouant le rôle positif, attire sur lui l'oxigène ; et le plomb jouant le rôle négatif , attire le plomb séparé de l'acétate , de sorte qu'il forme ainsi un rameau qui s'appuye sur le zinc et qui reçoit à chaque instant un nouvel accroissement. On obtient des ramifications aussi brillantes en plongeant une lame de zinc dans une dissolution de chlorhydrate d'étain , et en versant sur du mercure une dissolution concentrée d'azotate d'argent.

Corrosion du cuivre des vaisseaux. == Sir H. Davy a trouvé, en 1824 , un moyen de protéger le cuivre qui sert au doublage des vaisseaux, contre l'action corrosive de l'eau de mer. Cette action était si grande que le cuivre se détériorait promptement , et qu'il fallait souvent le renouveler presque en entier. Le cuivre , en plongeant dans l'eau de mer, donne lieu à une action chimique et s'électrise positivement : les chlorures de sodium et de magnésium dissous dans l'eau sont alors décomposés , le chlore qui s'électrise négativement se porte sur le cuivre qu'il détériore tandis que le sodium et le magnésium s'emparent de l'oxigène de l'air dissous dans l'eau pour passer à l'état d'oxide. Les sels à base de chaux et de magnésie éprouvent une décomposition analogue qui contribue encore à la détérioration du cuivre. Pour empêcher l'action corrosive, il suffit de rendre le cuivre négatif, car alors le chlore, l'oxigène et les acides ne pourront plus se porter sur lui; on y parvient en le mettant en contact avec un corps, le zinc ou le fer, par exemple, qui s'éléctrise positivement par rapport à lui. Sir H. Davy a constaté en effet que les feuilles de cuivre employées dans le doublage des vaisseaux, se conservent long-temps sans altération quand on applique sur leur surface quelques feuilles de zinc ou de fer. Il faut seulement avoir soin de leur donner des dimensions convenables; si les feuilles protectrices avaient trop peu de dimensions relativement au cuivre, elles n'empêcheraient qu'une partie de l'effet; si elles en avaient de trop grandes, le cuivre deviendrait trop négatif, et il se couvrirait d'une matière blanche formée principalement de carbonate de chaux, de carbonate et d'hydrate de magnésie, et de quelques matières terreuses. L'expérience a fait voir qu'il suffisait de donner aux lames de fer ou de zinc la 150ᵉ partie de la surface totale du cuivre, et qu'il était indifférent de les placer en telle ou telle position du doublage; elle a constaté en outre que la fonte qui se trouve partout et à peu de frais est encore préférable au zinc et au fer pour protéger le cuivre des vaisseaux. Quelle que soit d'ailleurs la substance employée, il est évident qu'il faut la renouveler de temps à autre, ce qui n'offre aucune difficulté.

Cristallisations obtenues par M. Becquerel. == M. Becquerel, à l'aide de courans électro-chimiques très-faibles, est parvenu à former des composés cristallins qui n'avaient pas encore été obtenus dans les laboratoires des chimistes.

Veut-on former des cristaux de protoxide de cuivre, on prend un tube de verre fermé à l'une de ses extrémités, on

met un peu de deutoxide de cuivre à sa partie inférieure, et
l'on achève de le remplir avec une dissolution saturée d'azotate de cuivre; on introduit ensuite dans le tube une lame de
cuivre qui touche à la fois le deutoxide et l'azotate, et on le
ferme hermétiquement. Au bout de quelques jours, on commence à apercevoir sur la lame de cuivre de petits cristaux
octaédriques brillans, d'un rouge foncé. Ce phénomène a été
expliqué par M. Becquerel : le deutoxide, s'emparant d'une
portion de l'acide de l'azotate, ramène d'abord à un moindre
degré de saturation la partie de la dissolution avec laquelle
il est en contact ; de sorte que la lame de cuivre plonge alors
dans deux dissolutions inégalement saturées et donne lieu par
conséquent à un courant électrique. L'extrémité supérieure
de la lame forme le pôle négatif, et l'extrémité inférieure le
pôle positif; d'où il résulte que la première attire le cuivre
ou ses oxides, et la seconde attire l'acide. L'action de cette
pile est d'abord très-faible, car le deutoxide, agissant difficilement sur l'azotate, détermine une légère différence dans
le degré de saturation des diverses parties de la dissolution,
mais elle augmente avec le temps, de sorte que la partie
supérieure de la lame se couvre de cuivre ou de l'un de ses
oxides aux différentes époques de l'expérience. Ces corps se
déposent d'ailleurs en cristaux très-réguliers, parce que, vu
la lenteur des décompositions chimiques, leurs molécules ont
le temps de s'arranger suivant les lois de la cristallisation.

Veut-on obtenir des cristaux de protoxide de plomb, on
prend un tube de verre de quelques millimètres de diamètre
fermé par un bout, et l'on met au fond de la litharge pulvé-
risée, environ un millimètre de hauteur. On verse dessus
une solution peu étendue de sous-acétate de plomb, et l'on
plonge dedans une lame de plomb qui se trouve aussi en contact avec la litharge. Le tube est ensuite fermé hermétique-

ment. Peu à peu la surface de la lame se recouvre de petites aiguilles prismatiques d'hydrate de plomb; quelquefois on y aperçoit du plomb métallique, et quelquefois aussi des cristaux parfaitement limpides de protoxide. Les phénomènes qui se passent dans cette expérience sont analogues à ceux qui accompagnent la formation du protoxide de cuivre.

Veut-on former un oxi-chlorure cristallisé, on prend un tube recourbé en U, rempli, dans sa partie inférieure, d'argile humectée d'eau; on met dans l'une des branches de l'azotate de cuivre, dans l'autre une solution du chlorure que l'on veut soumettre à l'expérience, du chlorure de sodium par exemple; puis l'on plonge dans chacune d'elles le bout d'une lame de métal, tel que le cuivre, et l'on ferme les deux ouvertures avec des bouchons. Bientôt après, par suite de la réaction des deux solutions l'une sur l'autre et de la solution du chlorure sur le cuivre, le bout qui est plongé dans la solution de l'azotate devient le pôle négatif d'un petit appareil voltaïque et se recouvre de cuivre à l'état métallique. L'extrémité plongée dans le chlorure devient le pôle positif, et attire l'oxigène avec lequel elle se combine pour former de l'oxide de cuivre; cet oxide se combine immédiatement à son tour avec du chlorure de cuivre et du chlorure de sodium pour former un oxi-chlorure de cuivre et de sodium. Peu à peu ce composé cristallise en jolis cristaux tétraèdres; il faut que l'appareil fonctionne au moins une année pour que les cristaux parviennent à une grosseur de 2 ou 3 millimètres.

Nous ne nous étendrons pas davantage sur les cristallisations si remarquables que M. Becquerel a obtenues au moyen des affinités chimiques et des faibles courans; nous préférons renvoyer le lecteur à l'excellent traité de magnétisme et d'électricité que ce savant vient de publier.

383. *Des anneaux colorés formés par les courans élec-*

triques. = M. Nobili est parvenu, au moyen d'un courant électrique, à former des anneaux colorés très-remarquables sur les plaques de quelques métaux. Ce physicien place la plaque au fond d'un vase contenant une dissolution saline, un acide ou tout autre liquide ; il fait communiquer la plaque avec l'un des pôles d'une pile voltaïque, et il amène dans la dissolution un fil communiquant avec l'autre pôle. Ce fil doit être perpendiculaire à la plaque, et son extrémité doit arriver à un ou deux millimètres de son centre ; il est bon de le terminer par une pointe de platine très-effilée. Les anneaux colorés se produisent en quelques secondes, même avec une pile d'une douzaine de couples d'un pouce carré de surface ; leur centre correspond à la pointe du platine, et leur couleur varie avec la nature du liquide, la nature de la plaque et le nom du pôle qui communique avec elle.

Lorsqu'on opère sur une plaque d'argent recouverte de sulfate de cuivre et qu'on fait communiquer l'argent avec le pôle positif de la pile, il se forme vis-à-vis la pointe du conducteur négatif, quatre ou cinq cercles concentriques alternativement clairs et obscurs. Lorsque l'argent communique avec le pôle négatif, il se forme ordinairement trois petits cercles concentriques provenant de la décomposition du sulfate ; les deux cercles extrêmes sont d'un rouge foncé, et celui du milieu est d'une teinte plus claire. Au lieu de trois cercles, il s'en forme quelquefois quatre et même cinq dont les teintes alternent comme dans le cas précédent. Le laiton présente des figures analogues avec le sulfate de cuivre ; le platine, l'étain et le bismuth ne donnent aucun phénomène distinct.

Les phénomènes sont encore plus remarquables quand on opère sur une plaque d'argent recouverte d'un mélange d'acétate de cuivre et d'azotate de potasse en dissolution ; il se

forme une série de cercles concentriques dont le centre conserve le brillant métallique et qui sont disposés dans l'ordre
suivant : deux petits cercles d'un vert peu chargé, un blanc,
un rouge, un verdâtre et une zone de cuivre d'un beau rouge
de feu : cette zone est environnée d'un cercle azuré marqué
de lignes rayonnantes, comme le serait un cercle gradué ; ses
rayons s'étendent jusque sur le cercle de cuivre. Enfin vient
une seconde zone cuivrée, plus large que la première, mais
également brillante, entourée d'un cercle d'un beau vert qui
termine la figure. On observe les mêmes apparences sur l'or
et le platine.

CHAPITRE XI.

Des courans thermo-électriques.

384. *Production des courans thermo-électriques.* = Le docteur Sèebeck a reconnu, quelque temps après la découverte d'OErsted, que la chaleur pouvait produire des courans électriques dans les métaux. L'appareil qu'il a employé se compose d'un rectangle *abcd* (*fig.* 74) dont le côté *ab* est en bismuth et dont les trois autres côtés sont en cuivre; le bismuth et le cuivre sont soudés aux points *a* et *b* avec de la soudure ordinaire; on tient, pendant l'expérience, le rectangle par sa partie *cd* que l'on a revêtue de soie. Le rectangle n'exerce aucune action sur aiguille aimantée lorsque ses différentes parties sont également échauffées; mais si l'on chauffe l'une des soudures en l'approchant d'un corps chaud pendant quelques instans ou simplement en la touchant avec la main, il se produit aussitôt une déviation sur l'aiguille aimantée, et la déviation ne cesse pas tant que subsiste la différence des températures. Si c'est la soudure *a* que l'on a chauffée, le courant se dirige dans le sens *adcba*, et si c'est la soudure *b* il prend une direction contraire. On obtient des résultats analogues en se servant de cuivre et d'antimoine, de bismuth et de platine, ou de tout autre métal, et en donnant une figure quelconque au circuit qu'ils doivent former.

L'intensité du courant varie avec la différence de température des soudures; elle augmente avec cette différence, et lui est sensiblement proportionnelle dans certaines limites. C'est du moins ce que M. Becquerel a reconnu pour la plupart des métaux.

On produit aussi des courans électriques avec un circuit formé d'un seul métal; si l'on prend, par exemple, un fil de platine, et qu'on réunisse ensemble ses deux extrémités au moyen de deux anneaux passés l'un dans l'autre, on obtient un courant quand on chauffe le fil en un point voisin des anneaux. Il en est de même avec un fil de cuivre ou de tout autre métal.

385. *Cause des courans thermo-électriques.* = Les courans thermo-électriques ne sont dûs ni à l'action du contact, ni aux actions chimiques. Pour démontrer qu'ils ne proviennent pas du contact, on prend le circuit *abcd* (*fig.* 75) dans lequel le fer et le cuivre se touchent seulement au point *a*; ces métaux sont séparés aux autres soudures *b*, *c*, *d*.... par des fils de platine, d'or, d'étain.... On commence par porter la soudure *a* à 50° en maintenant toutes les autres à zéro, et l'on mesure l'intensité du courant produit. On porte ensuite successivement les autres soudures *b*, *c*, *d*.... à la même température 50° en maintenant également toutes les autres à la température zéro, et l'on reconnaît toujours la même intensité dans le courant. Il résulte de ces expériences que le courant produit par le fer et le cuivre est de même intensité quand ces métaux sont en contact immédiat ou quand ils sont séparés par d'autres métaux, et par suite qu'il ne dépend nullement de l'action du contact. —Pour démontrer qu'il n'est pas dû aux actions chimiques, on prend une cloche en verre munie de deux ouvertures latérales, on fixe à chacune des ouvertures, avec du mastic, un double crochet en platine dont l'intérieur communique avec un fil formé de fer et de

cuivre soudés, et dont l'extérieur est mis en contact avec un multiplicateur. On fait le vide sous la cloche, puis on y introduit de l'hydrogène bien sec, et l'on élève ensuite la température de la soudure au moyen d'une forte lentille qui concentre sur elle les rayons solaires. Le courant se produit encore quoiqu'il ne puisse y avoir aucune action chimique. Les phénomènes thermo-électriques ne peuvent donc être attribués qu'au mouvement de la chaleur dans l'intérieur des corps.

386. *Piles thermo-électriques.* = MM. OErsted et Fourier ont formé des piles en accumulant les tensions dues aux différences de température ; leurs piles se composent de barres alternatives de bismuth et d'antimoine (*fig.* 76) soudées ensemble ; les barres de bismuth se recourbent à l'une de leurs extrémités , et se terminent par des appendices qui peuvent être-plongés dans la glace fondante ; les autres soudures sont chauffées avec des lampes à alcool. La longueur des barres doit être assez petite, car les effets diminuent avec la longueur des élémens. L'expérience indique que le courant produit avec ces piles croît avec le nombre des couples jusqu'à une certaine limite, mais que l'accroissement n'est pas proportionnel à leur nombre. Ces appareils ne peuvent produire aucun phénomène physiologique, calorifique ou chimique.

387. *Thermo-multiplicateur de MM. Nobili et Melloni.* = L'appareil thermoscopique que M. Melloni a employé dans ses expériences sur la chaleur rayonnante, consiste en une pile thermo-électrique, formée d'une trentaine de couples de bismuth et d'antimoine , ayant chacun 32 millimètres de longueur sur 2,5 de largeur et 1 d'épaisseur. Ces métaux sont alternativement soudés ensemble sous des angles très-aigus, de telle sorte que toutes les soudures d'ordre impair se trouvent

du même côté, et les soudures d'ordre pair de l'autre. Tous les élémens sont recouverts d'une substance isolante; leur système a la forme d'un faisceau carré de 32 millimètres de longueur sur 4,24 centimètres de largeur. On entoure le faisceau, dans le sens de sa longueur, d'un tube de cuivre plus long de 8 ou 10 centimètres, dont les parois ont été noircies intérieurement afin d'éviter les réflexions; on ne laisse libre de cette manière que les soudures paires et im-paires, ou que la face postérieure et antérieure de la pile. La première soudure d'ordre pair et la dernière soudure d'ordre impair sont mises en communication avec les deux extrémités du fil d'un galvanomètre très-sensible.

Lorsqu'on maintient à une même température les soudures d'ordre pair et d'ordre impair, il ne se développe aucun courant dans les métaux, et l'aiguille du galvanomètre reste au zéro de ses divisions; mais si l'une des faces éprouve la plus légère variation de température, tandis que l'autre ne subit aucun changement, il se produit, comme dans les piles de MM. OErsted et Fourier, un courant d'électricité qui parcourt le circuit métallique, et qui fait dévier plus ou moins l'aiguille du galvanomètre, selon que la variation de température a été plus ou moins grande. Il suffit, d'après cela, pour se servir de cet appareil, de maintenir l'une de ses faces, celle des soudures paires, par exemple, à une température constante en plaçant un écran devant l'ouverture du tube qui lui correspond, et de tourner l'autre face vers la source de chaleur rayonnante que l'on veut étudier; la direction imprimée à l'aiguille du galvanomètre croît avec l'intensité du rayonnement; M. Melloni a construit des tables qui permettent de comparer les intensités des courans par les déviations qu'ils produisent. Le thermo-multiplicateur est l'appareil thermoscopique le plus sensible qu'on ait construit.

388. *Mesure de la conductibilité électrique.* = M. Pouillet a mesuré, au moyen des courans thermo-électriques, la
conductibilité électrique des diverses substances, et les lois
suivant lesquelles elle varie avec la longueur et la section
des fils.

Pour trouver la relation qui lie la conductibilité des fils
avec leur longueur, M. Pouillet prend deux fils de cuivre
de même épaisseur, l'un d'un mètre de long et l'autre de dix
mètres; il les revêt de soie dans toute leur longueur, et les
enroule sur le cadre d'un même galvanomètre, de manière
que le premier ne fasse qu'un tour et que le second en fasse
dix. Les longueurs excédantes de chacun des fils sont enroulées à part afin qu'elles n'exercent aucune action sur l'aiguille
du galvanomètre. Les deux extrémités du premier fil sont
ensuite soudées aux deux extrémités d'un cylindre de bismuth,
et celles du second aux extrémités d'un autre cylindre, puis
l'une des soudures de chacun des cylindres est portée à zéro,
et l'autre à 100 degrés en ayant soin de donner une direction
contraire aux deux courans. L'aiguille du galvanomètre reste
alors immobile. Cette expérience prouve que le courant du fil
de 10 mètres est dix fois moins intense que celui de l'autre
fil, puisque le premier fil produit le même effet que le second
en agissant par une longueur 10 fois plus grande. On peut en
conclure que la conductibilité d'un fil est réciproquement
proportionnelle à sa longueur.

Pour connaître la relation qui lie la conductibilité des fils
avec leur diamètre, M. Pouillet prend deux fils de cuivre,
l'un d'un mètre, l'autre de 10 mètres et d'une section 10
fois plus grande; il les enroule autour du cadre du même
galvanomètre de manière que chacun fasse seulement un tour,
et il les soude comme précédemment aux deux extrémités de
deux cylindres en bismuth. L'aiguille du galvanomètre reste

.encore immobile quand il donne la même différence de température aux deux extrémités de chaque cylindre et quand il
fait passer les courans en sens contraire. Il résulte de cette
expérience que le courant du second fil est 10 fois plus intense
que le courant du premier, puisque son conducteur produit le
même effet avec une longueur 10 fois plus grande; on peut
donc en conclure que la conductibilité électrique est proportionnelle à la section des fils, ou bien au carré de leurs
diamètres.

Pour mesurer la conductibilité des diverses substances,
M. Pouillet emploie encore deux courans thermo-électriques
égaux. Il affaiblit le premier en lui faisant traverser le fil
métallique qu'il considère, et il affaiblit le second de la
même quantité en lui faisant traverser des fils d'une même
substance prise pour terme de comparaison. Il déduit ensuite
des deux lois précédentes le rapport des conductibilités des
deux substances; si, par exemple, un fil métallique produit un
courant aussi énergique qu'un fil d'un autre métal qui aurait
une longueur moitié moindre et le même diamètre, le
premier métal possède une conductibilité double de la conductibilité du second; sa conductibilité serait, au contraire,
deux fois moindre, s'il avait même longueur et une section
double. Il résulte des expériences de M. Pouillet que le palladium est le plus conducteur de tous les métaux; que l'argent,
l'or et le cuivre viennent ensuite; et que le mercure est le
métal le moins conducteur; il résulte aussi de ses expériences
que la présence de quelques substances étrangères altère sin-
gulièrement la conductibilité d'un corps.

Plusieurs physiciens ont mesuré la conductibilité électrique des métaux; leurs résultats présentent d'énormes différences qui sont probablement dues à la différence des sources
électriques qu'ils ont employées, et à la différence dans la

pureté de leurs métaux. Nous rapporterons seulement les résultats de M. Bécquerel :

Cuivre.	100	Fer.	15,8
Or.	93,6	Étain.	15,5
Argent.	73,6	Plomb.	8,3
Zinc.	28,5	Mercure.	3,4
Platine.	16,4	Potassium.	1,3

Sir H. Davy a reconnu que la conductibilité des fils métalliques diminue à mesure que la température s'élève, et qu'elle augmente à mesure que la température s'abaisse. On peut rendre sensible ce résultat en interposant un fil entre les deux pôles d'une pile en activité : lorsqu'il est porté au rouge par le courant et qu'on chauffe un de ses points artificiellement avec une lampe à alcool, on le voit devenir moins rouge dans les points voisins ; on voit, au contraire, l'incandescence augmenter dans les parties que l'on refroidit avec de la glace. Il est probable d'après cela que les rapports de conductibilité changent avec la température

CHAPITRE XII.

De l'action des courans sur les courans.

389. On donne le nom d'*électro-dynamique*, à la partie de l'électricité qui considère l'action des courans sur les courans, l'action des aimans sur les courans, l'action des courans, sur les aimans et les courans par influence. L'électro-dynamique ne remonte qu'en 1820 ; elle doit ses plus brillantes découvertes au génie de M. Ampère.

390. *Lois fondamentales.* = Quelque temps après l'expérience électro-magnétique d'OErsted, M. Ampère essaya l'action des courans sur les courans ; il découvrit alors une série de phénomènes qui le portèrent à admettre l'identité du magnétisme et de l'électricité. Les lois fondamentales de ces phénomènes peuvent s'énoncer ainsi :

1° Deux courans parallèles s'attirent s'ils vont dans le même sens ; ils se repoussent s'ils vont en sens contraire.

2° Deux courans obliques s'attirent s'ils s'approchent ou s'éloignent en même temps du sommet de l'angle ; ils se repoussent si l'un d'eux s'en approche et que l'autre s'en éloigne. — Considère-t-on, par exemple, les deux conducteurs AB, CD (*fig.* 77) mobiles autour du point E, et suppose-t-on leurs courans dirigés dans le sens des flèches, il y aura attraction dans les angles AEC, BED et répulsion dans les deux autres ; de sorte que les conducteurs tourneront autour du point E, et se placeront l'un sur l'autre, les parties AE et

BE coïncidant respectivement avec les parties CE et DE. Les deux courans tendraient encore à se diriger par leur influence réciproque s'ils n'étaient pas dans le même plan : ils s'attireraient s'ils s'approchaient ou s'éloignaient ensemble de la perpendiculaire commune à leur direction, et ils se repousseraient si, l'un s'éloignant de cette perpendiculaire, l'autre s'en approchait.

3° Deux courans s'attirent ou se repoussent avec des forces numériquement égales, selon qu'ils vont dans le même sens ou dans un sens contraire.

4° L'action d'un courant sinueux est égale à celle d'un courant rectiligne terminé aux mêmes extrémités et s'écartant peu du premier.

5° Les diverses parties d'un même courant sont dans un état continuel de répulsion.

L'appareil le plus simple qu'on ait employé pour vérifier les lois précédentes, se compose de deux colonnes verticales en cuivre AB, A'B' (*fig.* 78), fixées sur une table de bois, et recourbées à angle droit vers leurs extrémités supérieures ; elles se terminent par de petites coupes D, D' remplies de mercure, dont les centres sont placés sur la même verticale et dont les bases sont garnies d'un petit plan de verre bien poli. Les branches horizontales des colonnes sont séparées par de la gomme-laque ou par toute autre substance isolante ; leurs pieds communiquent avec des rainures R, R' pleines de mercure. Lorsqu'on fait plonger l'un des pôles d'une pile dans chacune des rainures, les électricités suivent les colonnes, et se portent l'une dans la coupe D, l'autre dans la coupe D' ; il en résulte un courant si les coupes communiquent entre elles par un corps bon conducteur.

Pour constater les deux premières lois, on suspend dans les coupes un fil de cuivre (*fig.* 79) plié en rectangle, dont

les extrémités sont terminées par des pointes très-fines ; l'une
des pointes repose sur le plan de verre de la coupe supérieure ,
et l'autre plonge dans le mercure de la coupe inférieure. Le
conducteur rectangulaire ainsi suspendu est doué d'une extrême mobilité. Cela posé , on met les deux rainures en communication avec une pile en activité , et l'on approche de la
base inférieure du conducteur mobile, un conducteur fixe
traversé par un courant. Lorsque la base du rectangle est parallèle au conducteur fixe et sur le même plan horizontal ,
elle s'en approche peu à peu si les courans vont dans le même
sens, et s'en éloigne si les courans vont en sens contraire.
Lorsque la base du rectangle est un peu au-dessus du conducteur fixe et que la direction de leurs courans forme un angle ,
le rectangle tourne autour de son axe, et il ne s'arrête en
équilibre que lorsque sa base est arrivée dans une direction
parallèle à celle du conducteur fixe , les deux courans étant
dirigés dans le même sens ; si on l'écarte légèrement de cette
position , il la reprend de lui-même après quelques oscillations.

Les expériences ne réussissent qu'imparfaitement avec le
conducteur mobile de la *figure* 79 , car l'action magnétique
du globe concourt avec celle du conducteur fixe pour lui
donner une direction ; la vérification ne peut être complète
qu'en employant des conducteurs mobiles *astatiques* , comme
ceux des *figures.* 80 et 81 : leurs parties sont symétriques
par rapport à leur axe de rotation , et les courans qui les traversent se détruisent d'eux-mêmes. Considère-t-on , par exemple , le conducteur ABCD *(fig.* 80) ; les effets des deux
parties AB et CD se neutraliseront quelle que soit la nature de
l'action terrestre , puisque les deux courans sont égaux et
contraires ; il en sera de même des parties EF et GH , AH et
BF , DE et CG. — Il faut avoir soin , dans la construction de
ces appareils , d'entourer d'un fil de soie les parties des con-

ducteurs qui sont liées entre elles , afin d'empêcher le courant
de se porter latéralement de l'une des parties sur la partie
voisine.

Pour constater la troisième loi , on se sert d'un conducteur
fixe (*fig*. 82) formé d'un fil replié sur lui-même ; ses deux
parties sont revêtues de soie et presque en contact ; l'une est
destinée à conduire le courant, et l'autre à le ramener. Pour
constater la quatrième , on se sert également d'un conducteur
(*fig*. 83) replié sur lui-même , mais avec cette différence
que l'un des fils est rectiligne et que l'autre est sinueux. Ces
deux conducteurs placés près d'un courant astatique ne lui
impriment aucune direction.

Pour constater la cinquième loi , on se sert d'un vase de
verre (*fig*. 84) rempli de mercure et séparé en deux compartimens par une cloison verticale ; on pose sur le mercure un
fil de laiton *abcd* recouvert de soie , dont les branches *ab*,
cd peuvent se mouvoir parallèlement à la cloison , et dont la
partie *bd* s'élève verticalement au-dessus. Les deux extrémités
du fil sont nues , et touchent le mercure. Lorsqu'on amène
l'un des pôles de la pile dans chacun des compartimens, on
établit un courant qui passe du mercure dans le fil et du fil
dans le mercure , et le conducteur s'éloigne parallèlement à
la cloison jusqu'à l'extrémité du vase. Ce mouvement indique
une répulsion entre la partie du courant qui traverse le mercure et celle qui passe par le fil. — On pourrait à la rigueur
regarder cette loi comme une conséquence de la seconde ; deux
portions contiguës d'un même courant rectiligne peuvent , en
effet , être considérées comme deux courans formant un angle
de 180° et dont le sommet est au point qui les sépare. Or ,
comme le courant de l'une des portions s'approche du sommet
de l'angle et que l'autre s'en éloigne , il doit y avoir
répulsion.

Il n'est pas besoin d'une pile énergique pour produire les phénomènes électro-dynamiques ; un seul couple à la Wollaston est même suffisant dans la plupart des expériences, pourvu qu'il ait une surface assez étendue. On fixe ordinairement ce couple à une traverse de bois que l'on fait reposer sur les bords d'un vase rempli d'eau acidulée, et l'on fait communiquer ses deux pôles A et B (*fig.* 85) soit avec les rainures de l'appareil électro-dynamique, soit avec les extrémités d'un fil ABC , destiné à servir de conducteur fixe. Afin de rendre la communication plus complète, on adapte quelquefois aux pôles deux godets métalliques remplis de mercure, et l'on amène les extrémités du conducteur dans ce liquide, en les y retenant, pour plus de fixité, avec des bouchons de liége.

391*. La plupart des phénomènes électro-dynamiques sont des conséquences des lois précédentes ; quelques cas particuliers indiqueront le moyen de les en déduire.

1° *Action d'un courant horizontal rectiligne et indéfini sur un courant horizontal rectiligne et fini, mobile autour d'un axe vertical.* = Soient MN le courant indéfini (*fig.* 86), AB le courant mobile et A le centre de rotation ; supposons les courans dirigés de M en N dans le premier conducteur, et de A en B dans le second. — Le courant AB sera attiré par la partie MP du courant fixe et repoussé par la partie PN, puisque les deux courans AB et MP sont dirigés vers le sommet de l'angle, et que, des deux courans AB et PN, l'un s'en approche et l'autre s'en éloigne ; il sera donc forcé de tourner autour du point A, et de prendre un mouvement contraire à celui de l'électricité dans le conducteur indéfini ; il ne pourra d'ailleurs rester en équilibre dans les positions AB', AB'', AB'''... et dans les positions intermédiaires, de sorte que le mouvement sera continu. — Si le courant mobile était dirigé de B en A, c'est-à-dire de la circonférence au centre, et que le courant fixe conservât la même direction, le mouvement de rotation aurait encore lieu, mais alors le courant mobile se mouvrait dans le sens de l'électricité qui traverse le courant indéfini. — Ces résultats paraissent supposer que les deux courans soient dans le même plan, mais ils seraient encore les mêmes si les courans étaient dans des plans différens, comme on peut le voir en menant une perpendiculaire commune aux directions des deux courans et en prenant cette perpendiculaire pour le sommet de l'angle.

La rotation n'aurait plus lieu si le point A se trouvait sur le courant indéfini ou si l'axe passait par ce courant. Dans le premier cas, le courant mobile se placerait sur le courant fixe, et dans le second il prendrait une direction parallèle.

La rotation serait également impossible si le courant fini était mobile autour de son milieu. Ce courant resterait en équilibre dans toutes les positions s'il était assez éloigné du courant indéfini pour que chacune de ses moitiés tendît à tourner avec une égale force, et il se placerait parallèlement à ce courant s'il en était suffisamment rapproché.

2° *Action d'un courant horizontal rectiligne et indéfini sur un courant fini perpendiculaire à sa direction.* == Soient MN (*fig.* 87) le courant indéfini et AB le courant fini ; supposons le courant mobile situé au-dessus de la perpendiculaire PQ commune aux deux conducteurs, et représentons par les flèches la direction de l'électricité dans chacun d'eux. Prenons un point quelconque *o* sur le conducteur mobile, et deux points *m* et *n* sur le conducteur fixe à des distances égales du pied P de la perpendiculaire PQ : les deux obliques *om* et *on* étant égales, les élémens situés en *m* et en *n* agiront avec la même intensité sur l'élément situé en *o* ; et comme leurs actions sont l'une attractive, l'autre répulsive, elles pourront être représentées par les longueurs égales *oy* et *ox* prises sur

les lignes *om* et *on*. Ces actions se composeront, par conséquent, en une seule dirigée parallèlement à MN suivant la
diagonale *oz* du parallélogramme *oxzy*. Il en sera de même
de toutes les actions du courant MN sur l'élément du conducteur mobile situé en *o*, et sur le conducteur tout entier. Ainsi
le conducteur ne pourra se mouvoir que parallèlement à lui-
même dans un plan parallèle à MN. — Le mouvement aura
lieu en sens contraire de l'électricité dans le conducteur indéfini si le courant mobile s'en approche comme dans la
figure 87 ; il aurait lieu dans le même sens s'il s'en éloignait.

De là résultent quelques conséquences. — Lorsqu'un
courant vertical AB (*fig.* 88), mobile autour d'un axe vertical XY, est soumis à l'action d'un courant horizontal MN, le
plan ABXY se dirige parallèlement à ce courant, la partie
AB se trouvant à gauche de l'axe XY si le courant AB s'approche du courant fixe, et à droite s'il s'en éloigne ; l'équilibre
pourrait cependant avoir lieu dans une position diamétralement opposée ; mais il serait instable. Lorsque deux courans
verticaux AB, CD (*fig.* 89) invariablement liés entre eux et
mobiles autour d'un axe vertical XY situé dans leur plan à
égale distance de chacun d'eux, sont soumis à l'action du
courant horizontal MN, le plan ABCD reste en équilibre dans
toutes les positions si les courans vont dans le même sens et
s'ils sont assez éloignés du courant fixe ; il se dirigerait parallèlement à ce courant si les courans AB, CD allaient en sens
contraire, ou si, les courans allant dans le même sens, leur
plan était suffisamment voisin du conducteur MN.

3° *Action d'un courant horizontal rectiligne et indéfini
sur les principaux systèmes de courans.* = Soit d'abord un
rectangle ABCD (*fig.* 90) dont les branches verticales sont
traversées par des courans dirigés dans le même sens, et dont
la branche horizontale AC est traversée par deux courans

dirigés en sens contraire ; l'origine des courans est au point X milieu de AC, et l'axe de rotation passe par ce point. Les deux courans verticaux se détruisent mutuellement s'ils sont à une distance suffisante du conducteur fixe, et les courans horizontaux tendent l'un et l'autre à faire tourner le rectangle dans le même sens ; l'appareil prend, par conséquent, un mouvement continu de rotation.

Soit maintenant un conducteur ABCD rectangulaire (*fig.* 91), dont les branches parallèles sont traversées par des courans de directions contraires, et que l'axe vertical de rotation divise en deux parties parfaitement symétriques. Lorsque les deux conducteurs sont assez éloignés, les courans horizontaux se détruisent mutuellement, et les courans verticaux amènent le rectangle dans un plan parallèle au conducteur fixe ; lorsqu'ils sont assez voisins, les courans horizontaux ne se détruisent pas complètement, et l'action résultante de ces courans, concourt avec l'action des courans verticaux pour diriger l'appareil. Ainsi, dans tous les cas, le plan du rectangle se placera parallèlement au conducteur MN. L'équilibre est d'ailleurs stable ou instable, selon que le conducteur fixe et la partie inférieure du conducteur mobile ont leurs fluides dirigés dans le même sens ou dans un sens contraire. Ces résultats sont faciles à vérifier en suspendant le conducteur mobile de la *figure* 79 dans les coupes de l'appareil électro-dynamique, et en approchant un conducteur rectiligne de sa base.

Soit enfin un conducteur curviligne ABCD (*fig.* 92) mobile autour d'un axe vertical XY. L'action d'un élément quelconque CD du courant peut être remplacée par les actions de deux élémens rectilignes CH, HD, l'un horizontal, l'autre vertical, qui s'écartent peu de cet élément et qui sont terminés aux mêmes extrémités ; il en est de même des actions

des autres élémens. Le conducteur curviligne pouvant être
remplacé par une série d'élémens horizontaux et d'élémens
verticaux, doit se diriger comme le rectangle de la *figure* 91,
dans un plan parallèle à MN. — Les courans mobiles des
figures 91 et 92 ont reçu le nom de *courans fermés*.

4° *Action d'un courant horizontal circulaire sur un courant fini.* = Supposons d'abord un courant horizontal AB
(*fig.* 93) mobile autour d'un axe vertical placé à l'une de
ses extrémités et passant par le centre du courant circulaire.
Il doit nécessairement rétrograder sur le conducteur fixe si le
courant va du centre à la circonférence, et tourner dans le
sens de son électricité si le courant va de la circonférence au
centre. On s'en assure par le raisonnement déjà fait, au commencement de ce paragraphe, dans le cas d'un courant rectiligne et indéfini.

Supposons un courant vertical AB (*fig.* 94) mobile autour
d'un axe XY perpendiculaire au courant circulaire et passant
par son centre. Les élémens opposés du courant fixe produisent des effets contraires sur le courant AB; mais les effets des
élémens les plus voisins sont prédominans, et le rectangle
ABXY prend un mouvement de rotation autour de l'axe. Le
mouvement est d'ailleurs direct ou rétrograde selon que l'électricité du conducteur AB s'éloigne ou s'approche du courant
circulaire. — Si l'on avait deux courans AB, CD (*fig.* 95),
dirigés dans le même sens, la rotation se produirait encore;
et si l'on avait deux courans dirigés en sens contraire, elle
cesserait d'avoir lieu.

Supposons enfin un système de courans horizontaux et
verticaux soumis à un courant horizontal circulaire. L'un
des systèmes les plus usités consiste en deux courans horizontaux AX, CX (*fig.* 96) dirigés en sens contraire, et en
deux courans verticaux AB, CD dirigés dans le même sens;

il est mobilé autour d'un axe passant par le centre du courant circulaire et situé à une égale distance des deux branches
verticales. Chacune des parties de ce courant tend à rétrograder sur le courant fixe, les deux courans horizontaux
puisqu'ils vont du centre à la circonférence, et les deux
courans, verticaux puisqu'ils s'approchent tous les deux du
courant fixe ; ainsi l'appareil prendra un mouvement de rotation, et ce mouvement aura lieu en sens contraire de l'électricité dans le conducteur circulaire.

392. *Expériences relatives à la rotation des courans.* =
L'appareil dont on se sert pour vérifier les phénomènes de
rotation, se compose d'un vase cylindrique (*fig.* 97), muni,
vers son centre, d'un petit cylindre ouvert par ses deux bouts ;
le cylindre intérieur donne passage à un axe vertical de
cuivre XY qui peut s'élever plus ou moins, et qui porte une
petite coupe à sa partie supérieure. On enroule en spirale un
ruban ou un fil de cuivre recouvert de soie autour du cylindre
extérieur ; puis on remplit le vase d'eau acidulée, et l'on
suspend dans la coupe un conducteur rectangulaire ABCD
(*fig.* 98) terminé à sa partie inférieure par un anneau de
cuivre. L'appareil étant ainsi disposé, on fait passer le courant
dans la spirale en mettant ses extrémités en communication
avec les pôles d'une pile, et on le fait passer dans le conducteur mobile en mettant la tige XY en communication avec
l'un des pôles d'une pile., et l'eau acidulée du cylindre en
communication avec l'autre. La rotation se produit aussitôt.
Lorsque la tige XY communique avec le pôle positif, le courant va du centre à la circonférence ; puis il descend le long
des tiges verticales, et l'appareil rétrograde sur le conducteur spiral ; lorsqu'on change la communication, le mouvement se ralentit peu à peu, puis il s'arrête, et recommence
en sens contraire. — L'anneau qui termine les tiges verticales

sert à donner plus de fixité à l'appareil, et à rendre les communications plus complètes.

On doit à M. Faraday un appareil très-simple qui sert à vérifier les phénomènes de rotation. C'est un vase de zinc (*fig.* 99), muni, à son centre, d'une tige verticale de cuivre qui se termine par une petite coupe à mercure. On entoure le vase d'un conducteur spiral traversé par le courant, puis on le remplit d'eau fortement acidulée et l'on suspend dans la coupe un conducteur mobile. Ce conducteur prend aussitôt un mouvement de rotation. Le mouvement se produit toujours dans le sens de l'électricité du conducteur spiral, car le courant monte le long des tiges verticales du conducteur mobile et se porte de la circonférence au centre. On obtient les mêmes résultats en employant un vase ordinaire, et en soudant à son centre une large colonne de zinc surmontée de l'axe de cuivre.

393. *Des solénoïdes.* == On appelle solénoïdes un système de petits courans fermés, égaux, équidistans, dont les plans sont perpendiculaires à une ligne quelconque droite ou courbe, nommée l'axe du solénoïde. Le solénoïde prend quelquefois le nom de cylindre électro-dynamique quand son axe est rectiligne.

Pour construire un solénoïde, on forme un premier cercle *abc* (*fig.* 100) avec un fil de cuivre recouvert de soie, puis on tire avec le même fil une petite droite *cd* perpendiculaire à son plan, et au point *d* on décrit un nouveau cercle *def* parallèle au premier ; on tire de nouveau une petite droite *fg* perpendiculaire à ce cercle et dans le prolongement de la première ; puis, à une distance *fg* égale à *cd*, on décrit un nouveau cercle ; ainsi de suite jusqu'à l'extrémité X d'où l'on fait revenir le fil en ligne droite dans une direction parallèle aux petites lignes *cd, fg*.... Lorsqu'un courant passe dans un

II. 14

'tel système, en entrant, par exemple, au point Z et en sortant au point Y, les effets des courans rectilignes Z*a*, *cd*, *fg*.... sont détruits par le courant rectiligne XY de même longueur et d'une direction contraire, de sorte qu'il reste seulement les effets des petits cercles *abc*, *def* qui sont tous égaux, à égale distance et perpendiculaires à l'axe. Ce système est donc un véritable solénoïde.

On suit ordinairement une méthode plus simple dans la construction des solénoïdes. On prend un fil de cuivre revêtu de soie dans toute sa longueur, on le contourne en hélice d'une extrémité Z à une extrémité X (*fig.* 101), et on le fait revenir en ligne droite dans l'axe de l'hélice; les diverses parties de la courbe sont très-serrées et presque perpendiculaires à l'axe XY. Cet appareil peut être pris pour un solénoïde. En effet, le courant d'un élément quelconque peut être remplacé par deux autres courans rectangulaires, l'un parallèle à l'axe de l'hélice et d'une longueur égale à la projection de l'élément sur cet axe, l'autre dirigé suivant une circonférence de cercle perpendiculaire à l'axe et d'une longueur égale à la projection de l'élément sur la circonférence. En réunissant les actions élémentaires exercées par toutes les parties d'une même spire, on voit que les parties parallèles à l'axe forment un courant égal en longueur au pas de l'hélice, et que les parties rectangulaires se réduisent à un courant circulaire, égal à la section faite dans l'hélice par un plan perpendiculaire à son axe. Si donc on considère l'ensemble des spires ou l'hélice entière, elle sera remplacée par un courant rectiligne égal à la longueur de l'axe, et par autant de courans circulaires qu'il y a de spires dans l'hélice; le premier courant sera détruit par le courant rectiligne XY, et il ne restera que les courans circulaires.

Les solénoïdes, employés dans les expériences, sont repré-

sentés dans les *figures* 102 et 103 ; le premier est un solénoïde mobile, et le second un solénoïde fixe ou à main. On
suspend les pointes Z et Y du premier dans les coupes de
l'appareil électro-dynamique, et l'on fait communiquer directement les extrémités Z et Y du second avec les pôles d'une
pile voltaïque ; le fil de cuivre qui les forme va d'abord de Z
en C en ligne droite ou courbe, de C en A en ligne droite,
de A en B en ligne spirale, puis il revient de B en D en ligne
droite et de D en Y en suivant la ligne CZ ; on donne ordinairement la même longueur aux deux parties AC et BD.

Les propriétés des solénoïdes sont analogues à celles des
aimans ; elles peuvent être énoncées de la manière suivante :

1° Les solénoïdes mobiles se dirigent, comme les aimans,
par l'action de la terre : ils se placent dans le plan du méridien magnétique, l'une de leurs extrémités tournée vers le
nord, l'autre vers le sud ; dès qu'on les écarte de la position
qu'ils prennent d'eux-mêmes, ils y reviennent après une suite
d'oscillations. — Cette conformité a fait appliquer aux solénoïdes les dénominations adoptées pour les aimans ; on a
nommé pôle austral du solénoïde l'extrémité qui se dirige
vers le nord, et pôle boréal l'extrémité qui se dirige vers le
sud. — Le pôle austral du solénoïde est à la droite d'un
observateur qui se place dans le courant, le dos tourné vers
son axe ; et conséquemment le courant va de l'est à l'ouest
dans la partie inférieure d'un solénoïde dirigé par l'action terrestre, et de l'ouest à l'est dans la partie supérieure.

2° Les solénoïdes mobiles se dirigent, comme les aimans,
par l'action des courans : ils se placent perpendiculairement
au courant, et présentent leur pôle austral vers sa gauche. Si,
par exemple, le courant est dans le plan du méridien magnétique et un peu au-dessus du solénoïde, le pôle austral est
porté à l'ouest ou à l'est, selon que l'électricité est dirigée du

sud au nord ou du nord au sud. Ce résultat est une conséquence de l'action d'un courant indéfini sur un courant fermé :
ce courant se place toujours comme il a été démontré,
parallèlement à la direction du premier, et de plus l'électricité a la même direction dans les parties les plus voisines
des deux conducteurs. — Il est bon de remarquer que le
solénoïde ne se place perpendiculairement au conducteur indéfini qu'autant qu'il n'est pas soumis à l'action du globe, ou
qu'autant que cette action a été neutralisée.

3° Les solénoïdes agissent les uns sur les autres, comme
les aimans : leurs pôles de nom contraire s'attirent, et leurs
pôles de même nom se repoussent ; l'action est d'ailleurs réciproquement proportionnelle au carré de la distance des pôles.
La répulsion des pôles de même nom et l'attraction des pôles
de nom contraire, sont des conséquences des principes précédemment établis sur l'action mutuelle de deux courans. Si l'on
conçoit en effet deux solénoïdes placés sur le même axe, ils
auront leurs courans dirigés dans le même sens ou dans un
sens contraire, et par suite ils s'attireront ou ils se repousse-
ront, selon que leurs pôles voisins seront de nom contraire ou
de même nom. Les mêmes principes expliqueraient encore
l'attraction ou la répulsion des solénoïdes s'ils avaient une
tout autre position relative.

4° Les solénoïdes agissent sur les aimans, et réciproquement, comme ils agissent les uns sur les autres : les pôles de
même nom se repoussent ; et les pôles de nom contraire s'attirent. Ce résultat sera expliqué plus loin.

394. *Des flotteurs électro-dynamiques.* = M. de La Rive
a construit de petits appareils électro-dynamiques destinés à
flotter à la surface des liquides ; il implante deux plaques,
l'une de zinc, l'autre de cuivre (*fig.* 104), parallèlement
entre elles, et à une petite distance l'une de l'autre, dans un

disque de liége ; il réunit les extrémités supérieures des plaques par un fil de cuivre, et il pose le liége sur un bain d'eau
acidulée; le courant s'établit aussitôt dans la direction des
flèches. Ces petits flotteurs peuvent être dirigés par l'action
du globe, par l'action des aimans et par l'action des courans;
ils peuvent même servir à la vérification des lois fondamentales de l'électro-dynamique. M. Pinaud leur donne une
disposition plus avantageuse ; il contourne la lame de cuivre
(*fig.* 105), autour de la lame de zinc comme dans un élément de la pile de Wollaston, car le courant prend alors une
plus grande intensité. — On peut varier la forme du conducteur métallique interposé entre le zinc et le cuivre; on
peut, par exemple, lui donner la forme d'un conducteur
astatique, comme dans la *figure* 106, ou celle d'un solénoïde,
comme dans la *figure* 107.

CHAPITRE XIII.

De l'action des aimans sur les courans.

395. L'action des aimans sur les courans et l'action des courans sur les aimans constituent l'*électro-magnétisme ;* cette partie de l'électro-dynamique a été l'objet des travaux de plusieurs physiciens.

396. *Action du globe sur les courans.* = Le globe terrestre peut diriger les courans, et il peut leur imprimer un mouvement continu de rotation ; on s'en assure par les expériences suivantes :

Veut-on constater l'action directrice, on se sert d'un conducteur *abcde* (*fig.* 108) plié en rectangle et équilibré par un contre-poids *p* ; on le suspend par ses pointes dans les coupes de l'appareil électro-dynamique, et l'on fait passer le courant. Le conducteur rectangulaire quitte alors sa position d'équilibre pour se placer dans un plan perpendiculaire au méridien magnétique. Si le courant est descendant dans la branche *dc*, cette branche se porte à l'est du méridien ; s'il est ascendant, elle se porte à l'ouest. On obtient les mêmes résultats avec les conducteurs 79 et 92, et avec les flotteurs électro-dynamiques 104 et 105 ; c'est toujours la partie descendante du courant qui se dirige vers l'est.

Veut-on constater l'action révolutive, on suspend un fil de cuivre ABCD (*fig.* 97), dans la coupe qui termine la tige XY ; puis on met de l'eau acidulée dans le vase inférieur, et l'on

fait passer le courant. Le conducteur prend aussitôt un mouvement continu de rotation. — Si le courant monte par la
tige XY, et s'il va, par suite, du centre à la circonférence
dans le conducteur AC, le mouvement aura lieu de l'ouest à
l'est en passant par le midi; il aurait lieu dans un sens contraire
si le courant descendait par la tige XY, et par suite s'il allait
de la circonférence au centre dans le conducteur AC.

Pour analyser les phénomènes précédens, il faut étudier
séparément l'action de la terre sur les courans verticaux et
sur les courans horizontaux.

1° L'appareil dont on se sert pour étudier les propriétés
des courans verticaux, se compose de deux vases VV, V'V'
(*fig.* 109), placés parallèlement l'un au-dessus de l'autre,
et percés à leur centre d'une ouverture circulaire. Le vase
inférieur est un peu plus large que le vase supérieur. Une
tige métallique XY, munie d'une coupe, traverse les deux
ouvertures; elle supporte une traverse horizontale PQ qui
repose sur elle par une pointe placée en son milieu; la traverse est formée d'une substance isolante, elle porte les fils
verticaux AB, CD qui plongent dans l'eau acidulée du vase
inférieur, et qui se recourbent à leurs parties supérieures pour
plonger aussi dans le liquide du deuxième vase. De petites
languettes H et K établissent la communication entre l'eau
acidulée du vase supérieur et le mercure de la coupe. Lorsqu'on met la tige XY en communication avec l'un des pôles
de la pile, le pôle positif par exemple, et l'eau acidulée en
communication avec l'autre, le courant s'établit dans le
système; il monte par la tige, entre dans sa coupe, puis il
passe de cette coupe dans le vase supérieur, de ce vase dans
les fils verticaux AB, CD, et enfin il arrive dans le liquide
du vase inférieur. On peut, si l'on veut, ne faire passer le
courant que dans l'un des fils verticaux; il suffit pour cela de

redresser l'extrémité de l'autre afin qu'elle ne plonge plus dans
le liquide du vase le plus élevé.

Lorsque l'un des fils verticaux seulement est traversé par
le courant, le rectangle ABCD quitte aussitôt sa position
d'équilibre, et vient s'arrêter, après quelques oscillations,
dans une position perpendiculaire au méridien magnétique ;
le fil traversé par le courant se porte d'ailleurs à l'est ou à
l'ouest, selon que le courant est descendant ou ascendant ;
l'équilibre pourrait cependant avoir lieu dans une position
diamétralement opposée, mais alors il ne serait qu'instable.
Lorsque les deux fils donnent passage au courant, le système
reste en équilibre dans toutes ses positions, car les forces qui
le sollicitent sont égales, parallèles, dirigées dans le même
sens, et conséquemment détruites par la résistance de l'axe
XY. Il faut cependant, pour que l'appareil soit indifférent
sous l'action du globe, que les deux fils AB, CD soient bien
égaux, qu'ils soient également conducteurs et qu'ils soient à
une même distance de l'axe de rotation.

2° L'appareil dont on se sert pour étudier les propriétés
des courans horizontaux, se compose d'un vase en cuivre VV
(*fig.* 110) traversé par une tige métallique XY. La coupe
qui la termine s'élève très-peu au-dessus de l'eau acidulée
dont on remplit le vase. Un conducteur horizontal AC repose
sur la coupe au moyen d'une pointe ; il se recourbe à ses
extrémités afin de plonger dans l'eau acidulée du vase VV. —
Lorsqu'on fait communiquer le liquide avec l'un des pôles de
la pile, et la tige XY avec l'autre, le courant s'établit, et la
tige horizontale AC prend un mouvement continu de rotation.
Le mouvement a lieu de l'ouest à l'est, en passant par le midi,
si le courant va du centre à la circonférence, et de l'est à
l'ouest s'il va de la circonférence au centre. — La rotation
est uniquement due au courant horizontal, car les courans

verticaux ne peuvent être dirigés par le globe puisqu'ils vont dans le même sens. — Le mouvement de rotation se produirait encore avec un courant horizontal AB, mobile autour de son extrémité B; on s'en assure en redressant l'extrémité C de la tige AC, afin qu'elle ne plonge plus dans l'eau acidulée.

Les deux appareils qui viennent d'être décrits, donnent aussi le moyen de constater l'action des courans fixes rectilignes ou circulaires sur des courans mobiles horizontaux et verticaux. On constate l'action des courans rectilignes en approchant de l'un des deux appareils le conducteur qui réunit les deux pôles d'une pile; on constate l'action des courans circulaires en entourant les vases d'un conducteur spiral que l'on fait traverser par un courant.

L'action de la terre sur les courans fermés est facile à déduire des principes qui précèdent, en sachant de plus que tout courant, s'il n'est pas horizontal ou vertical, peut être remplacé par deux séries d'élémens très-petits, les uns verticaux, les autres horizontaux. — Le rectangle de la *figure* 79 doit évidemment se placer perpendiculairement au méridien magnétique, la branche ascendante du courant à l'ouest, puisque les effets des branches horizontales se détruisent, comme traversées par des courans égaux et de directions opposées, tandis que les effets des courans verticaux concourent pour amener le rectangle dans la direction perpendiculaire au méridien. Il en serait de même d'un conducteur circulaire (*fig*. 92).

397. *Hypothèse de M. Ampère sur l'identité du magnétisme et de l'électricité.* == Pour expliquer les phénomènes qui résultent de l'action de la terre sur les courans, M. Ampère admet l'existence d'un courant électrique dirigé de l'est à l'ouest perpendiculairement au méridien magnétique; il admet en outre que ce courant entoure la terre, et qu'il se

trouve principalement accumulé près de l'équateur. Toutes les parties de ce courant circulaire agissent en réalité sur un conducteur mobile placé en un point quelconque du globe, mais les parties supérieures étant à une distance incomparablement plus petite que les parties inférieures, agissent avec une énergie incomparablement plus grande, et déterminent l'effet. On peut donc assimiler l'action qu'il exerce sur un conducteur, à celle d'un courant rectiligne indéfini, voisin de l'équateur, dirigé de l'est à l'ouest, et perpendiculaire au méridien magnétique qui passe par le point du globe où se trouve le conducteur.

Cette hypothèse rend compte de tous les phénomènes qui proviennent de l'action de la terre sur les courans. Considère-t-on, par exemple, un courant vertical AB (*fig.* 88), mobile autour d'un axe XY parallèle à sa direction, il devra se mouvoir parallèlement au courant terrestre; et porter le rectangle ADXY parallèlement à ce courant, ou perpendiculairement au méridien magnétique; le côté AB devra de plus passer à l'est ou à l'ouest selon que son courant sera ascendant ou descendant; car dans le premier cas, il doit rétrograder sur le courant fixe, et dans le second il doit se mouvoir dans le même sens. — Considère-t-on maintenant un courant horizontal mobile autour d'un axe vertical passant par l'une de ses extrémités, il devra prendre un mouvement de rotation par l'action du courant terrestre; il rétrogradera sur le courant, ou ira de l'ouest à l'est, en passant par le midi, s'il est dirigé du centre à la circonférence, et il tournera en sens contraire s'il est dirigé de la circonférence au centre.

La même hypothèse explique aussi l'action du globe sur les aimans. Considère-t-on l'aiguille de déclinaison; elle devra se diriger, par l'action du courant terrestre, dans le plan du

. méridien magnétique, le pôle austral vers le nord ; car, d'a-
près l'expérience d'OErsted , elle doit être perpendiculaire au
courant ; et son pôle austral doit se trouver à la gauche d'une
personne qui serait placée dans ce courant, les pieds à l'est,
la tête à l'ouest , et la face tournée vers le centre de l'aiguille.
— Considère-t-on l'aiguille d'inclinaison ; elle devra , par la
même raison , porter son pôle austral vers l'horizon ; et de plus
son inclinaison devra croître en allant de l'équateur aux pôles.
L'hypothèse du courant terrestre satisfait également à tous les
autres phénomènes dûs à l'action du globe sur les aimans ; elle
remplace conséquemment l'hypothèse du magnétisme terrestre. — Le courant du globe résulte probablement d'une multitude de courans élémentaires qui traversent la terre dans
diverses directions, et qui sont dûs soit aux effets du contact;
soit aux effets chimiques , soit à l'échauffement inégal que
prennent les différens corps par les rayons solaires..   -   :

M. Ampère attribue aussi les phénomènes des aimans à des
courans électriques ; il suppose que les courans sont dirigés
dans les aimans comme dans les solénoïdes , c'est-à-dire qu'ils
sont perpendiculaires à l'axe , et qu'ils vont de l'est à l'ouest
dans la partie inférieure de l'aimant (*fig.* 111) dirigé par le
globe , et de l'ouest à l'est dans la partie supérieure. Dans cette
hypothèse , les deux pôles d'un aimant ne sont distingués l'un
de l'autre que par leurs diverses situations relativement au
courant; le pôle austral est à droite, et le pôle boréal à
gauche, en supposant l'observateur placé dans la direction du
courant et le dos tourné vers l'axe de l'aimant ; cette situation
des pôles est absolument la même que celle des pôles analogues
de la terre relativement au courant qui l'entoure.   ,

. La constitution électrique des aimans n'est pas identique
avec celle des solénoïdes ; les solénoïdes n'ont qu'un seul courant dans chaque section transversale, et les aimans en ont

une infinité. Si l'on considère, par exemple, la section *abcd*
(*fig.* 112) d'un aimant rectangulaire, on pourra concevoir
un premier courant *abcd* très-voisin de la surface, puis au-
dessous un deuxième courant très-rapproché du premier, puis
un troisième courant au-dessous de celui-ci, et ainsi de suite
jusqu'au centre; ou bien, on pourra supposer que les courans
se meuvent autour de chacune des molécules de l'aimant dans
des plans perpendiculaires à leur axe magnétique, et de telle
sorte que tous les courans aient la même direction, comme la
figure 113 le représente. Quelle que soit du reste la disposition des courans élémentaires dans une section de l'aimant,
ils subissent tous une action de même nature de la part d'un
courant extérieur, et ils produisent le même effet qu'un courant unique dirigé dans le sens des courans qui le composent.

M. Ampère admet aussi l'existence des courans dans les corps
simplement magnétiques; mais il pense qu'ils ont dans ces
corps toute sorte de direction, et qu'ils s'y détruisent d'eux-
mêmes jusqu'à ce que l'aimantation les ait tous ramenés au
parallélisme.

L'hypothèse de M. Ampère sur la constitution électrique
des aimans rend compte de tous les faits. Considère-t-on une
aiguille de déclinaison soumise à l'action du globe; elle ne peut
rester en équilibre tant que ses courans ne sont pas parallèles
au courant équatorial, et tant que leurs parties inférieures,
c'est-à-dire les plus rapprochées du globe, ne sont pas dirigées
de l'est à l'ouest; elle doit, par conséquent, se mouvoir jusqu'à ce qu'elle arrive dans le méridien magnétique, son pôle
austral tourné vers le nord. Considère-t-on une aiguille astatique soumise à l'action d'un conducteur voltaïque; elle se dirige
perpendiculairement au courant, son pôle austral à gauche;
cette position est, en effet, la seule dans laquelle les courans de
l'aiguille et du conducteur sont parallèles et dirigés dans le

même sens. La même hypothèse explique aussi l'accroissement de l'intensité magnétique depuis le milieu des aimans jusqu'à leurs pôles, les procédés d'aimantation, et enfin tous les phénomènes que présentent les aimans.

398. *Action des aimans sur les courans.* ⸺ Les appareils qui servent à constater l'action du globe sur les courans mobiles, peuvent encore indiquer les effets produits par l'action des aimans. Lorsqu'on veut, par exemple, étudier l'action des aimans sur les courans horizontaux, on place un aimant près du conducteur ABC (*fig.* 110) déjà soumis à l'action terrestre : l'aimant est-il placé verticalement au-dessous du conducteur, son pole boréal le plus voisin de l'appareil, l'action de ce pôle concourt avec l'action du globe, et la vitesse de rotation s'accélère ; le pôle austral est-il, au contraire, le plus voisin, l'action de ce pôle contre-balance en partie l'action du globe, et la vitesse de rotation est ralentie ; on peut même, dans ce dernier cas, faire prédominer l'action de l'aimant en l'approchant à une distance suffisante du conducteur, et changer ainsi la direction du mouvement. L'aimant aurait produit des phénomènes inverses s'il eût été placé au-dessus de l'appareil.

Lorsqu'on veut étudier l'action des aimans sur les courans verticaux, on présente un aimant près des conducteurs AB, CD (*fig.* 109) ; leur système qui restait en équilibre sous l'action terrestre, prend alors un mouvement. Si l'aimant est placé verticalement suivant le prolongement de l'axe de rotation ou même dans l'intérieur du cylindre indéfini que décrivent les conducteurs en tournant autour de cet axe, le système prend un mouvement continu de rotation ; la direction de ce mouvement dépend de la direction du courant dans les conducteurs, de la nature du pôle le plus voisin et de la position de l'aimant ; sa vitesse dépend de l'intensité du

courant, de la force de l'aimant et de la distance à laquelle
l'action se produit.

L'action des aimans sur les courans s'étudie quelquefois avec
les petits flotteurs électro-dynamiques de M. de La Rive;
lorsqu'on présente un barreau aimanté perpendiculairement
au plan du flotteur et à quelque distance de ce plan, le
flotteur s'éloigne du barreau si leurs courans vont en sens
contraire, et il s'en approche si leurs courans vont dans le
même sens; dans ce dernier cas, il s'avance jusqu'au milieu
de l'aimant où il s'arrête en équilibre après quelques oscillations.

399. *Rotation du mercure.* == On doit à Sir H. Davy une
expérience remarquable sur la rotation que prend le mercure
par l'action des courans et des aimans.

On fait passer, à travers le fond d'un large vase de verre,
deux fils de cuivre *ab, cd* (*fig.* 114) dont toutes les parties,
à l'exception des extrémités, sont recouvertes de cire; on verse
ensuite dans le vase une quantité de mercure suffisante pour
couvrir les extrémités des fils, et l'on met leurs parties inférieures en communication avec les pôles d'une pile. Dès que
le courant est établi, la surface du mercure s'élève au-dessus
des fils et forme deux petits cônes d'où s'échappent des ondes
métalliques dans toutes les directions. Un seul point de la
surface reste immobile, c'est celui qui se trouve entre les fils,
et à la même distance de chacun d'eux.

Si l'on approche le pôle d'un fort aimant à une distance de
quelques pouces au-dessus de l'un des cônes, son-sommet
s'abaisse, et sa base s'élargit; si on l'approche davantage, la
surface devient plane, et le mercure prend un mouvement
de rotation autour des fils. La vitesse de ce mouvement augmente avec la force de l'aimant; sa direction dépend du sens
du courant, de la position de l'aimant, et de la nature du

pôle le plus voisin du liquide. Le mouvement cesse dès que
le pôle de l'aimant est à une égale distance des deux fils, et
alors il s'établit dans le liquide deux courans opposés, l'un à
droite, l'autre à gauche de l'aimant. Si l'on approchait le pôle
de l'aimant très-près de l'extrémité supérieure de l'un des fils,
à un demi-pouce par exemple, le mercure se déprimerait, et
il se formerait une espèce d'entonnoir mobile dont le sommet
serait presque à l'extrémité du fil.

CHAPITRE XIV.

De l'action des courans sur les aimans.

400. *Action directrice.* = M. OErsted découvrit, en 1820, l'action des courans électriques sur l'aiguille aimantée; cette importante découverte a été analysée avec détail dans les chapitres précédens.

-Les courans voltaïques ne sont pas les seuls, comme on l'a cru pendant quelque temps, qui dévient l'aiguille aimantée; les courans des machines ordinaires et des bouteilles de Leyde peuvent aussi lui imprimer une déviation sensible. M. Colladon, à qui l'on doit ce résultat, se servit d'un multiplicateur à 500 tours dont il isola parfaitement les fils en les recouvrant doublement de soie et en séparant chaque série de tours par un taffetas gommé; il mit l'une des extrémités du fil en communication avec les coussins d'une machine électrique ordinaire, et il approcha l'autre du conducteur de la machine. La déviation fut de 18° pour une distance d'un décimètre, et de 10° pour une distance double; elle fut même encore sensible pour une distance d'un mètre. M. Colladon a obtenu des déviations plus considérables avec une machine de Nairne; une des extrémités du multiplicateur étant fixée au conducteur positif et l'autre au conducteur négatif, il produisit une déviation de 35° en imprimant au cylindre une vitesse de trois tours par seconde; la déviation fut variable avec la vitesse du cylindre, et parut même sensiblement proportionnelle à cette vitesse. M. Colladon obtint des résultats analogues dans les décharges des bouteilles de Leyde, et des batteries électriques.

Les décharges des torpilles et des gymnotes peuvent aussi produire une déviation sur l'aiguille du multiplicateur.

401. *Action attractive et répulsive.* == Les courans voltaïques n'agissent pas seulement sur l'aiguille aimantée pour lui donner une direction déterminée; ils agissent aussi soit pour l'attirer, soit pour la repousser. On peut vérifier ce fait en suspendant verticalement à un fil de soie une aiguille à coudre, et en lui présentant un conducteur horizontal. L'aiguille se porte vers le conducteur s'il se trouve entre les plans horizontaux qui passent par ses pôles, et si les courans ont la même direction dans le conducteur et dans la partie de l'aiguille qui en est la plus rapprochée; elle serait repoussée si le conducteur, tout en restant entre les plans horizontaux, avait son courant dirigé en sens contraire. Si l'on porte le conducteur au-dessus du plan horizontal mené par le pôle supérieur de l'aiguille, ou si on le porte au-dessous du plan horizontal mené par son pôle inférieur, l'action s'affaiblit peu à peu jusqu'à un certain point où elle devient nulle; puis elle change de nature à une plus grande distance, c'est-à-dire, qu'elle devient attractive ou répulsive si précédemment elle était répulsive ou attractive.

402. *Loi du décroissement de l'action avec la distance.* == MM. Biot et Savart ont reconnu que l'action d'un courant sur l'aiguille aimantée est réciproquement proportionnelle à sa distance. Pour vérifier cette loi, on suspend une petite aiguille aimantée à un fil de soie sans torsion, on la met sous une cloche de verre afin de la garantir de l'agitation de l'air, et l'on neutralise l'action directrice de la terre au moyen d'un barreau convenablement placé. On présente enfin, à diverses

II.   15

distances, un gros fil de cuivre de 8 à 10 pieds de long qu'on
tend verticalement et qu'on fait traverser par un courant
voltaïque. Dans chaque position du fil , l'aiguille se place en
croix avec lui , son pôle austral à gauche, et pour peu qu'on
l'écarte de cette direction , elle y revient par une suite d'oscillations isochrones dont la durée dépend de l'intensité du courant. Si l'on désigne par F, F' les forces magnétiques aux deux
distances D, D', et par N, N' le nombre des oscillations exécutées dans le même temps, les forces F et F' seront, comme
on l'a déjà dit souvent, proportionnelles aux carrés des nombres N et N', et l'on aura :

$$\frac{F}{F'} = \frac{N^2}{N'^2}$$

or il résulte des expériences de MM. Biot et Savart que les
carrés des nombres N et N' d'oscillations sont réciproquement
proportionnels aux distances ; on aura donc $\frac{N^2}{N'^2} = \frac{D'}{D}$, et
par suite :

$$\frac{F}{F'} = \frac{D'}{D}$$

Cette formule démontre bien que l'action du courant sur l'aiguille est réciproquement proportionnelle à la distance. —
Dans le cours des expériences , on doit revenir plusieurs fois
à la même distance pour évaluer le nombre des oscillations
faites dans un certain temps ; et prendre la moyenne des résultats obtenus, afin de rendre les observations indépendantes
des variations qui surviennent à chaque instant dans la force
de la pile , et par suite dans la force du courant.

MM. Biot et Savart ont encore vérifié par l'expérience une
autre loi relative à l'intensité de l'action des courans sur l'aiguille aimantée. Représentons par a (*fig.* 115) le centre d'une
petite aiguille aimantée, et par b le sommet d'un conducteur

angulaire *mbn* dont l'angle est divisé en deux parties égales par l'horizontale *abc*. Si l'on fait passer un courant dans le conducteur angulaire, qu'on change la distance de son sommet au centre de l'aiguille et qu'on fasse varier l'angle *mbn*, on reconnaîtra que l'action du courant sur l'aiguille est réciproquement proportionnelle à la distance *ab* du sommet de l'angle au centre de l'aiguille, et qu'elle est directement proportionnelle à la tangente de l'angle *nbc*, ou à la tangente de la moitié de l'angle formé par les deux côtés du courant.

Il faut bien remarquer que le courant peut être supposé indéfini dans les deux expériences précédentes, et que les lois énoncées sont par conséquent relatives à la résultante totale des actions des élémens du courant sur l'aiguille. Si l'on cherchait l'action de chacun des élémens sur l'aiguille, on trouverait qu'elle est réciproquement proportionnelle au carré de la distance, et directement proportionnelle au sinus de l'angle formé par la direction de l'élément et la ligne qui joint son milieu au centre de l'aiguille.

403. *Aimantation par le courant de la pile.* = Bientôt après la découverte d'OErsted, M. Arago reconnut que le courant de la pile pouvait aimanter les corps simplement magnétiques; de la limaille de fer doux placée à quelque distance d'un conducteur voltaïque, fut attirée vers lui comme vers le pôle d'un aimant, et les portions de limaille qui furent mises en contact avec sa surface, y restèrent adhérentes. — L'aimantation du fer doux ne subsiste que sous l'influence du courant; dès qu'il est interrompu, la limaille tombe, et le fer reprend ses propriétés primitives. Mais si l'on prend de la limaille d'acier ou même de petites aiguilles de cette substance, le courant leur communique une aimantation d'une plus longue durée.

Quelque temps après ces premières observations, on reconnut que les aiguilles perpendiculaires au courant s'aimantaient

avec plus de force que les aiguilles parallèles, et que l'aimantation devenait encore plus énergique quand on faisait agir le
courant sur plusieurs sections transversales de l'aiguille. On
imagina dès-lors un moyen assez simple pour multiplier l'effet
du courant ; ce fut d'enrouler un fil de cuivre en hélice autour
d'un tube de verre, de placer l'aiguille dans l'intérieur du
tube, et de faire passer le courant à travers l'hélice. Un courant instantané suffit pour la production du phénomène ; après
une action de plusieurs minutes, l'aimantation n'est pas plus
forte qu'après une action d'une seconde.

Les hélices employées dans l'aimantation sont de deux
espèces : les hélices *dextrorsum* et les hélices *sinistrorsum*.
Les premières se forment en enroulant le fil de gauche à
droite (*fig.* 116) sur la partie supérieure du tube de verre ;
les autres se forment en enroulant le fil de droite à gauche
(*fig.* 117). Lorsqu'on emploie les hélices *dextrorsum*, le
pôle austral de l'aiguille est toujours à l'extrémité par laquelle
sort le courant, et le pôle boréal à l'extrémité par laquelle il
entre. Lorsqu'on emploie les hélices *sinistrorsum*, c'est tout
le contraire : le pôle austral se trouve à l'extrémité par laquelle
entre le courant, et le pôle boréal à l'extrémité par laquelle
il sort. On parvient aussi à aimanter les aiguilles d'acier avec
deux hélices contraires (*fig.* 118) enroulées sur le même tube
l'une à la suite de l'autre ; mais alors on leur donne un point
conséquent vers le point de jonction des deux hélices ; on
pourrait aussi se servir de 3, 4, 5... hélices contraires enroulées successivement à la suite les unes des autres, et les aiguilles posséderaient alors 2, 3, 4.... points conséquens.

On peut, au moyen des courans voltaïques, communiquer
au fer doux une puissance magnétique vraiment surprenante ;
on recourbe à cet effet le barreau de fer doux en fer à cheval,
on enroule, autour de chacune de ses branches (*fig.* 119) et

toujours dans le même sens, un fil de cuivre revêtu de soie,
et l'on fait communiquer les deux extrémités du fil avec les
pôles d'une pile. M. Moll, en se servant d'une lame de fer
doux de 22 centimètres de longueur sur 25 millimètres d'é-
paisseur et d'un fil de cuivre faisant 83 circonvolutions autour
de la lame, parvint à lui faire supporter jusqu'à 38 kilogrammes ; en se servant d'un fer à cheval du poids de 13 kil., de
30 centimètres de longueur et de 55 millimètres d'épaisseur,
il lui fit supporter 77 kilogrammes. M. Henri a encore obtenu
des effets plus extraordinaires ; la lame de fer doux qu'il
employa dans une expérience avait 20 pouces de longueur sur
9 pouces d'épaisseur, et se trouvait entourée de 9 fils de cuivre de 60 pieds chacun ; elle put supporter jusqu'à 750 livres.
Il n'est pas besoin d'une pile très-forte pour produire ces effets ; MM. Moll et Henri n'employèrent même dans leurs
expériences qu'un seul élément à la Wollaston.

404. *Aimantation par l'électricité ordinaire.* == Lorsqu'on fait passer un courant d'électricité ordinaire dans un
fil droit en mettant l'une de ses extrémités en communication
avec le conducteur d'une machine électrique et l'autre avec
les coussins, on ne développe aucune trace de magnétisme
dans une aiguille voisine du fil, même quand elle est perpendiculaire à sa direction ; mais l'aiguille s'aimante peu à
peu quand l'électricité passe dans le fil par des étincelles
successives. Le magnétisme qu'elle prend augmente d'une manière très-sensible avec la force de l'étincelle et la distance à
laquelle elle jaillit. On rend les effets plus intenses en substituant des hélices aux fils droits, et même avec les hélices on
peut aimanter les aiguilles par un courant continu. Les
décharges des bouteilles de Leyde et des batteries électriques
exercent une action plus considérable, soit qu'elles passent à
travers des fils droits, soit qu'elles traversent des hélices.

L'aimantation par les décharges des batteries présente quelques particularités remarquables. Si, par exemple, on fait passer la décharge par un conducteur rectiligne horizon-tal, et qu'on soumette à son action des aiguilles d'acier égales, parallèles, horizontales, perpendiculaires à sa longueur et dont les milieux se trouvent sur la même verticale, les aiguil-les ne s'aimantent pas toutes dans le même sens; le pôle austral est à gauche du courant dans les unes, et à droite dans les autres. Les mêmes phénomènes se produisent encore dans les conducteurs roulés en hélice. — M. Savary, à qui l'on doit ces observations, a reconnu de plus que la quantité de fluide dé-veloppé dans un aimant, dépend de la nature et des dimensions des corps qui l'entourent ou qui le touchent; quand on en-roule un fil en hélice sur un tube de cuivre assez épais, l'aiguille placée dans le tube ne reçoit presque pas de magné-tisme par l'action du courant; elle en prend, au contraire, une charge assez considérable si le tube a de minces parois. Ces phénomènes n'ont pas encore reçu d'explication.

405. *Rotation des aimans par les courans.* = M. Faraday a démontré le premier que les courans voltaïques peuvent imprimer une rotation continue aux aimans. Ce physicien se sert d'une large éprouvette de verre MN (*fig.* 120) qu'il remplit presque entièrement de mercure; il place verticale-ment dans le mercure un aimant cylindrique AB de 7 ou 8 pouces de longueur, dont l'extrémité supérieure s'élève seule au-dessus du liquide, et dont l'extrémité inférieure est lestée par un contre-poids P de platine. Il fait rendre, au centre de la surface mercurielle, une tige verticale CD communiquant avec l'un des pôles de la pile, et il fait plonger, dans le liquide voisin des bords de l'éprouvette, une seconde tige EF commu-niquant avec l'autre pôle. Dès que les communications sont bien établies, l'aimant se met à tourner d'un mouvement continu

autour de l'axe CD. Le sens de la rotation dépend de la nature du pôle supérieur de l'aimant et de la direction du courant ; sa vitesse dépend de l'énergie de l'aimant et de la force de la pile.

Pour expliquer le phénomène , supposons que les courans soient dirigés du centre à la circonférence dans le mercure, et que le pôle boréal de l'aimant s'élève au-dessus de la surface liquide ; soient DEFG (*fig.* 121) la surface du mercure, et *oxy* la section de l'aimant. Considérons d'abord les deux courans CD, CE tangens à l'aimant. Le courant CE attire évidemment la partie du courant de l'aimant qui lui tourne sa convexité , et repousse celle qui lui tourne sa concavité ; de là deux actions contraires dont la première est dirigée suivant le rayon *oy* perpendiculaire à CE , et dont l'autre agit suivant le prolongement de ce rayon ; l'action attractive l'emporte d'ailleurs sur l'action répulsive comme ayant lieu à une distance moindre , et conséquemment la résultante des deux actions est dirigée de *o* en *y*. Le courant CD qui exerce une répulsion sur les courans de l'aimant les plus rapprochés et une attraction sur les courans les plus éloignés, donne lieu à une résultante dirigée suivant le prolongement *oz* du rayon *ox* ; cette résultante est égale à la résultante dirigée suivant *oy*, et se compose avec elle pour donner une nouvelle force *om* perpendiculaire à CF. Les autres courans , pris deux à deux à une égale distance de CF, donnent aussi des résultantes partielles dirigées suivant la même ligne ; le mouvement tend donc à se produire dans une direction perpendiculaire à la ligne qui joint le centre de la surface mercurielle au milieu de la section de l'aimant.

Quant aux courans qui traversent l'aimant , on peut les partager chacun en trois parties : la première du centre C à l'aimant, la seconde dans l'intérieur de l'aimant , et la troisième de l'aimant à la circonférence du mercure. La seconde n'a aucune influence sur le mouvement, puisque les actions réciproques des différens points d'un système invariablement liés entre eux ne peuvent-imprimer aucun mouvement au système ; la première et la troisième tendent à accélérer la rotation, comme il est facile de le voir en considérant encore les actions de deux courans situés à la même distance de la ligne CF. Nous n'avons considéré dans cette explication que les courans qui traversent le mercure ; le reste du circuit voltaïque n'exerce qu'une action très-faible parce qu'il agit à une distance beaucoup plus grande.

Le mouvement de rotation est plus rapide et plus régulier quand on fait tourner l'aimant autour de son axe. M. Ampère, pour obtenir cette rotation, pratique à l'extrémité supé- rieure de l'aimant (*fig.* 122) une petite cavité qu'il remplit de mercure, et il fait plonger dans ce liquide la pointe de la tige CD sans qu'elle touche l'aimant. L'aimant tourne sur lui-même avec une grande vitesse, dès que les communica- tions sont bien établies. La rotation est due principalement aux courans qui traversent le mercure, car ceux qui traver- sent l'aimant sont sans influence, et ceux qui traversent le reste du circuit n'exercent qu'une faible action en raison de leur distance. Or si l'on considère un courant mercuriel ED (*fig.* 123), il attire le courant de l'aimant situé dans la demi-circonférence EHF, et repousse le courant situé dans la demi-circonférence opposée EGF ; de sorte qu'il tend à faire tourner l'aimant sur lui-même et en sens contraire de ses courans ; tous les autres courans FK, GR..... produisent des effets analogues. La rotation aurait lieu dans un sens opposé si le pôle austral de l'aimant était vers la surface du mercure, ou si, l'aimant restant dans sa position primitive ; le courant mercuriel allait de la circonférence au centre.

CHAPITRE XV.

Des courans par influence.

406. *Courans produits par l'influence des courans.* ==
On doit à M. Faraday les principales expériences qu'on ait
faites dans le but d'obtenir des courans électriques par l'influence des courans ; voici l'expérience fondamentale de ce
physicien : on enroule en spirale , sur un cylindre de bois,
un premier fil de cuivre revêtu de soie , de 203 pieds de
longueur, et l'on interpose, entre ses révolutions , un autre fil
de cuivre de même longueur et pareillement revêtu de soie.
On fait ensuite communiquer les extrémités de l'une des
spirales avec les fils d'un galvanomètre , et les extrémités de
l'autre avec les pôles d'une pile de 100 couples à la Wollaston , de 4 pouces carrés et bien chargée. L'aiguille du
galvanomètre éprouve une déviation dès que les communications sont bien établies ; puis elle revient à sa position
primitive après quelques oscillations , et se dévie de nouveau , mais en sens contraire, dès que les communications
viennent à cesser. Les effets n'ont lieu qu'à l'instant où le
courant commence et à l'instant où il finit, car l'aiguille
reste immobile dans sa position ordinaire pendant tout le
temps qu'il traverse la spirale métallique.

M. Faraday appelle *courans par induction* les courans
passagers qui se développent dans les corps par l'influence des
courans. — Le courant *inducteur* et le premier courant

induit cheminent dans une direction contraire, tandis que le courant induit produit par la cessation du courant inducteur se dirige dans le même sens que celui-ci.

Le courant induit n'ayant qu'une durée instantanée, participe plus de la nature du courant produit par la décharge d'une bouteille de Leyde, que du courant produit par la pile voltaïque; et quoiqu'il n'agisse que faiblement sur le galvanomètre, comme les décharges des bouteilles de Leyde, il aimante assez bien, comme elles, les aiguilles d'acier. On s'en assure en substituant au galvanomètre une petite spirale creuse dans laquelle on introduit une petite aiguille d'acier; l'aiguille se trouve aimantée dès qu'on établit le contact entre la pile et le fil d'induction, pourvu toutefois qu'on la retire avant de suspendre l'action de la pile. Si l'on attendait la cessation du courant inducteur pour retirer l'aiguille, on la trouverait sans magnétisme, car le second courant induit, étant égal et contraire au premier, en neutraliserait les effets.

407. *Courans produits par l'influence des courans et des aimans.* = M. Faraday fait un anneau avec une barre ronde de fer doux, de 5 pouces à peu près de diamètre intérieur et de 6 pouces de diamètre extérieur; il enroule autour d'une partie de cet anneau, trois fils de cuivre recouverts de soie, chacun de 24 pieds environ, et forme ainsi une spirale AB (*fig.* 124). Il enroule de la même manière, sur l'autre côté de l'anneau, 60 pieds environ du même fil, et forme une deuxième spirale CD de même direction que la première. Les deux spirales sont séparées à leurs extrémités par un demi-pouce environ de fer découvert. On fait communiquer les extrémités de la spirale CD avec un galvanomètre placé à 3 pieds de l'anneau, et les extrémités de la spirale AB avec les pôles d'une pile de 10 couples de 4 pouces

carrés. Le galvanomètre en est aussitôt affecté, et même
l'effet est bien plus intense qu'en employant une pile de 100
couples et la même spirale sans anneau de fer doux; mais
quoique les communications ne soient pas interrompues, l'effet
n'est pas permanent, car l'aiguille reprend bientôt sa position
naturelle, comme si elle ne ressentait plus l'influence de la
force électro-magnétique. L'aiguille se dévie de nouveau dès
qu'on supprime la communication avec la pile, et, comme
dans les expériences primitives, sa déviation est contraire à
celle qui se produit au commencement de l'action.

En employant une pile de 100 couples, l'aiguille du galvanomètre reçoit une telle impulsion, au commencement et
à la fin du contact; qu'elle tourne 4 ou 5 fois sur elle-même
avant de commencer les oscillations régulières qui précèdent
son retour à sa position primitive. Si l'on place alors deux
petits morceaux de charbon bien effilés aux extrémités de la
spirale CD, et qu'on mette leurs pointes en regard, à
peu de distance l'une de l'autre, on aperçoit une petite
étincelle, dès qu'on fait communiquer avec la pile les extrémités de la spirale AB. Il est rare de l'obtenir quand on
supprime les communications.

M. Faraday emploie souvent une autre disposition. Huit
fils de cuivre recouverts de soie et formant une longueur
totale de 220 pieds, sont enroulés en spirale sur un cylindre
creux de carton ; quatre de ces spirales, jointes bout à bout,
sont attachées au galvanomètre, et les quatre autres, également jointes ensemble, sont mises en communication avec
une pile de 100 couples; l'effet est assez faible quand le
cylindre de carton est vide ou quand il contient une substance
non magnétique, mais il est très-fort si l'on introduit dans
son axe un cylindre de fer doux d'un pied de longueur sur un
pouce d'épaisseur environ.

408. *Courans produits par l'influence des aimans.* =
On attache au galvanomètre toutes les spirales élémentaires
de la spirale creuse qui vient d'être décrite ; on introduit
dans l'intérieur du carton un cylindre de fer doux ; et l'on fait
communiquer ses extrémités avec les pôles contraires de deux
barreaux aimantés (*fig.* 125) qui se touchent par leurs deux
autres pôles. L'aiguille du galvanomètre éprouve une déviation dès que le contact s'opère ; elle reste ensuite indifférente
dans sa position primitive pendant toute la durée du contact ;
et se dévie de nouveau, mais dans une direction contraire, dès
que le contact vient à cesser. Lorsqu'on change la nature des
pôles développés dans le cylindre de fer, en renversant l'ordre
des contacts magnétiques, on change aussi le sens de la déviation de l'aiguille aimantée.

M. Faraday a obtenu des effets extraordinaires en employant le grand aimant de la Société royale de Londres. Le
développement de l'électricité fut si puissant dans la spirale,
dès qu'il mit les extrémités du cylindre de fer doux en contact
avec les pôles de cet aimant, que l'aiguille du galvanomètre
fit plusieurs révolutions de suite ; mais malgré la puissance
de l'aimant, l'aiguille reprit sa position naturelle dès que le
contact fut continué ; en rompant le contact, elle tourna aussi
sur elle-même dans une direction contraire et avec la même
force qu'en l'établissant. M. Faraday obtint aussi une forte
déviation en portant la spirale, avec son cylindre de fer, près
des pôles de l'aimant, sans cependant les toucher.

Il se produit aussi un courant électrique dans la spirale
en introduisant tout-à-coup un aimant cylindrique dans son
axe ; le courant cesse dès que l'aimant est dans une position
fixe, et il recommence instantanément dès qu'on le retire. La
direction du deuxième courant est toujours contraire à celle
du premier.

Les expériences qui précèdent, prouvent jusqu'à l'évidence
le développement de l'électricité par le magnétisme ordinaire. — L'action excitée par l'influence des aimans dans la
matière a été appelée *induction magnéto-électrique*, par
opposition à l'action exercée par les courans qui porte le nom
d'*induction volta-électrique*.

M. Hippolyte Pixii a démontré que les courans dûs à
l'influence des aimans peuvent produire les mêmes phénomènes
que les courans voltaïques ordinaires. Son appareil se compose de deux fers à cheval ABC, DEFG (*fig.* 126) de même
ouverture, le premier de fer doux, le second d'acier aimanté.
Ils sont situés bout à bout dans un plan vertical, et leurs
extrémités opposées, quoique très-rapprochées, ne se touchent
pas. Un fil de cuivre entouré de soie fait trois ou quatre mille
révolutions dans le même sens autour des branches verticales du fer doux; ses extrémités sont en M et N. Le fer doux
est fixe; l'aimant, au contraire, est mobile autour d'un axe
vertical RS. Lorsque l'aimant est mis en rotation, le fer doux
passe par des états magnétiques, qui varient à chaque instant;
son intensité magnétique est maximum quand les pôles de
l'aimant correspondent à ses extrémités; elle diminue peu à
peu quand l'aimant s'éloigne, et devient nulle quand les deux
fers à cheval sont en croix; elle croît ensuite quand la rotation continue, jusqu'à ce que les pôles de l'aimant se trouvent
immédiatement au-dessous du fer doux. Le sens de l'aimantation du fer doit changer à chaque demi-révolution, puisque
ses extrémités correspondent, pendant une révolution complète, aux deux pôles de l'aimant; le courant développé par
son influence dans le fil conducteur doit donc aussi changer
de sens à chaque demi-révolution.

On peut produire tous les phénomènes de l'électricité ordinaire avec le courant qu'on fait naître en tournant l'aimant

avec vitesse : 1° on obtient de vives étincelles en approchant les extrémités nues du.fil à une petite distance l'une de l'autre ; 2° ou ressent des commotions assez fortes, en les tenant dans ses mains ; mais on en éprouve de plus fortes en plongeant les mains dans un vase d'eau acidulée où elles se rendent ; 3° on charge le condensateur de Volta en faisant communiquer chacun de ses plateaux avec l'une des extrémités du fil ; 4° on décompose l'eau en fixant les deux extrémités de ce fil aux lames de l'appareil déjà employé dans la décomposition de ce liquide par l'électricité ordinaire ; on n'obtient toutefois, en opérant ainsi, qu'un mélange d'oxigène et d'hydrogène dans chaque cloche, car chacun des gaz se porte alternativement dans les deux cloches pendant la rotation de l'aimant, puisque le sens du courant change à chaque demi-révolution. M. Hippolyte Pixii est parvenu aussi à obtenir l'oxigène et l'hydrogène séparément, en employant un appareil ingénieux dont l'idée principale est due à M. Ampère.

LIVRE CINQUIÈME.

DE LA LUMIÈRE.

CHAPITRE PREMIER.

Phénomènes généraux.

409. *Hypothèses sur la cause de la lumière.* == Les phy-siciens ont imaginé deux systèmes principaux sur la cause de la lumière : les uns, avec Newton, l'attribuent à un fluide d'une mobilité extrême qui émane des corps lumineux dans toutes les directions, et qui arrive jusqu'à notre œil pour nous avertir de leur existence ; les autres, avec Descartes, l'attribuent à des mouvemens vibratoires excités dans un milieu éminem-ment élastique et subtil qu'ils nomment *éther.* L'éther rem-plit tout l'espace ; il reçoit ses vibrations des corps lumineux, comme l'air les reçoit des corps sonores ; et, en les transmet-tant de couche en couche jusqu'à l'organe de la vue, il produit en nous la sensation de la lumière, comme les ondes sonores produisent la sensation du son.

Le premier système a été nommé le *système de l'émission,* et le second le *système des ondulations.* Le système des

ondulations est presque généralement admis; il doit ses plus
brillantes découvertes à Grimaldi, Huygens, Euler, Thomas
Young et surtout à Fresnel; nous l'étudierons à la fin de ce
livre après avoir déduit de l'expérience les principaux phénomènes de la lumière.

410. *Des corps transparens, translucides et opaques.* ==
On distingue les corps en corps transparens ou diaphanes, en
corps translucides et en corps opaques. Les corps transparens
transmettent à travers leur masse presque toute la lumière
qui les pénètre, et laissent par conséquent distinguer la forme
et la couleur des objets; les corps translucides transmettent
seulement une partie de la lumière, et laissent voir les objets
mais sans distinction de forme et de couleur; les corps opaques
enfin ne peuvent être traversés par la lumière.

411. *Transmission de la lumière.* == La lumière se transmet en ligne droite dans les milieux homogènes; on s'en
assure en faisant tomber un pinceau de lumière solaire dans
une chambre obscure à travers une ouverture pratiquée dans
le volet; la poussière et tous les corpuscules qui sont sur le
passage de la lumière, étant alors vivement éclairés, laissent
distinguer une trace lumineuse parfaitement rectiligne. On
s'en assure encore en plaçant un corps opaque sur la ligne
droite menée de l'œil à un objet quelconque : l'objet cesse
aussitôt d'être aperçu.

412. *De l'ombre et de la pénombre.* == L'ombre qu'un
corps opaque projette derrière lui, se détermine par une
construction géométrique bien simple, quand il est éclairé
par un seul point lumineux. On mène, par ce point, une
droite tangente au corps opaque, et on lui fait décrire une
révolution complète autour de ce corps en la maintenant toujours sur sa surface; elle engendre ainsi une surface conique
dont le prolongement au-delà du corps sépare l'espace éclairé

par le point lumineux de celui qui n'en reçoit aucune lumière.

Le passage de la lumière à l'ombre n'est pas si brusque quand le corps opaque est éclairé par un corps lumineux de dimensions finies. Considérons, pour le faire voir, deux règles parallèles AB, CD (*fig.* 127) dont la première est lumineuse et dont la seconde est opaque, et menons les lignes AC, AD, BC, BD des extrémités de la première aux extrémités de la seconde. Il est évident d'abord que les points de l'espace YDCZ ne reçoivent aucune lumière, et que les points situés soit au-dessus de la ligne BDX, soit au-dessous de la ligne ACV, sont éclairés par tous les points de la règle lumineuse ; quant aux points situés dans les angles XDY, ZCV, ils sont aussi éclairés, mais ils ne reçoivent qu'une portion de la lumière. Considère-t-on le point *m*, par exemple, il n'est éclairé que par la partie de la règle AB située au-dessus de la ligne *mDn;* considère-t-on le point *s*, il n'est éclairé que par les points supérieurs à la ligne *sDt*. Les points de l'espace XDY sont donc d'autant moins éclairés qu'ils sont plus rapprochés de la ligne DY ; leur ensemble forme la *pénombre*, ainsi que l'ensemble des points situés dans l'angle ZCV. — On trouve également la trace de l'ombre et de la pénombre en considérant des sphères lumineuses et des sphères opaques, au lieu d'une règle lumineuse et d'une règle opaque ; on mène deux cônes tangens aux deux sphères ; et les surfaces de ces cônes prolongées au-delà du corps opaque, séparent la lumière de la pénombre, et la pénombre de l'ombre.

Lorsqu'un disque lumineux est placé devant une ouverture pratiquée dans le volet d'une chambre obscure, quelques-uns des points de la chambre sont éclairés par tout le disque lumineux, d'autres ne le sont que par une partie de ses points, et les autres enfin ne le sont par aucun. Le disque est-il placé en AB, par exemple, et l'ouverture est-elle en CD (*fig.* 128);

les points de la chambre compris dans l'espace KDC, sont éclairés par tout le disque, les points des espaces YKZ, ZKCV,
XDKY sont dans la pénombre, et les points situés au-dessus
de DX et au-dessous de CV sont complètement dans l'ombre.
— Il est facile de connaître quels sont les points du disque
qui éclairent un point m quelconque de la pénombre, en
décrivant un cône dont le sommet est à ce point, et dont la
base est l'ouverture CD pratiquée dans le volet : tous les points
du disque compris dans ce cône prolongé envoient de la
lumière au point m, et les autres n'en envoient pas.

Les principes précédens servent à expliquer deux phénomènes qui semblent d'abord extraordinaires : le premier c'est
que tous les objets placés devant l'ouverture de la chambre
noire, donnent une image renversée sur le fond de la chambre ou sur ses autres parois latérales ; le second c'est que les
faisceaux de lumière solaire qui pénètrent dans la chambre,
donnent une image ronde ou elliptique, quelle que soit la
forme de l'ouverture.

Pour expliquer le premier phénomène, nous remarquerons
que chaque point d'un objet quelconque AB (*fig.* 129)
envoie, dans l'intérieur de la chambre, un pinceau de rayons
sensiblement parallèles dont la section est égale au diamètre
CD de l'ouverture : le point A, par exemple, envoie le pinceau
AA' de rayons et fait son image en A'; le point B envoie le
pinceau BB' et fait son image en B'; les points intermédiaires
entre A et B faisant aussi leurs images entre A' et B', l'image
totale de l'objet doit paraître renversée. — On peut voir, en
outre, que sa netteté est d'autant plus grande que l'ouverture est plus petite, et que l'objet est plus éloigné ; car les
images des divers points de l'objet ne peuvent être distinctes
qu'autant que les faisceaux de rayons qui les produisent se
détachent les uns des autres ou ne se superposent que dans

une étendue très-petite; ce qui n'arrive pas quand les objets
sont rapprochés de l'ouverture, ou quand l'ouverture est d'un
trop grand diamètre.

Pour expliquer le second phénomène, nous remarquerons
que chaque point du soleil envoie dans la chambre noire un
faisceau de rayons parallèles dont les sections parallèles au
volet sont égales à l'ouverture, et que les images produites par
l'ensemble de tous les points peuvent s'obtenir en faisant tourner l'un des faisceaux dans l'ouverture, de manière qu'il s'appuye toujours sur les bords du soleil. Il en résulte que les
lignes qui aboutissent aux extrémités de l'image, se trouvent
sur la surface d'un cône tangent au soleil, et par suite que la
section sera un cercle ou une ellipse selon qu'elle sera faite
par un plan perpendiculaire ou oblique à l'axe du cône. ---
C'est pour cette raison que les rayons solaires, en passant
entre les feuilles des arbres élevés, forment, sur le sol, des
images rondes ou elliptiques; c'est aussi par une raison analogue que l'image du soleil paraît échancrée ou annulaire
quand cet astre est éclipsé par la lune.

413. *Vitesse de la lumière.* = La vitesse de la lumière
a été déterminée par l'observation des éclipses des satellites
de Jupiter; cette détermination est due à Roemer, elle remonte en 1676.

Supposons le soleil placé en A (*fig.* 130), et Jupiter en
B; représentons par CEFD l'orbite terrestre, par KLN l'orbite du premier satellite de Jupiter et par BKLM le cône
d'ombre que Jupiter projette derrière lui. Si l'on observe
les instans précis qui correspondent aux émersions du satellite
du cône d'ombre, on trouve que l'intervalle compris entre
deux émersions consécutives est égal à 42ʰ 29′, et que cet
intervalle est toujours le même quelle que soit la position de
la terre dans son orbite. Si donc la propagation de la lumière

était instantanée, le temps qui séparerait deux émersions quelconques, contiendrait autant de fois 42ʰ 29′ qu'il y aurait de révolutions du satellite autour de Jupiter; mais il n'en est pas ainsi. Lorsqu'on observe, par exemple, une première émersion quand la terre est au point C le plus rapproché de Jupiter, et qu'on observe les émersions suivantes quand la terre est aux points E, F...D, on trouve qu'elles se retardent de plus en plus, et même que les retards accumulés depuis le point C jusqu'au point D s'élèvent à 16′ 26″. Ces retards doivent être évidemment attribués au temps que la lumière emploie dans son mouvement; le retard observé de C en D est le temps qu'elle met à parcourir l'espace CD, et le retard observé de E en F est le temps qu'elle met à parcourir l'espace EF. Or si l'espace CD est double, triple ou quadruple de l'espace EF, le temps employé pour parcourir le premier espace est double, triple ou quadruple du temps employé pour parcourir le second; le mouvement de la lumière est par conséquent uniforme, et sa vitesse s'obtient en divisant l'espace par le temps. On a trouvé ainsi qu'elle parcourait à peu près dans chaque seconde 70,000 lieues de 2280 toises; elle met, en outre, à peu près 8′ 13″ pour parcourir le rayon de l'écliptique ou pour venir du soleil à nous. Les observations répétées sur les autres satellites de Jupiter ont conduit aux mêmes résultats.

La vitesse de la lumière est incomparablement plus grande que celle de la matière pondérable; elle vaut près de 400 mille fois celle d'un boulet au sortir du canon, et près de 10 mille fois celle que possède la terre dans son mouvement de translation autour du soleil. Quoique la lumière se meuve cependant avec une aussi grande vitesse, elle met plusieurs années pour venir des étoiles à la terre; on sait, en effet, que l'étoile la plus rapprochée de nous en est à plus de 206000 fois la distance solaire, et par suite que sa lumière emploie plus de 206000 fois 8′ 13″, ou plus de 3 ans 80 jours, à nous arriver. S'il existe, comme il n'est pas permis d'en douter, des étoiles 1000 fois plus éloignées, leur lumière mettra plus de 3000 ans pour nous parvenir.

414. *Intensité de la lumière.* — L'intensité de la lumière est réciproquement proportionnelle au carré de la distance. Si l'on conçoit, en effet, un point lumineux placé au centre de deux sphères concentriques, chacune d'elles recevra la même quantité de lumière, et comme leurs surfaces sont directement proportionnelles aux carrés de leurs rayons, la quantité de lumière reçue par une même portion de chacune d'elles sera réciproquement proportionnelle aux carrés de ces rayons, ou bien aux carrés des distances au point lumineux. La sphère extérieure est-elle décrite d'un rayon double de la sphère intérieure, elle aura une surface quatre fois plus grande, et l'intensité de la lumière y sera quatre fois moindre; est-elle décrite d'un rayon triple, l'intensité y sera neuf fois moindre. — Cette loi suppose cependant que la transmission se fasse dans le vide, car l'air et les autres milieux pondérables absorbant une partie de la lumière qui les traverse, la sphère extérieure ne recevrait pas autant de lumière que la sphère intérieure; elle suppose aussi que le corps lumineux n'ait pas de trop grandes dimensions relativement à ses distances aux surfaces qu'il éclaire.

L'intensité de la lumière reçue par une surface ne dépend pas seulement de sa distance au corps lumineux, elle dépend en outre de l'inclinaison des rayons; il est même facile de démontrer qu'elle est proportionnelle au cosinus de l'angle d'incidence (en appelant toujours ainsi l'angle formé par la direction des rayons et la perpendiculaire au point d'incidence). La même loi s'applique encore à l'intensité des rayons qui partent d'une même surface dans diverses directions.

415. *Des photomètres.* == On désigne, sous le nom de photomètres, des instrumens destinés à comparer l'intensité de deux lumières.

L'un des photomètres les plus simples consiste en un écran percé de deux ouvertures égales et recouvertes de papier huilé; on place, devant les ouvertures, les deux lumières dont on veut comparer les intensités en ayant soin de les séparer, ainsi que les ouvertures, par un large écran perpendiculaire au premier. L'une des lumières étant alors à une distance déterminée de l'une des ouvertures, on éloigne l'autre jusqu'à ce que les deux feuilles de papier huilé soient également éclairées. Si l'on représente par d et d' les deux distances et par i et i' les deux intensités, c'est-à-dire les quantités de lumière envoyées à la même distance, les expressions $\frac{i}{d^2}$, $\frac{i'}{d'^2}$ représenteront les quantités de lumière envoyées aux distances d et d', et, comme ces quantités sont égales, on aura :

$$\frac{i}{d^2} = \frac{i'}{d'^2} \qquad \text{d'où} \qquad \frac{i}{i'} = \frac{d^2}{d'^2}$$

Tel est le rapport des intensités des deux lumières. Ce moyen n'est pas rigoureusement exact, car il est assez difficile de reconnaître quand les deux papiers sont également éclairés.

M. de Rumford se sert d'un photomètre un peu différent; il place un corps opaque devant un carton blanc, puis il dispose les deux lumières de chaque côté du corps; chacune d'elles éclaire alors tout le carton à l'exception des deux petites portions qui sont recouvertes par les deux ombres. Si l'on fait varier la distance de l'une des lumières au carton jusqu'à ce que les deux ombres aient la même teinte, et si l'on mesure les distances des deux lumières à ce carton, on pourra

encore établir, comme précédemment, que les deux intensités sont directement proportionnelles aux carrés de ces
distances. Ce moyen est préférable au premier, car il est plus
facile de juger de l'égalité de deux ombres que de l'égalité de
deux lumières.

Le thermomètre différentiel de Leslie peut aussi servir de
photomètre, car l'intensité de la lumière est sensiblement
proportionnelle à l'intensité de la chaleur qui l'accompagne.
Il faut seulement avoir soin de noircir l'une des boules afin
de ne laisser pénétrer aucun rayon lumineux dans son intérieur. Cet instrument exposé en plein air indique que l'intensité de la lumière croît depuis le lever du soleil jusqu'à
midi, et qu'elle décroît depuis midi jusqu'au coucher de cet
astre.

CHAPITRE II.

Réflexion de la lumière.

416. Lorsqu'un pinceau de lumière solaire tombe sur un
miroir poli de verre ou de métal, il se dévie de sa direction,
ét il retourne dans le milieu qu'il avait d'abord traversé. La
déviation qu'il éprouve porte le nom de *réflexion*.

La réflexion de la lumière s'opère suivant les mêmes lois
que la réflexion de la chaleur : 1° l'angle de réflexion est égal
à l'angle d'incidence, 2° le rayon réfléchi et le rayon incident
sont situés dans un même plan perpendiculaire à la surface.
Pour démontrer ces deux lois, on se sert d'un demi-cercle
gradué ABCD (*fig.* 131), muni d'un petit miroir plan MN,
et de deux tubes CX, DY d'un diamètre très-petit. Le miroir
est placé vers le centre du cercle, perpendiculairement à son
plan, et sa surface coïncide avec le diamètre AB. Les tubes
sont mobiles sur le limbe ; leurs axes sont dirigés suivant les
rayons, et leurs parois intérieures sont noircies afin d'éteindre
toute la lumière qui tombe sur leur surface. On fait entrer
un pinceau lumineux dans l'axe du tube CX, puis l'on place
l'œil à l'autre tube DY, et l'on fait mouvoir celui-ci jusqu'à
ce qu'il reçoive le rayon réfléchi ; on reconnaît alors que ce
rayon ne traverse le tube qu'autant que les arcs DB et AC
sont égaux. De l'égalité de ces arcs résulte l'égalité des angles
YKN, XKM, et par suite de leurs complémens FKY, FKX.
La même expérience prouve en outre la seconde loi de la

réflexion puisque les lignes FK , XK , YK sont toutes dans le même plan.

Les lois de la réflexion se vérifient quelle que soit la nature de la surface réfléchissante ; elles se vérifient également pour toute espèce de lumière, pour la lumière artificielle comme pour la lumière des astres, pour la lumière diffuse comme pour la lumière directe.

La lumière qui tombe sur un corps , n'est pas réfléchie en totalité suivant les lois précédemment établies ; une partie pénètre dans le corps, et une autre se réfléchit à sa surface dans toutes les directions. C'est précisément cette dernière partie qui nous fait apercevoir les formes et les couleurs des corps non lumineux par eux-mêmes, car les rayons régulièrement réfléchis ne font pas voir les corps sur lesquels ils tombent, mais seulement les images des corps d'où ils proviennent. Si l'on place , par exemple , un miroir métallique parfaitement poli dans une chambre obscure , et qu'on fasse tomber sur lui un faisceau de lumière solaire , on aperçoit l'image du soleil sans distinguer le miroir ; et encore faut-il , pour apercevoir cette image , se placer dans la direction des rayons réfléchis. Si l'on se servait , au contraire , d'un miroir moins poli , ou bien si l'on jetait une poussière assez fine sur la surface du premier miroir , on distinguerait le miroir de tous les points de la chambre comme s'il était lumineux par lui-même , et l'image du soleil qu'il réfléchirait deviendrait moins brillante. On attribue généralement la lumière irrégulièrement réfléchie , à une réflexion régulière produite sur les faces des aspérités dont les corps même les mieux polis sont toujours hérissés.

417. L'intensité de la lumière réfléchie varie avec plusieurs circonstances , et surtout avec la nature des milieux dans lesquels elle se meut et l'inclinaison des rayons sur les

surfaces réfléchissantes. Le verre, par exemple, plongé dans l'eau ou dans l'huile, réfléchit moins de lumière que s'il est dans l'air, car il est à peine visible dans ces milieux, et il n'y donne que des images imparfaites des objets extérieurs. L'influence de l'inclinaison des rayons n'est pas moins sensible; si l'on place, par exemple, une plaque de verre dépoli près d'une bougie allumée et qu'on regarde dans la plaque l'image de la bougie, on la distingue à peine quand les rayons sont presque perpendiculaires à la surface, et on la trouve de plus en plus brillante quand les rayons forment un angle d'incidence de plus en plus grand ; le même phénomène se constate également avec une plaque de bois noirci, une feuille de papier....

418. *Réflexion sur un miroir plan.* = Il est facile de trouver, en partant des lois précédentes, la forme et la position des images produites par la réflexion des rayons lumineux sur les miroirs plans : ces images ont toujours la même forme que les objets, et leurs positions sont toujours symétriques de celles des objets relativement au plan du miroir.

Considérons d'abord un seul point lumineux, et supposons ce point placé en P (*fig.* 132) devant le miroir MN. Si l'on abaisse de ce point une perpendiculaire PP' sur le miroir, et si l'on prend sur cette perpendiculaire un point P' éloigné du miroir d'une quantité BP' égale à BP, le point P' sera l'image du point P, ou ce qui revient au même, tous les rayons qui seront réfléchis par le miroir se dirigeront comme s'ils partaient de ce point. Soient, en effet, PA un rayon incident, et P'AC la droite menée du point P' au point d'incidence : les deux triangles P'AB, PAB sont évidemment égaux; de leur égalité résulte l'égalité des angles P'AN, PAN; de l'égalité de ces angles résulte l'égalité des angles CAM, PAN,

et de cette dernière égalité résulte celle des angles DAC ;
DAP. La ligne AC représente donc le rayon réfléchi, puisqu'elle est dans le plan d'incidence, et qu'elle fait avec la
perpendiculaire AD un angle égal à l'angle d'incidence. La
même construction s'appliquant à tous les autres rayons lumineux, ils se dirigent tous, après leur réflexion, comme s'ils
partaient du point P'. Si donc on se place dans la direction
des rayons réfléchis, on croira voir le point lumineux en P'
dans une position parfaitement symétrique.

On détermine facilement l'image d'un objet lumineux en
partant de la construction précédente. Le point P, par exemple, de l'objet PQ (*fig.* 133) fait son image en P', le point
Q la fait en Q', et les points intermédiaires entre P et Q la
font entre les points P' et Q'. L'image sera donc P'Q'; elle
aura la forme et les dimensions de l'objet; elle sera seulement
un peu moins brillante parce que les réflecteurs absorbent
toujours une partie de la lumière qui tombe sur leur surface ;
et parce qu'ils en réfléchissent irrégulièrement une autre
partie. — La construction précédente s'applique aux corps
simplement éclairés, comme aux corps lumineux par eux-
mêmes.

419. *Réflexion sur deux miroirs plans parallèles.* =
Considérons deux miroirs parallèles MN, M'N' (*fig.* 134),
et supposons un point lumineux P placé entre eux. Les rayons
qui vont du point P sur le miroir MN, forment une première
image au point A à une distance AK=PK. Les rayons réfléchis par ce miroir vont ensuite tomber sur le miroir M'N'; ils
y éprouvent une deuxième réflexion, et comme ils sont censés
partir du point A, ils donnent une seconde image au point
A' à une distance A'K'=AK; les rayons réfléchis retournent
de nouveau sur le miroir MN, et donnent une troisième
image en A" à une distance A"K=A'K. Ainsi de suite. —

Les rayons qui vont directement du point P sur le miroir.
M'N' se comportent de même ; ils donnent une première
image en B par leur réflexion sur le miroir M'N″, une deuxième
image en B′ par leur réflexion sur le miroir MN, une troisième image en B″ par leur réflexion sur le miroir M'N'....
On voit donc plusieurs images du point lumineux ; on en verrait même une infinité si les miroirs n'absorbaient pas une
partie de la lumière à chacune des réflexions.

420. *Réflexion sur deux miroirs plans perpendiculai-*
res. == Soit P (*fig.* 135) un point lumineux placé entre
deux miroirs perpendiculaires ; soient OM et ON les sections
faites dans les miroirs par le plan PMN perpendiculaire à leur
commune intersection, et PABC la circonférence décrite du
point O comme centre avec OP pour rayon. Les rayons lumineux qui vont directement du point P sur le miroir ON,
donnent une première image au point A ; ils se réfléchissent
ensuite sur le miroir OM, et comme ils sont censés partir du
point A, ils forment une deuxième image au point B. D'un
autre côté, les rayons qui vont du point P sur le miroir OM,
donnent une première image en C et une deuxième en B.
Comme cette image se confond avec la deuxième image produite par la réflexion sur le miroir ON, il n'existera en tout
que trois images distinctes. Si donc on se place entre les deux
miroirs, on verra quatre fois le point lumineux, une fois
directement, et trois fois par réflexion.

421. *Réflexion sur les miroirs sphériques.* == On distingue, parmi les miroirs sphériques, les miroirs concaves et
les miroirs convexes : les premiers sont des calottes sphériques
polies à l'intérieur, et les seconds des calottes sphériques
polies à l'extérieur. On nomme *axe principal* d'un miroir
concave ou convexe, la ligne droite menée par le centre de
figure de la calotte et le centre de la sphère ; on nomme,

axe secondaire, toute ligue droite menée par le centre de la sphère.

422. *Du foyer dans les miroirs concaves.* — Si l'on considère un point lumineux placé sur l'axe principal d'un miroir concave MAN (*fig.* 136) à une distance assez grande pour que tous les rayons incidens puissent être regardés comme parallèles, les rayons réfléchis iront tous se couper sensiblement au même point, et ce point sera sensiblement au milieu du rayon. Soient, en effet, RS un des rayons incidens, AB l'axe principal, CS la perpendiculaire au point d'incidence et SF le rayon réfléchi : les angles FSC et FCS du triangle FSC sont égaux au même angle CSR, le premier d'après les lois de la réflexion, le second d'après les propriétés des angles alternes-internes ; ils sont donc égaux entre eux. De leur égalité résulte l'égalité des côtés FS, FC du triangle FSC, et par suite l'égalité des lignes FA, FC, car les longueurs FS et FA sont sensiblement égales si toutefois on suppose le rayon RS assez voisin de l'axe. Tous les rayons parallèles à l'axe se réfléchissent rigoureusement au même point F s'ils sont à la même distance de cet axe, et ils se réfléchissent à des points différens s'ils sont à des distances différentes. Mais lorsque l'*ouverture* MCN du miroir ne dépasse pas 10 ou 15 degrés, les divers points où les rayons réfléchis vont couper son axe sont très-voisins du point F, et même ils peuvent être regardés comme coïncidant avec lui. Le point F se nomme le *foyer principal* du miroir ; et la distance AF se nomme la *distance focale principale*. Cette distance est sensiblement égale à la moitié du rayon du miroir, comme il vient d'être démontré.

Si l'on considère un point lumineux placé sur l'axe principal du miroir MAN (*fig.* 137), au-delà du centre et à une distance finie, les rayons réfléchis se coupent encore sensi-

blement au même point, mais ce point ne coïncide plus avec
le foyer principal. Soient P le point lumineux, PS un des
rayons incidens, et CS la perpendiculaire au point d'incidence : le point P′ où le rayon réfléchi SP′ rencontre l'axe est
situé entre le foyer principal F et le centre C du miroir,
car l'angle d'incidence PSC étant plus petit que l'angle PSR,
l'angle de réflexion P′SC doit être plus petit que l'angle FSC,
et par suite la ligne P′C doit être plus petite que la ligne FC.
Les autres rayons réfléchis passant aussi sensiblement au point
P′, ce point est le foyer des rayons qui partent du point P.—
Lorsque le point P s'approche du centre du miroir, le foyer
P′ s'en approche aussi, car l'angle de réflexion diminue en
même temps que l'angle d'incidence. — Si le point lumineux se trouve au centre C, le foyer s'y trouve aussi, car
l'angle d'incidence étant nul, l'angle de réflexion est aussi
nul.

Si l'on considère un point lumineux placé sur l'axe entre
le centre et le foyer principal, son foyer se fait encore sur
l'axe, mais au-delà du centre. Il est évident, en effet, que si
les rayons qui partent du point P (*fig.* 137) vont se réfléchir au point P′, réciproquement les rayons qui partiront
du point P′ iront se réfléchir au point P. Lorsque le point
lumineux se meut du centre au foyer principal, son foyer se
meut du centre à l'infini.

Si l'on considère enfin un point lumineux situé entre le
foyer principal et le miroir, les rayons réfléchis ne concourent plus vers un point unique comme dans les cas précédens; ils divergent au contraire, et leur divergence est
d'autant plus grande que le point lumineux est plus rapproché du miroir. Soient P (*fig.* 138) le point lumineux,
PS l'un des rayons incidens et CS la perpendiculaire au
point d'incidence, le rayon réfléchi SL doit faire avec la

perpendiculaire CS un angle LSC plus grand que l'angle
RSC, puisque l'angle d'incidence PCS est plus grand que
l'angle FSC, de sorte que le rayon SL ne peut rencontrer
l'axe du miroir. Le point P' où son prolongement coupe
l'axe est nommé le *foyer virtuel* du point P ; les rayons réfléchis ne passent pas par ce point, mais leur direction est la
même que s'ils y passaient. — Le foyer virtuel est d'autant
plus voisin du miroir que le point lumineux en est lui-même
plus rapproché.

Les foyers réels ou virtuels ne se forment sur l'axe principal
du miroir qu'autant que le point lumineux est situé sur cet
axe; ils se forment, en général, sur la ligne qui joint le point
lumineux au centre du miroir, et leur position varie avec la
distance du point lumineux au miroir d'après les lois qui viennent d'être observées pour l'axe principal. Ce résultat est
une conséquence de la symétrie de la sphère relativement à
chacun de ses rayons. — Si cependant le nouvel axe formait
avec l'axe principal du miroir un angle plus grand que 10
ou 15 degrés, les rayons ne se réfléchiraient plus au même
point, et les images deviendraient confuses comme dans les
miroirs qui possèdent une trop grande ouverture.

423. *Du foyer dans les miroirs convexes.* == Les rayons
réfléchis par les miroirs convexes ne se rencontrent jamais en
un point de leur direction ; ils se rencontrent seulement en
un point de leur prolongement géométrique. Si l'on considère,
par exemple, un rayon RS (*fig.* 139) parallèle à l'axe AB
du miroir, il se réfléchit au point S suivant la ligne SL en
faisant l'angle de réflexion LSD égal à l'angle d'incidence
RSD, et son prolongement géométrique va couper le rayon
AC en un point F qui se trouve sensiblement en son milieu.
Il en serait de même de tous les autres rayons qui tombent
sur le miroir parallèlement à son axe, de sorte que tous les

rayons réfléchis ont la même direction que s'ils partaient du point F. Ce point est le foyer virtuel principal du miroir. — Si l'on considérait un point P situé à une distance finie, son foyer P' serait plus voisin du miroir, et il en serait d'autant plus rapproché que le point lumineux s'en approcherait lui-même davantage. — Lorsque le point lumineux n'est pas sur l'axe principal, on le joint au centre du miroir, et le foyer se trouve sur cette ligne ou sur cet axe secondaire.

424. *Formation des images dans les miroirs concaves.* == Considérons d'abord un objet PQ (*fig.* 140) placé au-delà du centre du miroir, et cherchons la forme de l'image qu'il produit. Les rayons qui partent du point P se dirigent après leur réflexion comme s'ils partaient du point P', de sorte qu'un observateur placé dans leur direction voit en P' l'image du point P. Il voit de même l'image du point Q au point Q' de l'axe secondaire QC, et les images des autres points lui paraissent situées entre P' et Q'. L'image de l'objet se forme donc en P'Q'; elle est d'autant plus nette que l'ouverture du miroir est moindre et que l'objet est plus petit ; elle est d'ailleurs renversée et plus petite que l'objet. — Lorsque l'objet est simplement éclairé, il faut nécessairement se placer dans la direction des rayons réfléchis pour voir l'image ; mais s'il est lumineux lui-même, on peut la voir encore en la recevant au foyer sur un écran de papier ou sur un corps dépoli, et en se plaçant dans une position quelconque. L'image, vue sans interposition d'écran, est souvent nommée une *image aérienne.*

Lorsque l'objet est placé entre le centre et le foyer principal du miroir, son image se fait au-delà du centre; elle est renversée et plus grande que l'objet, comme on le voit dans la *figure* 140, où P'Q' peut être regardé comme l'objet, et PQ comme son image.

Lorsque l'objet est placé entre le miroir et le foyer principal, son image est directe et plus grande que l'objet. Le point P, par exemple, fait son image en P' (*fig.* 141); le point Q en Q', et les points intermédiaires entre P et Q la font entre les points P' et Q'. Pour voir l'image P'Q', il faut toujours se placer dans la direction des rayons réfléchis; on ne peut la recevoir sur un écran dépoli, comme si l'objet était situé au-delà du foyer principal.

425. *Formation des images dans les miroirs convexes.* = Les miroirs convexes donnent toujours des images directes et plus petites que les objets; il faut, en outre, pour les voir, se placer dans la direction des rayons réfléchis. Si l'on suppose, par exemple, un objet placé en PQ (*fig.* 142), les points P et Q formeront leurs images aux points P' et Q' sur les axes CP et CQ, et l'image sera vue en P'Q'.

426. *Détermination expérimentale du foyer principal des miroirs.* = Pour déterminer le foyer principal d'un miroir concave, on le présente au soleil ou à tout autre corps lumineux assez éloigné pour que les rayons puissent être considérés comme parallèles, et l'on reçoit l'image sur un écran dépoli : le foyer principal se trouve au point où elle est la plus petite et la plus nette. — Lorsque le miroir est convexe, on en couvre la surface d'une feuille de papier dans laquelle on pratique seulement deux ouvertures X, Y (*fig.* 143), à égale distance de l'axe principal, et à une distance assez petite pour que la droite XY coïncide sensiblement avec l'arc XAY; on présente ensuite le miroir aux rayons solaires, et l'on reçoit les rayons réfléchis sur un carton que l'on éloigne jusqu'à ce que leur distance DE soit double de XY; la ligne CA mesure alors la distance focale, car elle est évidemment égale à la distance AF. — La chaleur se concentre comme la lumière au foyer d'un miroir concave; elle y devient même assez forte, quand il est exposé aux rayons solaires, pour enflammer le

bois et pour fondre la plupart des métaux. Les miroirs convexes ne peuvent concentrer ni lumière, ni chaleur.

Les constructions géométriques qui précèdent démontrent
bien que la position des foyers dépend de la position des points
lumineux, et que la grandeur des images varie avec la distance des objets au miroir; mais elles ne suffisent pas pour
déterminer exactement la position des foyers et la grandeur
des images. Le calcul algébrique est indispensable dans cette
détermination.

427*. *Calculs relatifs à la détermination des foyers.* =
Considérons d'abord un miroir sphérique concave MAN
(*fig.* 137), et supposons le point lumineux placé en P au-
delà du centre. Soient PS un rayon incident, SP' le rayon
réfléchi et CS la perpendiculaire au point d'incidence ou le
rayon de la sphère. Posons $AP=p$, $AP'=p'$ et $AC=2f$. Il
s'agit de trouver une relation entre les quantités p, p', f.

Désignons par α, 6, γ les angles SPA, SP'A, SCA que
forment avec l'axe le rayon incident PS, le rayon réfléchi P'S
et la perpendiculaire CS; nommons de plus δ l'angle d'incidence PSC ou l'angle de réflexion CSP'; on aura d'abord :

$$\left.\begin{array}{l} \gamma = \alpha + \delta \\ 6 = \gamma + \delta \end{array}\right\} \quad \text{d'où} \quad \alpha + 6 = 2\gamma$$

Les quantités α, 6, γ qui entrent dans cette expression, représentent indistinctement les angles SPA, SP'A, SCA, ou
les arcs qui leur servent de mesure, c'est-à-dire les arcs $\alpha\alpha$,
66, $\gamma\gamma$ décrits des points P, P', C avec un rayon égal à l'unité.
On obtient facilement leurs valeurs, dans les miroirs d'une
petite ouverture, en remarquant que l'arc AS peut être regardé, sans erreur sensible, comme ayant son centre aux
points P, P' ou C, et en se rappelant que les arcs sont propor-

tionnels à leurs rayons. On a , en effet , $\alpha : AS :: 1 : p$, $\beta : AS :: 1 : p'$, $\gamma : AS :: 1 : 2f$; et par suite $\alpha = \frac{AS}{p}$, $\beta = \frac{AS}{p'}$, $\gamma = \frac{AS}{2f}$. En substituant ces valeurs dans l'équation $\alpha + \beta = 2\gamma$, elle devient , après la suppression du facteur commun AS :

$$\frac{1}{p} + \frac{1}{p'} = \frac{1}{f} \qquad (1)$$

Telle est la relation qui sert à déterminer la position du foyer quand on connaît la position du point lumineux et le rayon du miroir. Cette formule fait voir que p' augmente quand p diminue, et par suite que le foyer s'éloigne du miroir quand le point lumineux s'en approche : si l'on y pose $p = \infty$, il vient $p' = f$; et si l'on y fait $p = 2f$, il vient $p' = 2f$; ainsi le foyer est au milieu du rayon quand le point lumineux est à l'infini, et il est au centre quand le point lumineux est lui-même au centre. — La même formule s'applique aussi quand le point lumineux est situé entre le centre du miroir et son foyer principal.

Considérons encore un miroir concave, et supposons le point lumineux placé en deçà du foyer principal. Soient P le point lumineux (*fig.* 138), PS un des rayons incidens et P' le foyer virtuel; posons $AP = p$, $AP' = p'$, $AC = 2f$; on aura comme précédemment :

$$\left. \begin{array}{l} \alpha = \gamma + \delta \\ \delta = \gamma + \beta \end{array} \right\} \quad \text{d'où} \quad \alpha - \beta = 2\gamma$$

Si l'on remplace dans cette formule les quantités α, β et γ par leurs valeurs précédemment trouvées, elle devient :

$$\frac{1}{p'} - \frac{1}{p'} = \frac{1}{f} \qquad (2)$$

Cette formule fait voir que le foyer et le point lumineux

s'approchent en même temps du miroir, et que le foyer parcourt une distance infinie quand le point lumineux parcourt seulement la moitié du rayon ; elle donne en outre la position exacte du foyer quand on connaît la position du point lumineux et le rayon de la sphère.

Considérons enfin un miroir convexe. Si l'on représente par P le point lumineux (*fig.* 139), par P' son foyer et par C le centre de la sphère ; si de plus on pose AP=p, AP'=p', AC=$2f$, on trouvera par un calcul analogue aux précédens

$$\frac{1}{p} - \frac{1}{p'} = -\frac{1}{f} \quad (3)$$

Cette formule fait voir que le foyer s'approche du miroir en même temps que le point lumineux, et qu'il ne parcourt que la moitié du rayon quand ce point parcourt une distance infinie.

428*. *Calculs relatifs à la détermination des images.* = Si l'on considère une ligne lumineuse PQ (*fig.* 140), placée au-delà du centre d'un miroir concave, son image P'Q' se formera entre le centre et le foyer principal ; elle sera sensiblement rectiligne si l'objet n'a que 2 ou 3 pouces de longueur, et lui sera sensiblement parallèle. Les triangles PQC, P'Q'C seront alors semblables, et donneront

$$\frac{P'Q'}{PQ} = \frac{P'C}{PC} = \frac{2f-p'}{p-2f}$$

or si l'on tire la valeur de p' de l'équation (1), et qu'on la substitue dans cette formule, on obtient :

$$\frac{P'Q'}{PQ} = \frac{f}{p-f}$$

Tel est le rapport de la grandeur de l'image à la grandeur de l'objet. Cette formule s'applique également quand l'objet est situé entre le centre et le foyer principal. — Si l'on a $p > 2f$, on en déduit $p-f > f$, et par suite $P'Q' < PQ$. — Si l'on avait $p < 2f$, on en déduirait $p-f < f$, et par suite $P'Q' > PQ$.

Si l'on considère un objet rectiligne PQ (*fig.* 141) placé en deçà du foyer principal d'un miroir concave, son image se formera en P'Q', et l'on aura

$$\frac{P'Q'}{PQ} = \frac{P'C}{PC} = \frac{2f+p'}{2f-p}$$

ou bien en remplaçant p' par sa valeur tirée de l'équation (2)

$$\frac{P'Q'}{PQ} = \frac{f}{f-p}$$

Comme l'on a toujours $f > f-p$, l'image P'Q' sera toujours plus grande que l'objet PQ.

Si l'on considère enfin un objet rectiligne PQ (*fig.* 142) placé devant un miroir convexe, son image se formera en P'Q', et l'on aura :

$$\frac{P'Q'}{PQ} = \frac{P'C}{PC} = \frac{2f-p'}{2f+p}$$

ou bien en remplaçant p' par sa valeur tirée de l'équation (3)

$$\frac{P'Q'}{PQ} = \frac{f}{p+f}$$

L'image sera toujours plus petite que l'objet, car la quantité f est toujours plus petite que $p+f$.

429. *Des caustiques par réflexion.* = Les rayons réfléchis par un miroir concave ne convergent pas tous vers un point unique ; la plupart ne se rencontrent même jamais ; mais si l'on considère les rayons compris dans une section méridienne, c'est-à-dire dans une section menée par l'axe principal

du miroir, ils se rencontrent toujours deux à deux, et ils engendrent une courbe régulière par leurs intersections successives. On peut prendre une idée de sa forme en menant un grand nombre de rayons, tels que PB, PC, PD.... (*fig.* 144) suffisamment rapprochés, en traçant les rayons réfléchis B*b*, C*c*, D*d*.... qui leur correspondent, et en joignant les points *b*, *c*, *d*.... où se rencontrent les rayons consécutifs; mais on ne peut pas en avoir la forme exacte sans recourir au calcul. Des courbes identiques se produisent dans toutes les autres sections méridiennes du miroir; la surface engendrée par la révolution d'une de ces courbes autour de la ligne AP, porte le nom de *surface caustique* ou de *caustique*. Le sommet F de cette surface est précisément le foyer du miroir : c'est le point le plus lumineux de la surface puisqu'il est à la rencontre du plus grand nombre de rayons réfléchis. — Si l'on considère les rayons qui tombent sur une section du miroir perpendiculaire à son axe principal, ils se réfléchissent tous en un même point de cet axe, et la position de ce point varie avec la position de la section réfléchissante; l'axe du miroir peut donc être considéré comme le lieu des intersections des rayons réfléchis par les diverses sections qui lui sont perpendiculaires.

Ce qui vient d'être dit sur les surfaces sphériques s'applique aussi aux autres surfaces de révolution et même à toutes les surfaces réfléchissantes; il existe toujours, pour chaque surface et pour chaque point lumineux, deux surfaces qui sont le lieu des intersections consécutives des rayons réfléchis. Ces surfaces ont aussi reçu le nom de caustiques. Les travaux les plus remarquables sur les caustiques sont dûs à MM. Malus, Petit et Quételet.

CHAPITRE III.

Réfraction de la lumière.

430. Les rayons lumineux éprouvent, en général, une déviation quand ils passent d'un milieu dans un autre. De nombreuses expériences peuvent la constater : on met, par exemple, un corps AB (*fig.* 145) sur le fond d'un vase, et l'on se place en un point D d'où l'on aperçoive seulement l'extrémité A la plus éloignée du corps; on verse alors de l'eau dans le vase, et, tout en conservant la position primitive, on voit une plus grande partie du corps; on finit même par le voir tout entier dès que l'eau s'élève à une hauteur suffisante. Cette expérience prouve que les rayons lumineux se dévient de leur direction en passant de l'eau dans l'air, car ils ne pourraient jamais parvenir à l'œil en partant du point B, s'ils n'éprouvaient aucune déviation.

On constate encore la déviation en plaçant un prisme de verre ABC (*fig.* 146), devant le volet d'une chambre obscure, sur la direction d'un pinceau DA de lumière solaire, de manière qu'une partie de la lumière traverse le prisme et que l'autre passe au-dessous de son angle. La partie inférieure du pinceau continue alors son mouvement suivant AE sans éprouver aucune déviation, tandis que la partie supérieure sort du prisme suivant AF en faisant un angle FAE de plusieurs degrés avec la première. L'expérience est surtout frappante quand on a soin de répandre de la poussière près du prisme sur la direc-

tion des rayons lumineux : le pinceau AF est coloré de toutes
les couleurs de l'arc-en-ciel, tandis que le pinceau AE conserve
la blancheur de la lumière solaire.

On a donné le nom de *réfraction* à la déviation que la
lumière éprouve en passant d'un milieu dans un autre, et le
nom d'angle de réfraction à l'angle que le rayon dévié ou
réfracté forme avec la perpendiculaire au point d'incidence.
L'angle de réfraction est, en général, plus petit que l'angle
d'incidence quand la lumière passe du vide dans un corps, ou
d'un corps dans un corps plus dense; il est, au contraire, plus
grand quand elle passe d'un corps dans le vide, ou d'un corps
plus dense dans un corps plus rare; ce résultat est cependant
soumis à quelques exceptions. On dit communément qu'un
milieu A est plus *réfringent* qu'un milieu B, quand la lumière,
en passant du milieu B dans le milieu A, s'approche de la
perpendiculaire; on dit que le milieu A est moins réfringent
quand elle s'en éloigne, et qu'il est également réfringent
quand elle n'éprouve aucune déviation.

431. *Lois de la réfraction.* = Les lois de la réfraction
n'ont été découvertes que vers le milieu du 17e siècle; elles
peuvent s'énoncer ainsi : 1° le sinus de l'angle d'incidence et
le sinus de l'angle de réfraction sont dans un rapport constant
quelle que soit l'inclinaison du rayon lumineux; 2° le rayon
réfracté ne sort pas du plan d'incidence.

Pour démontrer ces lois, on se sert quelquefois d'un prisme
ABC (*fig.* 147) de cristal ou de toute autre substance diaphane, dont l'angle B est droit; on place l'une de ses faces
dans une position verticale, et l'on fait tomber perpendiculairement sur elle un pinceau lumineux RK. Ce pinceau
pénètre dans le prisme sans éprouver de déviation sur la
face AB à laquelle il est perpendiculaire, et parvient ainsi en
ligne droite jusqu'au point S. Arrivé à ce point, il se dévie

de sa direction, et, au lieu de suivre le prolongement SP de la droite RS, il se dirige suivant la ligne SL en s'éloignant de la perpendiculaire SM. Il s'agit de connaître l'angle d'incidence NSK et l'angle de réfraction MSL.

On obtient d'abord l'angle NSK en mesurant l'angle A du prisme auquel il est égal. Quant à l'angle MSL, il se compose des angles MSP, PSL, ou des angles NSK, PSL dont le premier vient d'être considéré; toute la question se réduit donc à mesurer le second. On emploie, à cet effet, une lunette DF mobile autour du centre d'un cercle vertical DEF; on place le centre du cercle en un point L du rayon émergent, on amène l'axe de la lunette dans la direction de ce rayon, et l'on note exactement le point D du cercle auquel il correspond; on le dirige ensuite parallèlement au rayon incident RS, et l'on note le point E: l'angle DLE est précisément égal à l'angle PSL qu'il s'agissait de mesurer. Connaissant l'angle d'incidence et l'angle de réfraction, on obtient, par les tables trigonométriques, les sinus de ces angles, et par suite le rapport de ces sinus. Or, si l'on répète la même expérience avec un nouveau prisme de la même substance, mais d'un angle différent, on trouve toujours le même rapport quoique l'angle d'incidence ne soit pas le même; la première loi est ainsi vérifiée. — Les mêmes expériences démontrent aussi l'exactitude de la seconde.

Le rapport du sinus de l'angle d'incidence au sinus de l'angle de réfraction se nomme plus simplement le *rapport de réfraction* ou l'*indice de réfraction*; il est égal à $\frac{3}{2}$ quand la lumière passe de l'air dans le verre, et à $\frac{4}{3}$ quand elle passe de l'air dans l'eau. — On admettait, avant la découverte de la loi de la réfraction, que les angles d'incidence et de réfraction étaient dans un rapport constant pour toutes les inclinaisons du rayon lumineux; cette hypothèse est sensiblement vraie quand le rayon est presque perpendiculaire à la surface réfringente, car alors les angles d'incidence et de réfraction étant très-petits peuvent être pris pour leurs sinus.

432. Il est facile de trouver la direction que suit la lumière en passant d'un milieu dans un autre, quand on connaît l'indice de réfraction relatif à ces milieux.

Supposons d'abord qu'elle passe d'un milieu dans un autre milieu plus réfringent, de l'air dans l'eau, par exemple ; si l'on désigne l'indice de réfraction par n, l'angle d'incidence par i et l'angle de réfraction par r, on aura :

$$\frac{sin.i}{sin.r}=n \quad \text{d'où} \quad sin.r=\frac{1}{n}sin.i$$

la dernière équation fait connaître l'angle de réfraction, et par suite la direction du rayon réfracté. Elle fait voir que cet angle croît avec l'angle d'incidence. Si l'on y fait $i=o$, elle donne $r=o$, ce qui démontre que les rayons perpendiculaires à la surface n'éprouvent aucune déviation ; si l'on y fait $i=90°$, elle donne $sin.r=\frac{1}{n}$, ce qui démontre que l'angle de réfraction ne peut croître jusqu'à 90° comme l'angle d'incidence. L'angle de réfraction calculé d'après cette dernière équation, porte le nom d'*angle limite ;* il est le plus grand que le rayon réfracté puisse faire avec la perpendiculaire au point d'incidence ; il est égal à 48° 35′ pour le passage de l'air dans l'eau, et à 41° 50′ pour le passage de l'air dans le verre. D'après cela, si l'on mène une normale MN(*fig.* 148) au point C d'une masse d'eau, et une ligne CD qui fasse avec elle un angle de 48° 35′, tous les rayons incidens compris dans l'angle droit NCB se réfracteront dans l'angle aigu MCD, sans qu'aucun puisse passer dans l'angle DCA. L'espace DCA ne recevrait, par conséquent, aucune lumière directe si la portion AC de la surface liquide était recouverte par un corps opaque, même quand la surface CB serait exposée aux rayons solaires.

Les mêmes formules donneraient encore la direction de la lumière si elle passait d'un milieu dans un milieu moins réfringent ; mais il faudrait y prendre l'angle r pour l'angle d'incidence, et l'angle i pour l'angle de réfraction.

On observe quelquefois un phénomène remarquable quand la lumière se présente à la surface de séparation de deux corps pour passer du plus dense dans le plus rare, c'est le phénomène de la *réflexion totale* ; il se produit quand les rayons lumineux tombent sur la surface de séparation des corps en faisant avec la normale un angle plus grand que l'angle limite. Ces rayons ne peuvent, en effet, sortir du milieu le plus réfringent, car leur angle de réfraction devrait dépasser 90°. — La réflexion totale suit les mêmes lois que la réflexion ordinaire ; elle surpasse en intensité toutes celles qui s'opèrent à la surface des métaux les mieux polis. On s'en assure en tenant au-dessus de l'œil (*fig.* 149), un verre à boire à moitié rempli d'eau, et en regardant obliquement la surface du liquide ; cette surface acquiert alors l'éclat métallique le plus brillant, et les objets placés dans le liquide sont réfléchis par sa surface intérieure comme par le miroir le mieux travaillé. — Il faut, pour voir le phénomène, que les rayons qui arrivent à l'œil des divers points de la surface fassent avec les diverses normales des angles plus grands que 48° 35'. — La réflexion totale sert à expliquer plusieurs phénomènes, et entre autres celui du mirage.

433. *Du mirage.* == Les objets éloignés, outre leurs images directes, donnent quelquefois, sans qu'il y ait cependant de réflecteur visible, une seconde image dont la position est renversée et dont les contours sont plus ou moins altérés ; ce phénomène a reçu le nom de mirage.

Le mirage se produit principalement dans les plaines sablonneuses de la Basse-Egypte. Vers le milieu du jour, la couche inférieure de l'air se trouvant échauffée par son contact avec le sol brûlant, acquiert une densité plus faible que la couche placée immédiatement au-dessus d'elle; la deuxième couche elle-même devient moins dense que la troisième, celle-ci moins dense que la quatrième, et de même jusqu'à une certaine hauteur. Au-delà, la densité de l'air décroît jusqu'aux limites supérieures de l'atmosphère. C'est précisément la dilatation qu'éprouvent les couches d'air voisines du sol, qui fait naître le phénomène du mirage.

Représentons, en effet, par AB (*fig.* 150) la surface du sol, par CD la couche la plus dense, et par PQ un objet quelconque situé au-dessus de cette couche. Soit PE un rayon oblique parti du point P de l'objet : ce rayon en passant de la couche CD dans la couche moins dense située immédiatement au-dessous, se réfracte et s'éloigne de la perpendiculaire au point d'incidence; en passant de la deuxième couche dans la suivante, il s'éloigne encore de la perpendiculaire.... Il se présente ainsi aux diverses couches sous des inclinaisons de plus en plus petites, et comme il se meut toujours d'une couche plus dense vers une couche plus rare, il doit nécessairement rencontrer une couche XY dans laquelle la réfraction n'est plus possible. Arrivé à cette couche, il éprouve la réflexion totale, et se replie vers le milieu qu'il avait déjà traversé en subissant de nouvelles réfractions dans les nouvelles couches qu'il rencontre. L'observateur placé sur la direction FO du rayon émergent, verra le point P sur un des points de ce rayon prolongé; il le verra au point P' dans une position à peu près symétrique du point P relativement à la couche XY sur laquelle la réflexion totale a eu lieu, car c'est sensiblement à ce point que vont concourir les directions des divers

rayons réfléchis. L'observateur verra de même au point Q'
l'image du point Q, et par suite l'objet PQ lui paraîtra en
P'Q' dans une position renversée.

Nous avons tracé en ligne brisée la direction EHF du rayon
lumineux, car nous avons supposé une certaine épaisseur aux
diverses couches d'air ; mais il n'en est pas ainsi dans la réalité :
la densité décroissant par degrés insensibles jusqu'à la surface
du sol, les côtés du polygone EHF sont infiniment petits, et
se confondent avec les élémens d'une courbe à laquelle les
lignes PE, FO sont tangentes.

Le phénomène du mirage a été souvent observé en Egypte
pendant l'expédition de l'armée française ; il ne se produit
jamais le soir ou le matin ; car la surface du sol n'est pas alors
assez échauffée par les rayons solaires ; mais au milieu du
jour, le terrain semble terminé, à une lieue environ, par une
inondation générale ; les villages qui se trouvent au-delà,
paraissent comme des îles situées au milieu d'un grand lac ;
sous chaque village, on aperçoit son image renversée comme
on la verrait par réflexion sur une grande masse d'eau ; ses
bords seulement sont un peu incertains, comme si l'eau éprouvait une légère agitation. A mesure que l'on approche, les
limites de l'inondation s'éloignent, et le phénomène qui cesse
pour les villages voisins, se reproduit pour d'autres villages
plus éloignés. L'explication du mirage est due à Monge, l'un
des savans qui accompagnèrent l'armée française en Egypte.

On fait, dans les Cours de Physique, une expérience qui
donne une idée du phénomène du mirage : on prend une caisse
de tôle de 3 ou 4 pieds de long sur 5 ou 6 pouces de hauteur
et d'épaisseur ; on la remplit de charbons allumés, et, en
plaçant l'œil près de sa paroi supérieure, on regarde un objet
éloigné. Cet objet donne alors une image renversée outre son
image directe. L'image renversée est évidemment due à la

réflexion totale qu'éprouve la lumière sur les couches échauffées de l'air qui recouvre la paroi de la caisse.

Le mirage se produit aussi sur la mer dans des temps très-
calmes ; mais il est plus rare et de moins longue durée que
sur la terre , parce que les eaux ne peuvent jamais s'échauffer
autant que les plaines sablonneuses par l'action des rayons solaires. Le capitaine Scoresby l'a souvent observé dans les mers
du Groënland.

§ 1er. — *Réfraction dans les milieux à faces planes.*

434. *Réfraction d'un milieu indéfini dans un autre
milieu indéfini.* == Les objets situés dans un milieu différent
de celui où l'on est placé , ne paraissent jamais dans la position qu'ils occupent ; ils paraissent rapprochés de la surface
de séparation des milieux s'ils sont dans le plus réfringent , et
ils paraissent éloignés de cette surface s'ils sont dans le moins
réfringent.

Supposons, pour fixer les idées, que l'observateur soit
dans l'air et que l'objet soit dans l'eau ; représentons par XY
(*fig.* 151) la surface de séparation des milieux et par P un
point de l'objet. Le rayon PA perpendiculaire à la surface
XY, n'éprouve aucune déviation en passant de l'eau dans
l'air ; mais c'est le seul , tous les rayons obliques se dévient
plus ou moins en s'écartant de la perpendiculaire au point
d'incidence : le rayon PB, par exemple, suit la direction BE,
et le rayon PC la direction CF. Le point P' où se coupent les
prolongemens de ces deux rayons, est l'image du point P ; il
est sensiblement sur la perpendiculaire AP à la surface liquide., et il en est plus rapproché que le point lumineux. —
La même construction s'applique également à tous les autres
points de la masse liquide et au fond de la masse elle-même ;

aussi tous les points paraissent-ils relevés ; et la profondeur de l'eau paraît-elle moins grande qu'elle ne l'est réellement. C'est aussi par la même raison qu'un bâton paraît brisé quand il est en partie plongé dans l'eau, car les points situés hors du liquide n'éprouvent aucun déplacement, tandis que les points intérieurs sont comme rapprochés de la surface.

* Il est facile de fixer, par le calcul, la position de l'image, quand on connaît celle du point lumineux ; si l'on considère, en effet, un rayon incident PI, et qu'on fasse $AP = p$, $AP' = p'$, $AI = k$, on aura :

$$sin.i = sin.\ \mathrm{P'IQ} = \frac{\mathrm{P'M}}{\mathrm{P'I}} = \frac{k}{\sqrt{k^2 + p'^2}}$$

$$sin.r = sin.\ \mathrm{PIQ} = \frac{\mathrm{PQ}}{\mathrm{PI}} = \frac{k}{\sqrt{k^2 + p^2}}$$

or, si l'on substitue les valeurs de $sin.i$ et de $sin.r$ dans la formule $sin.i = n\ sin.r$, qu'on élève au carré et qu'on résolve par rapport à p', il viendra :

$$n^2 p'^2 = p^2 - (n^2 - 1)\ k^2$$

ou bien, en remarquant que l'on a $k = p\ cot.\ \mathrm{AIP} = p\ cot.\ \alpha$

$$n^2 p'^2 = p^2\ [1 - (n^2 - 1)\ cot.^2 \alpha]$$

Cette formule fait connaître la position de l'image quand on donne la position de l'objet et l'angle que les rayons incidens font avec la surface ; elle fait voir que la valeur de p' décroit quand l'angle α diminue, et par suite que les objets sont d'autant plus relevés qu'ils sont vus par des rayons plus obliques. Ce fait est vérifié par l'expérience.

Il résulte de simples constructions géométriques, et mieux

encore de la formule précédente, que les rayons réfractés
situés dans le plan PAY (*fig.* 152) ne coupent pas au même
point la perpendiculaire AP à la surface liquide, et conséquemment qu'ils engendrent, par leurs intersections successives, une *caustique par réfraction.* On peut prendre une
idée de sa forme en menant les rayons PB, PC, PD... suffisamment rapprochés, en déterminant les points *b*, *c*, *d*...
où se rencontrent leurs rayons réfractés *b*B, *c*C, *d*D... et en
faisant passer une courbe continue par ces points ; mais on ne
peut la connaître exactement que par le calcul. Si l'on fait
tourner cette courbe autour de l'axe AP' elle décrira une surface caustique dans sa révolution. — Lorsqu'on regarde le
point P en s'inclinant plus ou moins sur la surface liquide, on
le voit toujours au point de la caustique par lequel passe la
tangente menée de l'œil à cette surface.

Lorsque les rayons incidens sont presque perpendiculaires
à la surface liquide, l'angle α est sensiblement égal à un angle
droit, et sa cotangente est sensiblement nulle ; la formule
générale prend alors la forme plus simple $n^2 p'^2 = p^2$, ou bien
$np' = p$. On parviendrait à une formule analogue, si le corps
lumineux était placé dans le milieu le moins réfringent, et
l'observateur dans l'autre milieu ; on trouverait $p' = np$, en
désignant toujours par *p* la distance de l'objet à la surface,
par *p'* la distance de l'image à la même surface, et par *n* l'indice de réfraction du milieu le plus rare pour le milieu le
plus dense.

435. *Réfraction à travers les milieux terminés par des
surfaces parallèles.* == Lorsque la lumière traverse un milieu
terminé par deux surfaces parallèles, les déviations qu'elle
éprouve sur ses faces se compensent, et par suite les rayons
émergens sont parallèles aux rayons incidens. Soient, en effet,
SA (*fig.* 153) un rayon incident, BR son rayon émergent,

et AB la direction du rayon dans l'intérieur du milieu ; soient de plus i l'angle d'incidence sur la première face , r l'angle de réfraction et α l'angle d'émergence , on aura

$$sin.i = n\,sin.r, \qquad sin.\alpha = n\,sin.r$$

équations d'où l'on déduit $sin.\alpha = sin.i$, et par suite $\alpha = i$. S'il y avait un nombre quelconque de milieux superposés, et si leurs surfaces de séparation étaient parallèles aussi bien que leurs surfaces extrêmes , les rayons émergens seraient encore parallèles aux rayons incidens.

Il résulte de la proposition précédente que les objets vus à travers un verre à faces parallèles paraissent sensiblement dans la position qu'ils occupent, si toutefois l'épaisseur du verre est assez petite et si les rayons ne sont pas trop inclinés sur sa surface. En effet , les points A et B (*fig.* 154) d'incidence et d'émergence sont alors très-rapprochés l'un de l'autre , et les rayons émergens sont pour ainsi dire les prolongemens des rayons incidens. — Si l'épaisseur du verre était plus grande , les points A et C d'incidence et d'émergence seraient plus éloignés , et les rayons émergens , tout en restant parallèles aux rayons incidens, s'en trouveraient à une plus grande distance , de sorte que les objets paraîtraient sensiblement déplacés ; il en serait de même , dans les verres peu épais , pour des rayons très-obliques. Dans tous les cas, la forme , la grandeur et les positions relatives des images sont identiques à la forme , à la grandeur et aux positions relatives des objets.

Théorème*. = Si l'on représente par n et n' les indices de réfraction du vide pour les deux milieux A et A', l'indice de réfraction du milieu A pour le milieu A' sera $\frac{n'}{n}$. Si l'on mène , en effet, les deux surfaces MN, XY (*fig.* 155) parallèles à la surface ZV de séparation des milieux , et si l'on se rappelle que le rayon émergent BR est parallèle au rayon incident SA, on aura :

$$sin.i = n\,sin.r \qquad sin.i = n'\,sin.r'$$

d'où, en égalant les seconds membres et divisant par $n\,sin.r'$

$$\frac{sin.r}{sin.r'} = \frac{n'}{n}$$

ainsi l'indice de réfraction des deux milieux est égal au rapport inverse des indices de réfraction du vide pour ces milieux. — Ce théorème est vrai quelles que soient les surfaces qui séparent les corps, et celles qui les terminent.

436. *Réfraction à travers les milieux terminés par des surfaces inclinées.* = Les prismes triangulaires de cristal sont, de tous les milieux à faces inclinées, ceux qui servent le plus souvent dans les expériences d'optique. *L'angle réfringent* du prisme est l'angle formé par les faces que la lumière traverse en pénétrant dans sa masse et en en sortant; son *sommet* ou son *arête* est la ligne d'intersection de ces faces; sa *base* est la face opposée à cette ligne, et ses *sections principales* sont les sections faites par les plans qui lui sont perpendiculaires.

Lorsqu'on regarde à travers un prisme, les objets sont fortement déviés de leurs positions, et ils sont en outre colorés, vers leurs extrémités, des principales nuances de l'arc-en-ciel; ils paraissent relevés si le prisme est horizontal et si le sommet est en haut; ils paraissent, au contraire, abaissés si le prisme restant horizontal, son sommet est en bas. — Pour toutes les autres positions du prisme, la déviation se produit encore dans un plan perpendiculaire à son arête, et les objets paraissent encore rapprochés de son sommet. — Les phéno-

mènes ne sont pas moins remarquables quand on place le prisme
dans une chambre obscure sur la direction d'un pinceau de
rayons solaires : l'image du soleil reçue sur un écran, derrière
le prisme, est toujours rapprochée de sa base et colorée des
plus brillantes couleurs de l'arc-en-ciel.

La coloration des objets sera étudiée dans le chapitre suivant; leur déviation seule doit être considérée dans celui-ci ;
elle est facile à expliquer. Représentons par ABC (*fig.* 156)
l'une des sections principales du prisme, par S un point d'un
objet situé dans cette section, et par SI un des rayons incidens.
Ce rayon, en se réfractant au point I, reste dans le plan
d'incidence ABC, et de plus il se rapproche de la perpendiculaire IN puisqu'il passe de l'air dans un milieu plus réfringent ; soit IE la direction du rayon réfracté. Arrivé au point
E, le rayon éprouve une nouvelle réfraction, et sort suivant
la ligne EO en s'éloignant de la perpendiculaire EN". Il
résulte de cette construction que les objets, vus à travers les
prismes, paraissent rapprochés du sommet, puisque l'observateur qui reçoit le pinceau EO de rayons émergens voit le
point S comme s'il était en un point S' de la ligne OE prolongée. Il en résulte également que l'image du soleil reçue,
derrière le prisme, sur un écran, doit paraître abaissée vers
la base, puisque le prisme l'amène dans la direction EO,
tandis qu'elle suivrait la direction SR si les rayons solaires
n'éprouvaient aucune réfraction.

L'angle S'DS formé par les rayons incident et émergent
suffisamment prolongés se nomme la *déviation* du rayon
lumineux.

437. *De la déviation minimum.* = L'expérience démontre que la déviation produite par un prisme varie avec l'inclinaison des rayons lumineux sur sa première face. On
introduit un pinceau de lumière solaire dans la chambre

obscure, et on le reçoit sur un écran à quelque distance du volet ; on place ensuite un prisme horizontal, près de l'ouverture, sur la direction du pinceau de lumière ; on note le point de l'écran où se projette l'image réfractée du soleil, et l'on fait tourner le prisme autour de son axe afin de faire varier l'incidence des rayons lumineux. On voit alors que l'image réfractée ne conserve plus la même position, et par suite que la déviation ne conserve plus la même valeur. Si de plus on tourne le prisme toujours dans le même sens en partant d'une position extrême, l'image réfractée s'approche peu à peu du lieu où se projetait l'image directe, puis elle s'arrête, et s'éloigne ensuite à mesure que le prisme continue son mouvement. Il existe donc une position du prisme pour laquelle la déviation est *minimum*. On reconnaît le même phénomène en regardant, à travers un prisme, l'image réfractée d'un objet quelconque et en faisant ensuite tourner le prisme autour de son axe.

Il est utile, dans plusieurs expériences, de connaître la déviation minimum ; le procédé suivi dans sa mesure n'offre aucune difficulté. On fixe le prisme verticalement sur une règle mobile, et l'on place à quelque distance un cercle horizontal divisé, autour du centre duquel peut se mouvoir une lunette. On dirige d'abord la lunette sur un objet très-éloigné, et, quand on a noté exactement la division du cercle à laquelle elle correspond, on la dirige sur le prisme afin de voir l'image réfractée du même objet ; on fait ensuite tourner le prisme sur son axe au moyen de la règle mobile, et l'on fait mouvoir en même temps la lunette pour lui faire suivre l'image : la déviation, dans chacune des positions du prisme, est évidemment égale à l'angle formé par la direction primitive et la direction finale de la lunette, puisque, l'objet étant très-éloigné, les rayons qu'il envoie directement sur la lunette et sur le prisme sont sensiblement parallèles; il suffit donc de quelques tâtonnemens pour trouver l'angle minimum de déviation.

* Il existe une relation entre la déviation minimum, l'angle réfringent du prisme et l'indice de réfraction de la substance dont il est composé; on l'obtient facilement en admettant que la déviation minimum a lieu quand les angles d'incidence et d'émergence sont égaux. Soient D l'angle SDS' de déviation et A l'angle réfringent du prisme; on aura évidemment $D = DIE + DEI = i - r + i' - r'$; d'un autre côté, on a la relation $r + r' = 200° - INE = A$, ainsi

$$D = i + i' - A \qquad A = r + r'$$

Ces deux équations sont vraies quelle que soit l'inclinaison du rayon lumineux sur la face d'incidence; elles conviennent au cas de la déviation minimum en y faisant $i' = i$, $r' = r$, et l'on a:

$$D = 2i - A \qquad A = 2r$$

d'où

$$i = \frac{A + D}{2} \qquad r = \frac{A}{2}$$

si l'on substitue ces valeurs dans l'équation $sin.i = n\, sin.r$, on obtient la formule

$$sin\frac{A+D}{2} = n\, sin\frac{A}{2}$$

Cette formule est souvent employée dans la recherche des indices de réfraction des corps.

438*. *Conditions d'émergence.* == Si l'on conçoit que l'angle réfringent d'un prisme augmente de plus en plus, les rayons qui auront pénétré dans sa masse, se présenteront à sa deuxième face sous une inclinaison de plus en plus petite, et

ils finiront par éprouver sur elle la réflexion totale. Cette
circonstance arrive lorsque l'angle réfringent du prisme est
égal au double de l'angle limite, ou lorsqu'il a une valeur plus
grande.

Désignons par A l'angle réfringent, par θ l'angle limite,
et supposons d'abord A=2θ. Soit SI (*fig.* 157) un rayon lumineux parallèle ou presque parallèle à la face AB : ce rayon
arrivé au point I pénètre dans le prisme suivant IE en faisant
avec la normale IN un angle NID égal à θ, et par suite en
tombant perpendiculairement sur la ligne AK qui divise l'angle réfringent A en deux parties égales. — On conçoit cette
perpendicularité en remarquant que les deux angles IAD et
DIA, dont le premier est égal à θ et le second à 90°—θ,
donnent une somme égale à 90 degrés, et par suite que l'angle IDA est droit. — Il en résulte que l'angle AEI est égal
à 90°—θ, et que son complément IEN est égal à θ; ainsi le
rayon IE se présente sur la face AC en faisant l'angle limite,
et il sort conséquemment dans une direction parallèle à cette
face. Ce rayon est d'ailleurs le seul qui puisse sortir, car tous
les rayons compris entre SI et N'I se réfractent entre IE et IN
et font avec la face AC des angles plus grands que l'angle
limite; il en est de même des rayons situés au-dessus de la
normale N'I. — Si l'angle réfringent était plus grand que 2θ,
s'il était égal à BAC', par exemple, aucun rayon ne pourrait
sortir; car le rayon IE qui est dans la condition la plus favorable à l'émergence, ferait lui-même un angle d'incidence plus
grand que l'angle limite.

Lorsqu'on a A<2θ, les rayons qui pénètrent par l'une
des faces peuvent sortir en partie par l'autre; soient, en effet,
BAD (*fig.* 158) un prisme dont l'angle est plus petit que 2θ,
et BAC un prisme dont l'angle est égal à 2θ. Le rayon réfracté IP doit émerger, puisqu'il fait avec la face AD un

angle IPA plus grand que l'angle IEA, et par suite puisqu'il fait un angle plus petit que θ avec la normale à cette face. Il en sera de même de tous les rayons compris entre le rayon IP et le rayon IQ mené sous un angle IQA égal à IEA. On voit, par cette construction, que le nombre des rayons émergens est d'autant plus grand que la face AD est plus rapprochée de AB, et par suite que l'angle réfringent est plus petit. — Si l'on a A=θ, le rayon normal N'I peut lui-même sortir, car l'angle INA valant alors 90°—θ, le rayon IN fait seulement, avec la normale au point N, un angle égal à l'angle limite. Les rayons compris entre IP et IN feraient des angles d'incidence plus petits, et les rayons situés au-dessous de IN en feraient de plus grands ; ainsi les premiers pourraient émerger, et les seconds éprouveraient la réflexion totale.

439*. *Détermination de l'indice de réfraction des corps.* = On a employé plusieurs moyens pour déterminer les indices de réfraction des corps diaphanes ; le plus simple et le plus exact est fondé sur la déviation minimum : il convient également aux solides, aux liquides et aux gaz.

1° *Corps solides.* = On forme un prisme triangulaire avec la substance dont on veut connaître l'indice de réfraction, on mesure l'angle réfringent du prisme et sa déviation minimum, et l'on met leurs valeurs dans la formule $sin \frac{A+D}{2} = n \, sin \frac{A}{2}$: on obtient ainsi la valeur de l'indice de réfraction. — Pour trouver l'angle réfringent, on place le prisme (*fig.* 159) dans une position verticale, et l'on fixe, à quelque distance, au point D par exemple, dans une position horizontale, un cercle divisé, muni de deux lunettes mobiles autour de son centre. On dirige d'abord l'une des lunettes sur un objet S très-éloigné, et l'on amène l'autre sur le prisme de manière à voir l'image du même objet par réflexion sur la face AC. L'angle MDS des deux lunettes est double de l'angle CAS, car il est égal à l'anglé HMS, et cet angle est double de l'angle CMS ou de son égal CAS ; ainsi en appelant a l'angle des lunettes, on aura $a = 2\mathrm{CAS}$, et par suite $\mathrm{CAS} = \frac{1}{2}a$. Cette observation faite, on place le centre du cercle en un autre point E ; on dirige l'une des lunettes sur un nouvel objet R très-éloigné, et l'autre sur la face AB afin de voir par réflexion l'image de cet objet, et l'on mesure l'angle REN des deux lunettes ; en l'appelant b, on aura comme précédemment $\mathrm{BAR} = \frac{1}{2}b$. Enfin, on place le centre du cercle en un troisième point F, on dirige les lunettes sur les deux objets R, S, et l'on mesure l'angle c qu'elles forment ; les trois angles a, b, c suffisent pour déterminer l'angle du prisme, car on a $\mathrm{A} = \mathrm{RAS} - \mathrm{CAS} - \mathrm{BAR}$, ou bien $\mathrm{A} = c - \frac{1}{2}(a+b)$. — Quant à la déviation minimum, nous avons déjà indiqué le moyen de la mesurer.

2° *Corps liquides.* = On forme un prisme creux de verre, on y introduit le liquide dont on cherche l'indice de réfraction, et l'on mesure, comme pour les solides, l'angle réfringent du prisme et la déviation minimum ; la déviation est uniquement produite par le liquide intérieur si chacune des parois du prisme a ses faces bien planes et bien parallèles, car de pareilles parois ne font éprouver aucune déviation à la lumière ; il suffit donc de substituer dans la formule les valeurs de A et de D trouvées avec ce prisme, pour connaître l'indice de réfraction du liquide qu'il renferme.

Pour construire le *prisme à liquide*, MM. Biot et Cauchoix prennent une plaque de verre rectangulaire ABCD (*fig.* 160) d'un centimètre environ d'épaisseur et de 4 à 5 centimètres de largeur ; ils pratiquent à son centre un canal cylindrique EFGH d'environ 2 centimètres de diamètre, puis ils la taillent en biseau sur les deux faces auxquelles aboutit le canal ; ils posent ensuite sur le biseau deux glaces AL, BK à faces parallèles, et ils exercent une légère pression afin de déterminer l'adhérence. Ils forment ainsi un prisme de verre creux et sans lut où il est possible d'enfermer tous les liquides sans leur faire subir aucune altération. On fixe ordinairement les glaces sur le biseau par des branches triangulaires de cuivre afin qu'elles ne glissent pas sur les faces du prisme dans les diverses positions qu'on est obligé de lui donner, et de plus on pratique, dans l'épaisseur du verre, un petit canal latéral qui se ferme avec un bouchon à l'émeri, afin de pouvoir introduire les liquides sans être obligé de détacher les glaces à chaque opération.

3° *Corps gazeux.* = MM. Biot et Arago ont fait, en 1805, de nombreuses expériences sur la réfraction des corps gazeux; le *prisme à gaz* dont ils se servirent se composait d'un gros tube en verre BCDE (*fig.* 161) dont les extrémités étaient taillées en biseau et fermées hermétiquement par des glaces BD, CE à faces parallèles; l'angle des glaces était très-grand afin d'augmenter la déviation toujours assez faible que les gaz font éprouver à la lumière; il était de 143° à peu près. Le tube de verre était percé, vers le milieu de sa longueur, de deux ouvertures opposées : l'ouverture inférieure portait un tube FV à robinet, qui pouvait être mis en communication soit avec une machine pneumatique, soit avec des cloches à gaz; l'ouverture supérieure communiquait avec un tube TH qui renfermait un baromètre à siphon, destiné à mesurer la force élastique du gaz intérieur.

Il serait difficile de mesurer la déviation qu'éprouve la lumière en passant du vide dans le prisme à gaz; il est plus simple de mesurer celle qu'elle éprouve en passant de l'air dans le prisme; mais alors il faut modifier la formule de la déviation minimum afin qu'elle puisse donner l'indice de réfraction de tel ou tel gaz pour le vide; or si l'on représente

par m l'indice de réfraction de l'air et par m' l'indice de réfraction du milieu intérieur, on a $n = \dfrac{m'}{m}$ d'après un théorème précédemment démontré, et la formule devient :

$$\frac{m'}{m} = \frac{sin\frac{A+D}{2}}{sin\frac{A}{2}}$$

Si le milieu intérieur était le moins réfringent, l'image réfractée se rapprocherait du sommet, et la valeur de D devrait
être prise avec un signe négatif.

Il est facile de déterminer, à l'aide de cette formule,
l'indice de réfraction des gaz : considère-t-on l'air atmosphérique, on fait le vide dans le prisme, puis on mesure la déviation minimum qu'il fait éprouver à la lumière : on substitue alors dans la formule les valeurs de A et de D, puis l'on
y fait $m'=1$ puisque l'air intérieur est assez dilaté pour
être supposé de même réfringence que le vide. La valeur
de m obtenue après ces substitutions est l'indice de réfraction
de l'air pour le vide ; MM. Biot et Arago ont trouvé ainsi
$m=1,000294$ à la température 0° et sous la pression de
0^m,76. — Considère-t-on un autre gaz, on l'introduit dans le
prisme après y avoir fait le vide et l'on mesure la déviation
minimum qu'il imprime aux rayons lumineux ; on connaît
ainsi les valeurs des quantités A, D, m, et par suite la valeur
m' de l'indice de réfraction du gaz. Ce moyen s'applique
évidemment aux gaz plus ou moins dilatés, et à l'air lui-même
amené à divers degrés de densité.

Nous avons supposé jusqu'à présent que les deux glaces du
prisme avaient leurs faces exactement parallèles : il est probable que cette condition est très-approchée si les glaces ont
été travaillées avec soin, mais il est très-peu vraisemblable
qu'elle soit rigoureusement satisfaite ; on s'en assure en re-

gardant avec une lunette l'image réfractée d'un objet très-
éloigné, puis en enlevant le prisme et en voyant si la lunette
correspond encore à l'objet ; dans ce cas, les glaces ont leurs
faces bien parallèles, ou bien le défaut du parallélisme de
l'une des glaces est compensé par le défaut du parallélisme
des faces de l'autre; mais si l'on trouve une déviation, il faut
voir dans quel sens elle a lieu, et l'ajouter ou la retrancher
de la déviation produite par le gaz.

TABLEAU DES INDICES DE RÉFRACTION.

Corps solides et liquides.

Chromate de plomb.	2,974
Diamant.	2,755
Phosphore.	2,224
Soufre.	2,148
Verre commun.	1,550
Flint-glass.	1,576
Crow-glass.	1,534
Cristallin.	1,384
Humeur vitrée.	1,339
Humeur aqueuse.	1,337
Eau.	1,336
Alcool.	1,374
Éther.	1,358

Corps gazeux.

Air atmosphérique.	1,000294
Oxigène.	1,000272
Hydrogène.	1,000138
Chlore.	1,000772
Azote.	1,000300
Acide carbonique.	1,080449
Acide chlorhydrique.	1,000449
Ammoniac.	1,000385

Les nombres qui, dans ce tableau, expriment les indices

de réfraction des corps gazeux se rapportent à la température de la glace fondante et à la pression $0^m,76$.

440*. *De la puissance réfractive.* == On appelle puissance réfractive d'un corps le carré de son indice de réfraction diminué de l'unité, c'est-à-dire la quantité $n^2 - 1$. Cette quantité, dans le système de l'émission, est proportionnelle à l'action du corps sur les molécules lumineuses ; dans le système des ondulations, elle dépend de la densité de l'éther dans le corps où pénètre la lumière. Il est facile de connaître les puissances réfractives des corps en partant de leurs indices de réfraction ; celle de l'air, par exemple, est égale à 0,000589 à la température de la glace fondante et sous la pression $0^m,76$.

M. Dulong a déterminé directement les puissances réfractives des gaz par un procédé d'une précision pour ainsi dire indéfinie ; il est fondé sur une loi constatée par MM. Biot et Arago : c'est que les puissances réfractives d'un même gaz, sont proportionnelles à son élasticité. Ce principe admis, on augmente ou l'on diminue la densité des divers gaz jusqu'à ce qu'ils impriment la même déviation à la lumière, ou jusqu'à ce qu'ils possèdent la même puissance réfractive, et l'on détermine leur élasticité lorsque cette condition est remplie ; il suffit alors d'une simple proportion pour connaître le rapport des puissances réfractives quand les gaz possèdent la même élasticité.

Le prisme à gaz, employé par M. Dulong, se compose d'un tube de verre (*fig.* 162) aux extrémités duquel sont ajustées deux glaces inclinées de 145° environ ; vers le milieu de sa longueur est une ouverture qui communique, par un tube S de verre, avec un cylindre ZZ' de même matière, d'un mètre de longueur et de 5 centimètres de diamètre. Ce cylindre porte à chacune de ses extrémités une douille en fer vernie ; celle qui est adaptée à l'extrémité inférieure est munie d'un robinet en fer G ; l'autre porte trois tubes en fer destinés à établir une communication, l'un avec le prisme, le second avec une machine pneumatique, le troisième avec une cloche à robinet placée sur le mercure et remplie du gaz que l'on veut soumettre à l'expérience. Le prisme est attaché solidement sur un support et placé de manière qu'une mire éloignée puisse être aperçue à travers. Le cylindre de verre ZZ' assujetti dans une position verticale, peut être rempli de mercure par un petit tube latéral II' un peu plus long que le cylindre et communiquant avec lui par sa partie inférieure.

Voici quelques détails sur les expériences. On commence par dessécher parfaitement toutes les surfaces intérieures de l'appareil en y faisant passer un courant de gaz hydrogène sec ; on y fait ensuite le vide, et on remplit le prisme d'air. On pointe alors la lunette sur la mire vue à travers le prisme. La pression de l'air intérieur est facile à connaître : si le mercure s'élève au même niveau dans le tube II' et dans le cylindre ZZ', elle est égale à la pression atmosphérique ; s'il s'élève plus dans le tube ZZ', elle est égale à la pression atmosphérique diminuée de la différence des niveaux. On fait une deuxième fois le vide, et pour chasser les dernières portions d'air, on introduit une certaine quantité du gaz que l'on veut soumettre à l'expérience ; enfin on laisse écouler le gaz pur dans le prisme que l'on a vidé de nouveau, jusqu'à ce que la coïncidence de la mire avec les fils de la lunette soit exactement rétablie. Si l'on a la précaution de faire écouler le gaz très-lentement, il est assez facile de saisir le moment où cette coïncidence est exacte ; ou bien, après en avoir introduit une quantité excédante, on ouvre le robinet G jusqu'à ce que le gaz dilaté ait précisément la densité con-

venable pour réfracter autant que l'air : alors on mesure la
différence de hauteur des deux colonnes mercurielles dans
lés tubes II' et ZZ', et, en la retranchant de la pression atmosphérique, on a l'élasticité du gaz qui satisfait à la condition
cherchée.

Soient h l'élasticité de l'air sec, introduit primitivement
dans le prisme, h' l'élasticité du gaz doué de la même puissance réfractive, 1 la puissance réfractive de l'air sous la
pression h ou du gaz sous la pression h', et x la puissance réfractive de ce gaz sous la pression h, on aura, d'après le
principe énoncé,

$$x : 1 :: h : h' \quad \text{d'où} \quad x = \frac{h}{h'}$$

Telle est la valeur de la puissance réfractive qu'il s'agissait de
connaître. — Pour l'hydrogène et l'oxigène, qui possèdent
une puissance réfractive moindre que l'air, au lieu de les
comprimer pour leur faire acquérir la même force de réfraction, il est préférable de suivre une marche inverse, c'est-à-
dire de pointer la lunette lorsque le prisme est rempli de ces
deux gaz, sous la pression de l'atmosphère, et de dilater
ensuite l'air jusqu'à ce que sa puissance soit réduite à celle
du gaz. — M. Dulong a modifié un peu son appareil quand il
a opéré sur les gaz qui attaquent le mercure.

Le procédé de M. Dulong ne donne que le rapport des
puissances réfractives des gaz, à la puissance réfractive de l'air
dans les mêmes circonstances de température et de pression ;
mais il est facile d'en déduire leurs puissances réfractives
absolues dans telle ou telle circonstance. Veut-on connaître,
par exemple, les puissances réfractives absolues des gaz sous
la pression $0^m.76$ et à la température $0°$, il suffit de multiplier leurs puissances réfractives relatives à l'air par le

nombre 0,000589 qui représente la puissance réfractive
de l'air dans ces circonstances ; veut-on connaître leurs
puissances réfractives absolues sous une autre pression, il
suffit de partir de leurs puissances réfractives sous la pression
$0^m,76$, et d'établir que les puissances réfractives sont proportionnelles à la pression. — On obtient facilement l'indice
de réfraction d'un gaz dans une circonstance donnée, quand
on connaît sa puissance réfractive dans cette circonstance ; il
suffit, en effet, d'ajouter l'unité à la puissance réfractive et de
prendre la racine carrée du résultat.

Il résulte des nombreuses expériences de M. Dulong que
la puissance réfractive d'un mélange de plusieurs gaz est
toujours égale à la somme des puissances réfractives de ses
élémens ; et qu'il n'existe aucun rapport entre les puissances
réfractives d'un gaz composé et celles de ses élémens.

441*. *Du pouvoir réfringent.* = On appelle pouvoir réfringent d'un corps, le rapport de sa puissance réfractive à
sa densité. Les corps les plus combustibles sont en même
temps les plus réfringens ; ainsi l'hydrogène, le phosphore,
le soufre et le diamant, de tous les corps les plus combustibles, possèdent le pouvoir réfringent le plus considérable.
Le pouvoir réfringent d'un gaz est constant à toute température et à toute pression, puisque sa puissance réfractive est
proportionnelle à sa densité.

§ 2. — *Réfraction à travers les lentilles.*

442. On donne le nom de *lentilles* à des corps diaphanes,
terminés par deux portions de sphère ou par une portion de
sphère combinée avec une surface plane. On en distingue deux
espèces : les lentilles *convergentes* et les lentilles *divergentes*,
c'est-à-dire les lentilles qui augmentent la convergence des

rayons lumineux et les lentilles qui augmentent leur divergence.

On comprend, parmi les lentilles convergentes, les lentilles bi-convexes, les lentilles plan-convexes et les ménisques
convergens. Les premières sont formées de deux surfaces
sphériques convexes vers les objets extérieurs, les secondes
d'une surface plane et d'une surface convexe; les troisièmes
de deux surfaces sphériques, l'une convexe, l'autre concave,
le rayon de la surface concave étant plus grand que celui de
la surface convexe. Les *figures* 163, 164 et 165 représentent une section de ces lentilles; il est à remarquer qu'elles
sont plus épaisses aux milieux qu'aux bords.

On comprend, parmi les lentilles divergentes, les lentilles
bi-concaves, les lentilles plan-concaves et les ménisques divergens. Les premières sont formées de deux surfaces concaves;
les secondes d'une surface concave et d'une surface plane, les
troisièmes enfin d'une surface concave et d'une surface convexe, le rayon de la première étant plus petit que celui de la
dernière. Ces trois espèces de lentilles sont plus épaisses à leurs
bords qu'à leurs milieux; elles sont représentées en section
dans les *figures* 166, 167 et 168.

Dans les lentilles formées de deux surfaces sphériques, l'*axe*
est la ligne menée par les centres des deux sphères; dans les
lentilles plan-convexes et plan-concaves, c'est la ligne menée
par le centre de la sphère perpendiculairement à la surface
plane.

443. *Du foyer dans les lentilles convergentes.* = Considérons d'abord une lentille bi-convexe MN (*fig.* 169).
Soient C, C' les centres des deux surfaces sphériques, et RI un
rayon incident parallèle à l'axe CC'. Ce rayon, arrivé au
point I, passe de l'air dans un milieu plus réfringent; il
s'approche, par conséquent, de la normale C'I au point d'inci-

dence, et prend la direction IS. Au point S, il éprouve une nouvelle déviation, et sort suivant SF en s'éloignant de la normale CS au point d'émergence. Les autres rayons lumineux parallèles à l'axe de la lentille, éprouvent des déviations analogues, et se réfractent tous sensiblement au même point F, pourvu que les arcs MAN, MBN ne dépassent pas 20 ou 25°. Ce point se nomme le *foyer principal* de la lentille, et la distance BF la *distance focale principale*.

Supposons maintenant un point lumineux placé en P, sur l'axe de la lentille, à une distance finie. Soit PI un rayon incident; ce rayon, en passant de l'air dans la lentille, s'approche de la normale au point d'incidence, et se dirige suivant IS'; arrivé au point S', il éprouve une nouvelle déviation, et sort suivant S'P'. — Le point P', où le rayon réfracté va couper l'axe, se trouve évidemment au-delà du foyer principal, car l'angle d'incidence PIT étant plus grand que l'angle RIT, le rayon IS' doit être plus éloigné de la normale IC' que le rayon IS. Tous les rayons qui partent du point P concourent sensiblement au point P', et y forment leur foyer. — Si le point lumineux s'approche de plus en plus de la lentille, les angles d'incidence sur sa première face augmentent de plus en plus, et les rayons réfractés rencontrent l'axe en des points de plus en plus éloignés. Le foyer s'éloigne, par conséquent, de la lentille quand le point lumineux s'en approche. Lorsque le point lumineux est assez voisin, s'il est en K, par exemple, les rayons réfractés rencontrent l'axe à une distance infinie, ou, ce qui revient au même, ils lui sont parallèles. Passé ce point, les rayons ne sont plus assez déviés pour être parallèles à l'axe, et à plus forte raison pour le couper, de sorte qu'il n'existe plus de foyer réel. Si l'on considère, par exemple, un point P (*fig.* 170) très-rapproché de la lentille, les rayons réfractés, tels que SV, S'V' s'éloignent de l'axe, et leurs prolongemens seuls peuvent le rencontrer.

II.   19

Le point P' où la rencontre a lieu, se nomme le *foyer virtuel* du point P. Les rayons réfractés ne passent jamais par le foyer virtuel, mais leur direction est telle que s'ils y passaient. Le foyer virtuel, dans les lentilles bi-convexes, est toujours situé du même côté de la lentille que le point lumineux; il en est plus éloigné que ce point, et il s'en approche en même temps que lui.

On déduit des notions précédentes que les lentilles bi-convexes sont toujours convergentes : elles le sont évidemment quand le point lumineux a un foyer réel, puisqu'elles concentrent alors en un seul point les rayons de lumière parallèles ou divergens qui les traversent; elles fe sont encore quand il a un foyer virtuel, car elles rapprochent les rayons de lumière ou diminuent leur divergence.

Des constructions analogues, appliquées aux lentilles plan-convexes et aux ménisques convergens, conduisent aux mêmes résultats.

444. *Du foyer dans les lentilles divergentes.* = Considérons d'abord une lentille bi-concave MN (*fig.* 171), et supposons un rayon lumineux RI parallèle à l'axe. Ce rayon éprouve une première déviation au point I, et prend la direction IS; il en éprouve une deuxième au point S, et suit la ligne SR' en s'écartant de l'axe de la lentille. — Les autres rayons parallèles éprouvent les mêmes modifications, de sorte que les prolongemens seuls des rayons réfractés peuvent rencontrer l'axe; le point F de rencontre a été nommé le *foyer virtuel principal.* — Si l'on considérait un point lumineux situé sur l'axe à une distance finie, on verrait par la même construction qu'il donnerait aussi un foyer virtuel, que ce foyer serait situé entre le point lumineux et la lentille, et qu'il s'en approcherait d'autant plus que le point lumineux en serait lui-même plus rapproché. — Mêmes résultats pour les lentilles plan-concaves et les ménisques divergens.

445. *Détermination expérimentale des foyers principaux des lentilles.* == On détermine le foyer principal d'une lentille convergente en l'exposant à une lumière très-éloignée, à la lumière solaire, par exemple, et en recevant l'image sur un écran : le foyer est le point où elle offre le plus de netteté et le plus d'éclat. Il serait préférable de couvrir l'une des faces avec un morceau d'étoffe ou de papier dans lequel on laisserait seulement deux ouvertures, et de chercher le point où se coupent les deux faisceaux de lumière qui les traversent.

Pour déterminer le foyer principal d'une lentille divergente, on présente l'une de ses faces aux rayons solaires, et l'on couvre l'autre d'une feuille de papier dans laquelle on pratique seulement deux ouvertures voisines X, Y (*fig.* 172) à une même distance de l'axe. On reçoit ensuite les deux faisceaux réfractés XD, YE sur un écran que l'on éloigne jusqu'à ce que la distance DE soit double de XY : la ligne BC mesure alors la distance focale principale, car elle est évidemment égale à BF.

446*. *Calculs relatifs aux foyers.* == Considérons d'abord une lentille bi-convexe MN (*fig.* 173), et supposons un point lumineux placé en P, sur son axe, à une distance assez grande pour que les rayons puissent concourir après leur réfraction. Soient PI un rayon incident, SP' le rayon émergent, C'I la normale au point d'incidence et CS la normale au point d'émergence ; posons AP $= p$, BP' $= p'$, CB $= r$, C'A $= r'$; il s'agit de trouver une relation entre les quantités p, p', r, r', et l'indice n de réfraction de la lentille.

Soient $\alpha, \varepsilon, \gamma$ et γ' les angles que forment avec l'axe le rayon incident PI, le rayon réfracté P'S, la normale CS au point d'émergence et la normale C'I au point d'incidence ; soient i et r les angles d'incidence et de réfraction sur la première face MAN de la lentille, et r' et i' les angles d'incidence et de réfraction sur là deuxième face MBN ; on a évidemment les relations :

$$i = \alpha + \gamma \qquad i' = 6 + \gamma'$$

et par suite

$$\alpha + 6 + \gamma + \gamma' = i + i'$$

D'un autre côté, on a $sin.i = n \, sin.r$, $sin.i' = n \, sin.r'$, ou bien $i = nr$, $i' = nr'$ si les rayons sont peu inclinés sur l'axe. Il viendra donc $i + i' = n \, (r + r')$. De plus, les deux triangles IVS, CVC' ayant un angle égal, la somme $r + r'$ des angles à la base dans le premier est égale à la somme $\gamma + \gamma'$ des angles à la base dans le second ; ainsi l'on a $i + i' = n \, (\gamma + \gamma')$. Si l'on substitue cette valeur dans l'équation , elle devient :

$$\alpha + 6 + \gamma + \gamma' = n \, (\gamma + \gamma')$$

ou bien

$$\alpha + 6 = (n - 1) \, (\gamma + \gamma')$$

or, en répétant les raisonnemens déjà faits dans les calculs relatifs à la réflexion de la lumière, on trouve :

$$\alpha = \frac{AI}{p} \qquad 6 = \frac{BS}{p'} \qquad \gamma = \frac{BS}{r} \qquad \gamma' = \frac{AI}{r'}$$

Si l'on substitue ces valeurs dans la formule précédente , et si l'on supprime à tous les termes les quantités AI et BS qui sont sensiblement égales à cause de la petite épaisseur des lentilles ordinairement employées, elle prend la forme :

$$\frac{1}{p} + \frac{1}{p'} = (n - 1) \left(\frac{1}{r} + \frac{1}{r'} \right)$$

Telle est la formule qui sert à déterminer la position du foyer quand on connaît la position du point lumineux et les rayons des deux surfaces sphériques.

Discussion. == Si l'on fait dans la formule $p = \infty$, la valeur correspondante de p' exprime la distance focale principale ; en la désignant par f, il vient

$$\frac{1}{f} = (n-1)\left(\frac{1}{r} + \frac{1}{r'}\right) \quad \text{d'où} \quad f = \frac{rr'}{(n-1)\,(r+r')}$$

on peut donc connaître la distance focale principale d'une lentille quand on connaît ses deux rayons et son indice de réfraction ; mais on la cherche rarement par ce moyen, la détermination expérimentale étant toujours plus simple. Si l'on substitue la valeur de f dans la formule générale, elle prend la forme :

$$\frac{1}{p} + \frac{1}{p'} = \frac{1}{f} \qquad (1)$$

C'est cette formule qui s'emploie ordinairement dans la discussion des phénomènes produits avec les lentilles ; elle fait voir que p' augmente quand p diminue, et par suite que le foyer s'éloigne de la lentille quand le point lumineux s'en approche. — Si l'on y fait $p = f$, elle donne $p' = \infty$, ce qui démontre que le foyer est à l'infini, ou que les rayons émergens sont parallèles à l'axe, quand la distance du point lumineux à la lentille est égale à la distance focale principale. — Si l'on y fait $p < f$, la valeur de p' devient négative, et le foyer n'est plus réel ; l'axe n'est plus alors rencontré par les rayons réfractés, il l'est seulement par leurs prolongemens qui déterminent un foyer virtuel.

La formule qui sert à déterminer la position du foyer virtuel s'obtient par des raisonnemens analogues aux précédens ; elle peut se mettre sous la forme :

$$\frac{1}{p} - \frac{1}{p'} = \frac{1}{f} \qquad (2)$$

en donnant aux quantités p, p', f les mêmes significations que dans la formule (1), et en se rappelant seulement que les valeurs de p' doivent se compter du même côté que les valeurs de p. Cette formule démontre que les quantités p et p' diminuent ensemble, et par conséquent que le point lumineux et son foyer virtuel s'approchent en même temps de la lentille ; elle démontre également que p' est toujours plus grand que p, et par suite que les lentilles bi-convexes sont convergentes, même dans le cas des foyers virtuels.

Les formules (1) et (2) conviennent aussi aux lentilles plan-convexes et aux ménisques convergens, comme il est facile de le reconnaître en appliquant à ces lentilles les constructions précédentes.

Lentilles divergentes. = Si l'on répète, pour les lentilles divergentes, les raisonnemens déjà faits pour les lentilles bi-convexes, on parvient à la formule

$$\frac{1}{p} - \frac{1}{p'} = -\frac{1}{f} \quad (3)$$

qui sert à déterminer la position du foyer virtuel quand on connaît la position du point lumineux et la distance focale f. Cette formule démontre que le foyer est toujours plus voisin de la lentille que le point lumineux, et de plus qu'il s'approche ou qu'il s'éloigne de la lentille selon que ce point s'en approche ou s'en éloigne.

447. *Du centre optique.* = Il existe sur l'axe des lentilles un point doué d'une propriété remarquable ; c'est que tous les rayons lumineux qui y passent, sortent dans une direction parallèle à celle qu'ils avaient avant leur incidence ; ce point a reçu le nom de *centre optique*.

Le centre optique des lentilles bi-sphériques se trouve au point d'intersection de l'axe avec la ligne qui joint les extrémités de deux rayons parallèles. Considérons, pour le démon-

trer, une lentille bi-convexe ou bi-concave, et représentons
par CS, C'S' (*fig.* 174) deux rayons parallèles. Les élémens
S, S' étant respectivement perpendiculaires à ces rayons,
seront parallèles entre eux ; tous les rayons lumineux qui
suivront la ligne SOS', sortiront, par conséquent, dans une
direction parallèle à celle qu'ils avaient avant d'entrer dans la
lentille. Il reste à démontrer que les lignes menées par les
extrémités de tous les autres rayons parallèles coupent aussi
l'axe au même point. On y parvient par la comparaison des
triangles semblables COS, C'OS'; ces triangles donnent :

$$CO : C'O :: CS : C'S'$$

ou bien $$CO : CO + C'O :: CS : CS + C'S'$$

Or si l'on appelle r, r' et m les rayons et la distance des
centres des deux calottes sphériques, cette proportion devient

$$CO : m :: r : r + r'$$

On voit, par là, que la valeur de CO est indépendante de
l'angle que les rayons CS, C'S' font avec l'axe de la lentille,
et par suite que le point O est le point d'intersection de toutes
les lignes qui joignent les extrémités de deux rayons parallèles
quelconques. — Ce point est le centre optique. — Des raisonnemens analogues s'appliquent aux ménisques convergens et
divergens (*fig.* 175). — Quant aux lentilles plan-sphériques
(*fig.* 164 et 167), elles ont leur centre optique au sommet
O de la partie courbe, puisque l'élément de la sphère passant
par ce point est parallèle à la face plane de la lentille.

Les rayons de lumière qui traversent une lentille en passant
par son centre optique se comportent comme s'ils traversaient
un milieu terminé par des surfaces parallèles ; si l'épaisseur

de la lentille est assez grande, les rayons émergens, tout en restant parallèles aux rayons incidens, en sont assez éloignés; si l'épaisseur est seulement de quelques millimètres, les rayons émergens sont presque le prolongement des rayons incidens, et surtout si ces rayons font un angle de quelques degrés seulement avec l'axe principal de la lentille.

448*. *Des axes secondaires.* = Les points lumineux situés hors de l'axe d'une lentille, donnent lieu à des foyers réels ou à des foyers virtuels, comme ceux qui sont situés sur l'axe : ces foyers se trouvent toujours sur les axes secondaires de la lentille, c'est-à-dire sur les lignes qui joignent les points lumineux au centre optique, et leurs positions se déterminent par les formules relatives à l'axe principal.

Considérons un point lumineux Q (*fig.* 176) voisin de l'axe principal, et menons l'axe secondaire QO correspondant à ce point. Le rayon qu'il envoie dans la direction de cet axe, sort suivant OQ' en restant pour ainsi dire rectiligne, et celui qu'il envoie dans la direction QI parallèlement à l'axe principal, sort suivant SF en passant par le foyer de la lentille. Le point Q' où se rencontrent les deux rayons OQ', SQ', est sensiblement le point d'intersection de tous les autres rayons réfractés; c'est par conséquent le foyer du point Q. Il s'agit de trouver une relation entre les quantités OQ=p, OQ'=p', OF=f.

Si l'on mène la ligne droite Q'I du foyer Q' au point I d'incidence, les triangles Q'QI, Q'OE ont leurs bases parallèles, et donnent :

$$QI : OE :: QQ' : OQ'$$

or la distance QI est sensiblement égale à QO, puisque le point Q est assez voisin de l'axe, et la distance OE est sensi-

blement égale à OF , puisque l'épaisseur de la lentille est assez
petite ; on a donc :

$$p : f : : p + p' : p'$$

ou bien , en égalant le produit des moyens au produit des
extrêmes , et divisant par $pp'f$:

$$\frac{1}{p} + \frac{1}{p'} = \frac{1}{f}$$

Cette formule donne la position du foyer quand on connaît
celle du point lumineux et la distance focale principale; elle
est la même que si le point lumineux eût été situé sur l'axe
de la lentille. — On parviendrait aussi aux formules déjà
trouvées si l'on considérait les foyers virtuels des lentilles
convergentes ou ceux des lentilles divergentes, de sorte que
tous les phénomènes se passent relativement aux axes secondaires comme ils se passaient relativement à l'axe principal.
Il faut seulement que l'axe secondaire ne forme pas un angle
de plus de 12 à 15° avec l'axe principal ; si l'angle était trop
grand, les rayons réfractés ne concourraient plus au même
point , et il y aurait *aberration de sphéricité*, comme dans
les lentilles d'une trop grande ouverture.

449*. *Des images.* = Considérons d'abord une lentille
convergente , et représentons par PQ (*fig.* 177) une ligne
lumineuse placée perpendiculairement à l'axe au-delà du foyer
principal. Les rayons qui partent du point P , vont concourir,
après leur réfraction , au point P' de l'axe secondaire PP' ;
ceux qui partent du point Q concourent au point Q' de l'axe
secondaire QQ' , et ceux qui partent des points intermédiaires
entre P et Q concourent entre les points P' et Q'. L'image de
l'objet sera donc vue en P'Q', et sa position sera renversée ;
elle est d'ailleurs sensiblement rectiligne et perpendiculaire à

l'axe principal si l'objet a seulement quelques pouces de longueur. — Il est facile d'obtenir le rapport de la grandeur de l'image à la grandeur de l'objet, en comparant les triangles semblables POQ, P'OQ' : on a en effet

$$\frac{P'Q'}{PQ} = \frac{P'O}{PO} = \frac{p'}{p}$$

et par suite, en remplaçant la quantité p' par sa valeur $p' = \frac{pf}{p-f}$, tirée de l'équation (1) des lentilles convergentes

$$\frac{P'Q'}{PQ} = \frac{f}{p-f}$$

L'image sera plus petite que l'objet si l'on a $p > 2f$; elle lui sera égale si l'on a $p = 2f$, et sera plus grande si l'on a $p < 2f$. — Il serait facile, en partant de la formule précédente, de trouver la position à laquelle l'objet devrait être placé pour que son image fût un certain nombre de fois plus petite ou plus grande. Veut-on par exemple une image k fois plus grande que l'objet, on pose $f = k(p-f)$ et l'on résout cette équation par rapport à p.

Considérons encore une lentille convergente, et supposons l'objet placé en PQ *(fig.* 178) en deçà du foyer principal. Les foyers de ses divers points seront virtuels, et son image se formera en P'Q' au-delà de PQ ; elle sera directe et plus grande que l'objet. La similitude des triangles POQ, P'OQ' donnera comme précédemment :

$$\frac{P'Q'}{PQ} = \frac{P'O}{PO} = \frac{p'}{p}$$

ou bien, en remplaçant p par sa valeur $p' = \frac{pf}{f-p}$, tirée de l'équation (2) des lentilles convergentes :

$$\frac{P'Q'}{PQ} = \frac{f}{f-p}$$

Cette formule donne le rapport de la grandeur de l'image à la grandeur de l'objet.

Considérons enfin une lentille divergente, et supposons l'objet placé en PQ (*fig.* 179). Son image P'Q' sera virtuelle, directe et située entre PQ et la lentille ; on aura, pour déterminer sa grandeur relative :

$$\frac{P'Q'}{PQ} = \frac{f}{p+f}$$

Dans les lentilles divergentes, il faut toujours se placer dans la direction des rayons réfractés pour voir l'image ; on ne peut jamais la recevoir sur un écran dépoli, comme on reçoit les images réelles des lentilles convergentes.

CHAPITRE IV.

Dispersion de la lumière.

450. *Décomposition de la lumière.* $=$ Lorsqu'on fait
tomber un pinceau de lumière solaire sur un prisme de verre
ou d'une autre substance diaphane, et qu'on reçoit l'image
réfractée sur un écran placé à quelque distance, on reconnaît qu'elle est allongée perpendiculairement à l'arête du
prisme, et qu'elle est en outre partagée en plusieurs bandes
transversales de diverses couleurs ; cette image se nomme le
spectre solaire.

On distingue dans le spectre sept nuances principales ; ce
sont le violet, l'indigo, le bleu, le vert, le jaune, l'orangé
et le rouge ; quelquefois on ne distingue que les nuances
extrêmes, et le spectre paraît blanc vers son milieu. La séparation des couleurs est assez complète quand on introduit
un pinceau de lumière solaire dans une chambre obscure
(*fig.* 180) par une ouverture d'un ou deux centimètres de
rayon, quand on le reçoit sur un prisme d'un angle réfringent de 60°, et quand on place l'écran à 5 ou 6 mètres du
prisme ; elle serait encore plus complète si l'ouverture était
plus petite. Quel que soit d'ailleurs le spectre que l'on considère, qu'il soit complet et bien net, ou bien qu'il soit in-
complet et mal défini, il est toujours terminé dans le sens de
sa longueur par deux lignes parallèles, et dans le sens de sa
largeur par deux demi-circonférences ; l'ordre des couleurs

s'y trouve toujours le même à partir des extrémités, le violet vers la base du prisme, le rouge vers le sommet; et le passage d'une nuance à la nuance voisine s'y fait toujours par degrés insensibles. Ces résultats sont faciles à vérifier avec des prismes diaphanes de toute substance et de tout angle réfringent.

451. *Différence de réfrangibilité des rayons diversement colorés.* = Les rayons qui composent le spectre solaire ne possèdent pas la même réfrangibilité : le rouge est moins réfrangible que l'orangé, l'orangé moins que le jaune, le jaune moins que le vert...... Ce résultat est une conséquence de la forme du spectre; les rayons rouges, par exemple, doivent éprouver une plus faible déviation que les rayons orangés, puisque, en se présentant à la première face du prisme sous la même incidence, ils sont moins rapprochés de la base par le fait de la réfraction. Le même raisonnement s'applique aussi aux autres rayons.

De nombreuses expériences conduisent au même résultat; les suivantes sont aussi simples que démonstratives.

1° Si l'on regarde à travers un prisme horizontal, une petite bande de papier formée de deux parties diversement colorées, les deux couleurs ne paraissent pas sur le prolongement l'une de l'autre; elles sont toutes les deux relevées si le sommet du prisme est en haut, mais elles le sont inégalement; le violet, par exemple, est plus relevé que l'indigo, l'indigo plus que le bleu...... preuve que la réfrangibilité est décroissante à partir du violet.

2° On place derrière un prisme ABC (*fig.* 181), un écran XY percé d'une ouverture très petite, et l'on fixe derrière cette ouverture un second prisme A'B'C' dans une position contraire; on fait ensuite tourner le premier prisme autour de son axe afin d'amener successivement toutes les nuances du spectre dans l'ouverture de l'écran, et l'on note les points U, I, B...., R où elles vont tomber après avoir traversé le second prisme. On reconnaît ainsi que le violet se rend au point U le plus élevé, l'indigo un peu plus bas; puis le bleu, le vert.... et qu'enfin le rouge se rend au point le plus bas; nouvelle preuve que la réfrangibilité décroît du violet au rouge.

3° On place un prisme horizontal dans une chambre obscure, sur la direction d'un pinceau de lumière solaire, et l'on reçoit le spectre RU (*fig.* 182) sur un tableau vertical; on fait ensuite tomber une partie des rayons réfractés sur un prisme vertical, disposé à quelques centimètres du premier; et l'on reçoit le spectre R'U' sur le même tableau. On reconnaît toujours que le deuxième spectre est oblique par rapport au premier, et que la distance des couleurs violettes est plus grande que la distance des couleurs rouges. L'obliquité du spectre R'U' prouve que le prisme vertical n'imprime pas la même déviation aux rayons diversement colorés qui le traversent, et le sens de cette obliquité prouve que la déviation est croissante depuis les rayons rouges jusqu'aux rayons violets.

Les expériences précédentes ne démontrent pas seulement l'inégale réfrangibilité des sept couleurs principales du spectre; elles démontrent aussi l'inégale réfrangibilité des divers rayons qui composent une même couleur. Le violet, par exemple, qui termine le spectre, est un peu plus réfrangible que le violet moyen, et à plus forte raison que le violet voisin de l'indigo; le rouge qui le termine, est au contraire moins réfrangible que le rouge moyen, et à plus forte raison que le rouge voisin de l'orangé. Une différence analogue s'observe dans toutes les nuances depuis le violet extrême jusqu'au rouge extrême; aussi doit-on admettre que le spectre est composé

d'une infinité de rayons inégalement réfrangibles, et par suite
qu'il en est de même du pinceau de lumière blanche qui le
produit en se réfractant à travers le prisme. Newton part de
ce fait pour expliquer tous les phénomènes relatifs à la coloration : les rayons de lumière blanche, dans l'opinion de ce
grand géomètre, sont formés d'une infinité de rayons parallèles, inégalement réfrangibles et capables de produire individuellement la sensation d'une couleur déterminée ; dès qu'ils
tombent sur un prisme, ils sont *dispersés* ou désunis par suite
de leur diverse réfrangibilité, et alors chacun d'eux porte, sur
le corps qu'il rencontre, la couleur qui lui est propre ; la décomposition de la lumière blanche est donc uniquement due à
l'inégale réfrangibilité des rayons parallèles qui la composent.

452. *Inaltérabilité des couleurs du spectre.* == De nombreuses expériences démontrent que les diverses couleurs du
spectre ne peuvent jamais être altérées dans leur nature. Elles
sont d'abord inaltérables par la réfraction, car si l'on fait
passer l'une de ces couleurs, la couleur rouge, par exemple,
dans une ouverture très-petite pratiquée au centre d'un écran,
et si l'on dirige le pinceau ainsi isolé sur des prismes ou sur
des lentilles, on ne trouve jamais, dans la lumière réfractée,
d'autre couleur que le rouge, quel que soit le nombre des
réfractions et la nature des substances réfringentes ; de même
si l'on fait tomber le pinceau rouge sur un corps d'une couleur différente qu'il puisse traverser, il en sort encore avec sa
couleur primitive ; il serait plutôt détruit ou absorbé qu'altéré dans sa nature. — Les couleurs du spectre sont également inaltérables par la réflexion, car si l'on dirige l'une des
couleurs, la couleur violette par exemple, sur des corps de
couleur différente, sur des corps blancs, bleus, verts ou rouges, comme le papier, la fleur du bluet, l'émeraude ou le
vermillon, ces corps paraissent entièrement violets ; ils paraî-

traient bleus dans la couleur bleue, et rouges dans la couleur rouge.

Il résulte de ces expériences et de mille autres analogues, que les diverses couleurs du spectre sont simples ou inaltérables, bien différentes en cela de la lumière blanche qui peut être décomposée en sept couleurs ou plutôt en autant de couleurs que le spectre renferme de rayons inégalement réfrangibles; bien différentes aussi des couleurs naturelles qui sont en général composées de plusieurs nuances distinctes, comme il est facile de s'en assurer en les regardant à travers le prisme.

453. *Recomposition de la lumière blanche.* = On peut reformer la lumière blanche avec les couleurs séparées par le prisme, soit en ramenant au parallélisme les divers rayons colorés, soit en les faisant concourir au même point. Les expériences n'offrent aucune difficulté.

Veut-on ramener les rayons au parallélisme, on place à quelques centimètres du prisme qui produit la décomposition, un second prisme de même substance et de même angle réfringent, on le met dans une position inverse (*fig.* 183), les faces parallèles à celles du premier. Le faisceau lumineux est alors d'une extrême blancheur au sortir du second prisme, quoiqu'il soit coloré de toutes les nuances du spectre au sortir du premier.

Veut-on faire concourir les rayons au même point, on les reçoit sur un miroir concave ou sur une lentille convergente (*fig.* 184), à quelque distance du prisme; les rayons diversement colorés vont alors concourir au foyer du miroir ou de la lentille, et l'image reçue à ce point sur un écran est d'une blancheur éclatante; elle est seulement un peu colorée vers ses bords au foyer de la lentille, car les rayons diversement colorés n'ayant pas rigoureusement la même réfrangibilité, ne se croisent pas rigoureusement au même point. Si l'écran, au lieu d'être au foyer, se trouve à une distance plus grande ou plus petite de la surface convergente, la recomposition n'est plus complète, et l'image est plus ou moins colorée ; s'il se trouve en deçà du foyer, les couleurs du spectre paraissent dans leur ordre naturel ; s'il se trouve au-delà, elles paraissent dans un ordre inverse. Un miroir plan XY qui serait placé au foyer de la lentille ou du miroir concave, réfléchirait chacun des rayons colorés suivant les lois ordinaires de la réflexion, et le spectre se reproduirait en R''U'' dans une position renversée.

Une expérience directe démontre enfin que toutes les couleurs réunies dans l'ordre et dans les proportions du spectre, produisent en nous la sensation de la couleur blanche, quand elles affectent simultanément notre organe. On prend un cercle en carton (*fig.* 185) d'un ou deux pieds de diamètre, percé à son centre d'une petite ouverture ; et l'on colle sur sa surface des secteurs de papier représentant les sept couleurs du spectre ; on a soin de les placer dans leur ordre de réfrangibilité, et de leur donner une étendue proportionnelle à celle qu'elles occupent dans le spectre. En faisant alors tourner rapidement le cercle autour de son centre, les sept nuances disparaissent, et la surface du cercle est comme recouverte de papier blanc. Ce phénomène s'explique en remarquant que la sensation d'une couleur dure pendant un temps au moins égal à celui qu'emploie le cercle pour faire une révolution, de sorte que nous croyons voir en même temps un cercle violet, un cercle indigo, un cercle jaune,... et par suite les sept couleurs nécessaires et suffisantes pour produire la couleur blanche.

454. *Des nuances produites par le mélange des couleurs simples.* == Nous avons vu que les couleurs du spectre repro-

duisent la couleur blanche quand elles se mélangent dans leur
proportion naturelle, il nous reste à voir la couleur qu'elles
donnent quand elles se mélangent dans toute autre proportion,
ou quand elles se mélangent seulement deux à deux, trois à
trois..... dans tel ou tel rapport. Ce problème a été résolu
complètement par Newton. On décrit une circonférence ROIU
(*fig.* 185) que l'on divise en sept arcs RO, OJ, JV...., proportionnels aux couleurs simples du spectre, c'est-à-dire aux
nombres :

$$\frac{1}{9} \quad \frac{1}{16} \quad \frac{1}{10} \quad \frac{1}{9} \quad \frac{1}{10} \quad \frac{1}{16} \quad \frac{1}{9}$$

On suppose ensuite aux centres de gravité r, o, j..... de ces
arcs, des poids proportionnels aux couleurs qu'on veut mélanger, le rouge étant placé en r, l'orangé en o, le jaune en
j...., et l'on compose ces poids par la méthode des forces parallèles. La couleur du mélange est indiquée par la couleur
du secteur que traverse la résultante. — Veut-on connaître,
par exemple, la couleur produite par le mélange de toutes
les nuances, on suppose aux points r, o, j..... des poids proportionnels aux couleurs du spectre, ou aux arcs RO, OJ,
JV.... La résultante passe évidemment par le centre du cercle,
et conséquemment la couleur du mélange est blanche. —Veut-
on connaître la couleur produite par le mélange d'une certaine
proportion de jaune et de bleu ; on suppose aux points i et b,
des poids proportionnels aux deux couleurs mélangées, et
l'on cherche la résultante de ces deux forces ; si elle passe dans
le secteur BCV, c'est une preuve que le mélange est d'une
couleur verte ; si elle passe dans l'un des secteurs VCJ, BCI,
c'est une preuve que la couleur du mélange est jaune ou bleue
comme celles des couleurs élémentaires. — Si l'on voulait faire
entrer du blanc dans le mélange, il faudrait supposer au
centre du cercle un poids proportionnel à la quantité de blanc

que l'on voudrait mélanger, et composer ce poids avec ceux qui représentent les couleurs simples. — Cette règle donne également la nuance qui résulte du mélange de deux couleurs consécutives; mais, comme l'observe Newton, il ne faut pas l'appliquer au mélange du violet et du rouge qui ne se suivent pas dans le spectre.

On voit, par cette construction, que deux couleurs simples distantes d'un rang donnent toujours par leur mélange la couleur qui les sépare, et que deux couleurs simples distantes de deux rangs donnent l'une ou l'autre des couleurs intermédiaires, en supposant toutefois que les proportions des couleurs soient celles qui entrent dans le spectre.

455. *Des raies du spectre.* == On distingue dans le spectre solaire une multitude de petites lignes noires ou presque noires, extrêmement déliées, qui le partagent perpendiculairement à sa direction. Ces lignes, observées pour la première fois par Frauenhofer, artiste de Munich, ont été nommées les raies du spectre; elles sont généralement disposées dans ses parties les plus brillantes.

Les raies du spectre sont beaucoup trop fines et beaucoup trop resserrées pour être visibles à l'œil nu; on ne peut les voir qu'avec une lunette achromatique douée d'un assez fort grossissement. On introduit ordinairement un pinceau de lumière solaire dans une chambre noire par une ouverture longue et étroite; on le reçoit à quelque distance sur un prisme dont les arêtes sont parallèles à l'ouverture, et l'on place la lunette derrière le prisme dans le faisceau réfracté; on regarde alors dans cette lunette successivement toutes les parties du spectre, et l'on distingue facilement les lignes noires qui correspondent à telle ou telle nuance. Le prisme qui sert à cette expérience, doit être formé d'une substance très-pure; il doit surtout être privé des veines et des stries qui, en dispersant irrégulièrement la lumière, enlèvent aux teintes du spectre toute leur homogénéité.

Frauenhofer a constaté, par de nombreuses expériences, que le nombre des raies, leur forme et leur disposition sont toujours les mêmes dans le spectre solaire, quel que soit l'angle réfringent du prisme et la nature de sa substance; il a constaté en outre que les spectres formés par la lumière des planètes, de la lune et du ciel sont complètement identiques aux spectres formés par la lumière directe du soleil, mais qu'il n'en est plus de même pour les spectres dûs à la lumière électrique, à la lumière des lampes et à la lumière des étoiles. La lumière électrique, par exemple, donne des raies brillantes au lieu de raies noires; la lumière des étoiles donne des raies noires comme celles du soleil, mais elles sont différentes des raies du spectre solaire, soit pour leur nombre, soit pour leur disposition. Frauenhofer a compté plus de 600 raies dans le spectre solaire; il en a pris sept pour point de repère, et il a cherché les indices de réfraction qui leur correspondent dans quelques substances. Ces indices s'obtiennent, comme ceux qui se rapportent aux diverses couleurs du spectre, au moyen de l'angle du prisme et de la déviation minimum.

456. *Mesure de la dispersion.* = La dispersion de la lumière n'est pas la même dans les diverses substances; elle est peu sensible dans l'air et dans les gaz en général; elle est assez forte dans les liquides, et plus forte encore dans le crown, le flint et quelques autres solides. On en juge par la forme plus ou moins resserrée ou plus ou moins dilatée des spectres produits par ces substances.

La dispersion se mesure par la différence des indices de réfraction correspondans aux rayons extrêmes du spectre; ainsi elle est égale à $n' - n$ en désignant par n l'indice de réfraction des rayons rouges et par n' celui des rayons violets.

Les nombres du tableau suivant en donnent la valéur pour quelques substances.

Flint-glass. 0,0433
Crown-glass. 0,0246
Térébenthine. 0,0233
Potasse. 0,0167
Eau. 0,0132

On désigne quelquefois sous le nom de *pouvoir dispersif* d'une substance , sa dispersion divisée par son indice moyen de réfraction diminué de l'unité ; et l'on entend par l'indice moyen de réfraction, l'indice qui appartient à la lumière moyenne du spectre.

457. *Propriétés des divers rayons du spectre.* = On distingue ordinairement les propriétés lumineuses des rayons du spectre , léurs propriétés calorifiques et leurs propriétés chimiques. L'intensité de la lumière n'est pas la même dans les diverses parties du spectre ; elle est maximum dans le jaune et le vert, et diminue insensiblement jusqu'au rouge et au violet ; c'est dans cette dernière teinte que se trouve le minimum , comme l'indiquent les expériences d'Herschell. L'intensité de la chaleur varie aussi dans les parties diversement colorées ; elle est maximum dans le rouge , et décroît jusqu'au violet par degrés insensibles. Rochon parvint à ce résultat dès l'année 1775 en concentrant au moyen d'une lentille les diverses parties du spectre sur la boule d'un petit thermomètre ; Herschell et Leslie le vérifièrent ensuite par de nombreuses expériences. Le rapport des effets des rayons rouges et des rayons violets n'est pas bien déterminé; Rochon le suppose de 8 à 1, Herschell de 7 à 2 , et Leslie de 16 à 1. Herschell pense que l'intensité maximum ne correspond pas tout-à-fait aux rayons rouges , mais qu'elle se trouve hors du spectre à un demi-pouce environ.

Les diverses parties du spectre n'exercent pas la même influence dans les phénomènes chimiques produits par la lumière; Schéele s'aperçut le premier que les rayons violets agissent avec le plus d'efficacité pour décomposer l'oxide et le chlorure d'argent; Sennebier reconnut ensuite qu'ils favorisaient aussi, mieux que les autres, la formation de la partie verte des végétaux; MM. Wollaston, Ritter et Bérard ont constaté, depuis, que l'action chimique s'étendait même au-delà du spectre, du côté des rayons violets. Une expérience de ce dernier observateur est bien propre à faire voir la différence d'action que produisent les rayons violets et les rayons rouges. La lumière rouge fut concentrée, pendant plus de deux heures, au foyer d'une lentille convergente, sur du chlorure d'argent, sans lui faire éprouver aucune altération sensible, tandis que la lumière violette, concentrée de la même manière, le décomposa en moins de cinq minutes.

458. *Coloration des objets vus à travers les prismes.* = On explique facilement, par l'inégale réfrangibilité des rayons de diverses couleurs, tous les phénomènes de coloration que l'on observe en regardant les objets à travers les prismes. Considérons quelques-uns de ces phénomènes.

Si l'on regarde une bande très-mince de papier blanc, placée sur un fond noir, à travers un prisme dont les arêtes lui soient parallèles, et dont le sommet soit en haut, on la trouve relevée, et colorée de toutes les nuances de l'arc-en-ciel : le violet paraît dans la partie supérieure de l'image, et les autres couleurs viennent au-dessous dans le même ordre que dans le spectre solaire. Ce résultat est une conséquence des principes précédemment établis : les rayons de lumière blanche qui partent du papier étant décomposés, comme les rayons directs du soleil, en sept couleurs principales, toutes sont relevées par l'action du prisme, puisque son sommet est en haut ; mais elles sont relevées inégalement puisqu'elles sont inégalement réfrangibles ; le violet qui possède la plus grande réfrangibilité est le plus relevé, l'indigo vient ensuite, puis le bleu, le vert, le jaune, l'orangé et le rouge.

Si l'on regardait une bande de quelques pouces de largeur, au lieu d'une bande très-mince, l'image paraîtrait blanche vers son milieu, et colorée seulement vers ses bords. Ce phénomène s'explique : la bande de papier étant formée d'une infinité de petites bandes élémentaires, donne une infinité de petits spectres, tous disposés dans le même ordre, et tous rapprochés du sommet du prisme ; ces différens spectres se composeraient en un seul s'ils se superposaient dans toute leur étendue, et si leurs couleurs analogues se correspondaient mutuellement. Mais il n'en est pas ainsi : la superposition n'est que partielle, et c'est précisément ce qui produit la blancheur observée au milieu de l'image et la coloration observée vers ses bords. Ainsi, par exemple, la couleur violette du spectre le plus élevé est la seule qui se trouve isolée ; son indigo est recouvert par le violet du 2e spectre, son bleu par l'indigo du 2e spectre et par le violet du 3e, son vert par le bleu du 2e spectre, par l'indigo du 3e et par le violet du 4e..... Les couleurs superposées s'approchent par conséquent de plus en plus d'être égales en nombre aux couleurs qui par leur réunion forment la couleur blanche, de sorte que l'image doit prendre cette couleur à partir d'un certain point. Elle sera seulement colorée vers ses extrémités, l'extrémité supérieure en violet et l'extrémité inférieure en rouge ; il y aura en outre un mélange de violet et d'indigo un peu au-dessous du violet, et un mélange de rouge et d'orangé un peu au-dessus du rouge.

On observe des phénomènes inverses des précédens en regardant à travers le prisme, une large bande de papier noir placée sur un fond blanc. Le milieu de l'image est parfaitement noir, et les couleurs sont successivement rouges, rouges orangées, rouges orangées jaunes.... vers le haut; tandis qu'elles sont violettes, violettes indigos, violettes indigos bleues.... vers le bas. Cette disposition de couleurs s'explique en remarquant que les spectres élémentaires proviennent de l'espace blanc qui limite la bande noire.

§ 1er. — De l'achromatisme.

459. *Objet de l'achromatisme.* = Newton avait admis comme conséquence de quelques expériences inexactes sur la dispersion, que la lumière ne pouvait être déviée par la réfraction sans être décomposée. Cette opinion fut partagée pendant quelque temps par les physiciens, et ce ne fut qu'en 1757 que Jean Dollon, opticien de Londres, en démontra l'inexactitude par des faits non équivoques. Une expérience bien simple prouve d'ailleurs l'erreur de Newton : on dispose, l'un à côté de l'autre et dans une position contraire, deux prismes, l'un de verre, l'autre à liquide; celui-ci doit avoir l'une de ses faces mobile autour du sommet, afin que l'angle réfringent puisse être augmenté ou diminué; on remplit le prisme creux d'un liquide incolore, et l'on place le système dans une chambre obscure sur la direction d'un pinceau de lumière solaire. L'image réfractée est colorée en général; mais en faisant mouvoir l'une des parois du *prisme variable*, on parvient à trouver une position dans laquelle la coloration disparaît, sans que la déviation cesse de subsister. Le calcul prouve également que la lumière peut être déviée sans éprouver aucune décomposition.

On dit que des prismes sont achromatiques quand ils jouissent de la propriété de dévier la lumière sans la décomposer;

on dit de même que des lentilles sont achromatiques quand les images produites à leur foyer sont de même couleur que les objets. Les prismes et les lentilles achromatiques se forment toujours de plusieurs prismes et de plusieurs lentilles de substances différentes.

460*. *Achromatisme des prismes.* = Les prismes achromatiques se composent ordinairement de deux prismes, l'un de flint-glass, l'autre de crown-glass, dont deux faces sont appliquées l'une contre l'autre, et dont les angles réfringens sont tournés en sens contraire. Il s'agit de trouver la relation qui doit exister entre ces angles pour que l'achromatisme ait lieu.

Supposons, pour plus de simplicité, que les deux faces AB, A'B' (*fig.* 186) ne se touchent pas tout-à-fait, mais qu'elles soient simplement parallèles, et cherchons d'abord la déviation qu'un rayon SI éprouve en traversant le système des deux prismes. Cette déviation $D = EDF$ est évidemment égale à la différence $\delta - \delta'$ des déviations produites par chacun des prismes; la valeur de D sera, par conséquent, connue dès qu'on connaîtra celle de δ et de δ'. Ces valeurs sont assez compliquées quand on suppose le rayon SI très-éloigné de la normale à la face d'incidence, mais elles sont très-simples quand on le suppose assez voisin de cette normale pour que les angles d'incidence et de réfraction puissent être pris au lieu de leurs sinus. On a, en effet, pour le prisme ABC, $\delta = i + i' - A$ (n° 437); or $i = nr$, $i' = nr'$, donc $i + i' = n(r + r') = nA$; ainsi $\delta = nA - A$ ou bien $\delta = A(n-1)$. On a de même, pour le prisme A'B'C', $\delta' = A'(n'-1)$; la valeur de D devient ainsi :

$$D = A(n-1) - A'(n'-1)$$

Cette formule donne la déviation d'un rayon d'une couleur

déterminée en supposant que les quantités n' et n se rapportent à cette couleur ; elle conduit facilement à la condition
de l'achromatisme.

Considérons, à cet effet, les rayons extrêmes, le rouge
et le violet ; représentons leurs déviations par D' et D'', et
nommons m et s leurs indices de réfraction pour le premier
prisme, et m' et s' pour le second ; on aura

$$D' = A(m-1) - A'(m'-1)$$
$$D'' = A(s-1) - A'(s'-1)$$

Or les rayons rouges et les rayons violets doivent, comme
tous les autres rayons diversement colorés, sortir parallèlement entre eux du système des prismes, quand l'achromatisme a lieu ; on doit donc avoir $D' = D''$, et par suite

$$A(m-1) - A'(m'-1) = A(s-1) - A'(s'-1)$$

ou bien
$$A'(s'-m') = A(s-m)$$

d'où
$$\frac{A'}{A} = \frac{s-m}{s'-m'}$$

Telle est la relation qui doit exister entre les angles A et
A', pour que les rayons rouges et les rayons violets soient
parallèles après leur émergence ; si donc on prend arbitrairement l'un de ces angles, on déterminera facilement la
valeur que doit avoir l'autre, pour que le système des prismes
achromatise les deux rayons. Il serait d'ailleurs facile de voir,
en substituant les valeurs de A et A' dans la valeur de D' ou
dans celle de D'', que ces déviations ne sont pas nulles, et
par suite que les rayons émergens ne sont pas parallèles aux
rayons incidens.

L'achromatisme n'est jamais complet quand on emploie seulement deux prismes, car le rapport des angles A et A' qui

convient au parallélisme des rayons extrêmes , n'est pas celui qui convient au parallélisme des rayons intermédiaires, et cela parce que le rapport $\frac{s-m}{s'-m'}$ des dispersions des rayons extrêmes du spectre n'est pas égal au rapport des dispersions des rayons intermédiaires. On ne peut , en général , avec deux prismes rendre parallèles plus de deux rayons diversement colorés. — Lorsqu'on achromatise seulement deux rayons , on choisit ordinairement les rayons verts et les rayons orangés , car leur intensité lumineuse est plus grande que celle des rayons extrêmes du spectre.

On pourrait , en employant un plus grand nombre de prismes , achromatiser un plus grand nombre de rayons de diverses couleurs. Désignons par A, A', A"... les angles réfringens des prismes, par n, n', n''... leurs indices de réfractions , et supposons qu'un rayon lumineux traverse leur système en s'écartant peu des normales menées aux divers points d'incidence ; les déviations produites respectivement par chacun des prismes , auront pour valeurs $A(n-1)$, $A'(n'-1)$, $A''(n''-1)$.... et par suite la déviation totale sera représentée par la formule

$$D=A(n-1)+A'(n'-1)+A''(n''-1)+ ....$$

en supposant toutefois que les angles des prismes soient tournés dans le même sens ; si quelques-uns des angles étaient opposés aux autres , on devrait prendre avec le signe $+$ les termes correspondans aux angles tournés dans un certain sens , et avec le signe $-$ les termes correspondans aux angles tournés dans le sens contraire.

Il est facile de voir, à l'aide de cette formule, qu'on peut achromatiser autant de rayons diversement colorés qu'il y a de prismes. Veut-on achromatiser trois rayons ; on prend trois prismes ; on tourne l'un d'eux , celui du milieu , par exemple , en sens contraire des deux autres , et l'on obtient :

$$D' = A\,(m{-}1) - A'\,(m'{-}1) + A''\,(m''{-}1)$$
$$D'' = A\,(s{-}1) - A'\,(s'{-}1) + A''\,(s''{-}1)$$
$$D''' = A\,(l{-}1) - A'\,(l'{-}1) + A''\,(l''{-}1)$$

en désignant par D', D'', D''' les déviations totales relatives à chacun des rayons, par m, m', m'' les indices de réfraction du premier rayon, par s, s', s'' les indices du second, et par l, l', l'' ceux du troisième. Or puisque les trois rayons doivent sortir parallèles , on doit avoir D'=D''=D''', et par suite

$$A(m{-}1) - A'(m'{-}1) + A''(m''{-}1) = A(s{-}1) - A'(s'{-}1) + A''(s''{-}1)$$
$$A(m{-}1) - A'(m'{-}1) + A''(m''{-}1) = A(l{-}1) - A'(l'{-}1) + A''(l''{-}1)$$

ou bien en simplifiant :

$$A\,(m{-}s) - A'\,(m'{-}s') + A''\,(m''{-}s'') = 0$$
$$A\,(m{-}l) - A'\,(m'{-}l') + A''\,(m''{-}l'') = 0$$

Si l'on se donne arbitrairement la valeur de l'un des trois angles, et si l'on calcule, à l'aide de ces équations, les valeurs des deux autres , on aura un système de trois prismes qui achromatisera parfaitement les trois rayons déterminés. On achromatiserait de même quatre rayons avec quatre prismes, cinq rayons avec cinq prismes... mais on se contente ordinairement d'achromatiser trois rayons; et ceux que l'on choisit sont le rouge, le jaune et le violet.

461*. *Achromatisme des lentilles.* = On sait que la lumière se décompose en traversant les lentilles comme en traversant les prismes, et par suite que les rayons des diverses couleurs ne forment pas leurs foyers au même point. Il en résulte que les objets vus à travers les lentilles, ne paraissent pas en général avec leurs couleurs particulières, mais qu'ils sont, au contraire, terminés par des franges irisées. Les lentilles achromatiques ne présentent aucune frange de cette nature ; elles se composent ordinairement de deux lentilles, l'une bi-convexe en crown-glass, l'autre bi-concave en flint-glass, accolées de manière à avoir une face commune. Cherchons les conditions nécessaires à l'achromatisme d'un pareil système.

Désignons par r, r' les rayons de la lentille bi-convexe MABN (*fig.* 187), et par r'' le rayon de la surface concave M'A'N' ; on donne les valeurs de r et de r', et l'on se propose de trouver pour r'' une valeur telle que le système des deux lentilles fasse converger au même point deux rayons diversement colorés. Soient P un point lumineux situé sur l'axe, PI un rayon incident, I'P'' le rayon réfracté, et par suite P'' le foyer des rayons partis du point P. Cherchons d'abord la relation qui existe entre la distance du point lumineux à la lentille, la distance de son foyer à la même lentille, les rayons des sphères et les indices de réfraction.

Si le rayon IS, au lieu de passer de la lentille bi-convexe dans la lentille bi-concave, passait de la lentille bi-convexe dans l'air, il suivrait la route SP' en s'éloignant plus de la normale SK que le rayon SI', et l'on aurait, entre les distances AP$=p$, B$p'=p'$, la relation :

$$\frac{1}{p} + \frac{1}{p'} = (n-1)\left(\frac{1}{r} + \frac{1}{r'}\right)$$

Maintenant si l'on considère un rayon lumineux qui parte du point P'' et qui vienne tomber en I', il reprendra la route I'SIP, et si au lieu de passer de la lentille bi-concave dans la lentille bi-convexe, il passait de la lentille bi-concave dans.

l'air, il prendrait la direction ST en s'écartant plus de la normale CS que le rayon SI ; la ligne ST serait le prolongement rectiligne de P'S, et le point P' serait le foyer du point P''. Ce résultat se démontre en prouvant l'égalité des angles TSC et KSP'. Désignons ces angles par b et b', et nommons a et a' les angles d'incidence sur la face MBN qui sépare les deux lentilles, on aura :

$$\left.\begin{array}{l} sin.b' = n\,sin.a \\ sin.b = n'\,sin.a' \end{array}\right\} \quad \text{d'où} \quad \frac{sin.b'}{sin.b} = \frac{n}{n'} \times \frac{sin.a}{sin.a'}$$

d'un autre côté, les angles a et a' sont liés aux quantités n et n' par la relation précédemment démontrée :

$$\frac{sin.a}{sin.a'} = \frac{n'}{n}$$

Si donc on substitue cette valeur dans l'équation supérieure, son second membre devient égal à l'unité, et l'on a par suite $sin.b' = sin.b$, ou bien $b' = b$.

Cela posé, le point P'' ayant son foyer virtuel au point P', on a entre les quantités A'P'' $= p''$, A'P' $=$ BP' $= p'$

$$\frac{1}{p''} - \frac{1}{p'} = -(n'-1)\left(\frac{1}{r} + \frac{1}{r'}\right)$$

Si l'on ajoute cette équation à l'équation précédente, la quantité p' disparaît, et il vient

$$\frac{1}{p} + \frac{1}{p'} = (n-1)\left(\frac{1}{r} + \frac{1}{r'}\right) - (n'-1)\left(\frac{1}{r} + \frac{1}{r'}\right)$$

Telle est la relation que nous nous proposions d'abord de trouver : elle s'applique au rayon pour lequel les quantités n et n' désignent les indices de réfraction ; supposons que ce soit le rayon violet. On aura de même pour le rayon rouge :

$$\frac{1}{p} + \frac{1}{p'''} = (m-1)\left(\frac{1}{r} + \frac{1}{r'}\right) - (m'-1)\left(\frac{1}{r'} + \frac{1}{r''}\right)$$

en désignant par m et m' ses indices de réfraction, et par p''' la distance de son foyer aux lentilles. Or, comme les rayons rouge et violet doivent faire leurs foyers au même point, on doit avoir $p'''=p''$, et par suite

$$(n-1)\left(\frac{1}{r} + \frac{1}{r'}\right) - (n'-1)\left(\frac{1}{r'} + \frac{1}{r''}\right) = (m-1)\left(\frac{1}{r} + \frac{1}{r'}\right) - (m'-1)\left(\frac{1}{r'} + \frac{1}{r''}\right)$$

ou, en simplifiant

$$(n-m)\left(\frac{1}{r} + \frac{1}{r'}\right) = (n'-m')\left(\frac{1}{r'} + \frac{1}{r''}\right)$$

$$r'' = \frac{(n'-m')rr'}{(n-m)(r+r')-(n'-m')r}$$

Telle est la valeur qu'il faut donner au rayon de la calotte M'A'N' pour que les rayons rouges et les rayons violets fassent leurs foyers au même point. — Dans les lentilles, comme dans les prismes, la coïncidence des rayons extrêmes du spectre ne détermine par celle des rayons intermédiaires, et il faut rigoureusement, pour obtenir un achromatisme parfait, autant de lentilles qu'il y a de rayons de diverses couleurs. On emploie cependant rarement plus de deux lentilles, car l'achromatisme qu'elles produisent est suffisant pour les expériences.

§ 2. — De l'arc-en-ciel.

462. L'arc-en-ciel ne peut se former qu'autant que le soleil est sur l'horizon, et qu'il éclaire vivement un nuage qui se résout en pluie ; on ne peut en outre l'apercevoir qu'autant

qu'on est placé entre le nuage et le soleil, et qu'on a le dos
tourné vers cet astre.

On aperçoit ordinairement deux arcs concentriques; tous
deux présentent les mêmes couleurs que le spectre solaire,
c'est-à-dire le violet, l'indigo, le bleu ; le vert, le jaune,
l'orangé et le rouge. Dans l'arc intérieur, c'est le rouge qui est
le plus élevé ; dans l'arc extérieur, c'est le violet. Quelquefois
on ne voit qu'un seul arc, plus rarement on en voit trois.

On sait depuis long-temps que l'arc-en-ciel est produit par
les réflexions et les réfractions que la lumière solaire éprouve
dans les gouttes d'eau qui tombent des nuages, mais on ne
connaît à proprement parler que depuis Descartes la marche
des rayons dans ces gouttes. Cherchons à donner une première
idée du phénomène en admettant, ce qui du reste est con-
forme à l'expérience, que les gouttes de pluie sont sensiblement
sphériques.

Soient SA (*fig.* 188) un pinceau de lumière solaire, O le
centre d'une gouttelette placée sur sa direction, OA la normale au point d'incidence, et ABCD le grand cercle de la
sphère liquide conduit suivant le rayon lumineux. Le cercle
ABCD sera le plan d'incidence ; il contiendra toujours le pinceau réfléchi ou réfracté, quel que soit le nombre des réflexions
ou des réfractions qu'il ait éprouvées. Le pinceau de lumière,
arrivé au point A, se divise en deux parties : l'une se réfléchit sur la surface extérieure de la goutte en faisant l'angle
de réflexion égal à l'angle d'incidence, et prend la direction
AP; l'autre se réfracte dans la goutte en s'approchant de la
normale AO, et suit la ligne AB; la première n'éprouve
aucune décomposition, tandis que la seconde est décomposée
comme par un prisme ou par une lentille. Le rayon AB,
arrivé au point B, s'y divise aussi en deux parties : l'une se
réfracte suivant BQ en s'éloignant de la normale, l'autre se

réfléchit suivant BC d'après les lois ordinaires de la réflexion. Des réfractions et des réflexions analogues se produisent au point C, au point D... — Ces résultats sont vérifiés par l'expérience. On fait entrer un pinceau horizontal de lumière solaire dans une chambre obscure, et l'on place sur sa direction un verre cylindrique rempli d'eau. Les parois du verre doivent être verticales afin que le plan d'incidence soit un cercle. Si l'on regarde alors, en plaçant l'œil au-dessus du verre, la marche de la lumière dans l'eau et dans l'air, on voit qu'elle suit la route ABCDE... dans l'intérieur du liquide, et qu'elle donne naissance aux spectres extérieurs BQ, CR..., de sorte qu'elle éprouve une réflexion et une réfraction à chaque incidence sur les parois du verre.

463. *Explication de l'arc intérieur.* = Le phénomène de l'arc-en-ciel ne peut être produit par les rayons analogues à AP qui se réfléchissent sur la surface extérieure des gouttes de pluie, puisqu'ils n'éprouvent aucune décomposition; il ne peut non plus être produit par les rayons analogues à BQ qui ne subissent aucune réflexion intérieure, puisque le spectateur doit, pour les recevoir, avoir la face tournée au soleil, et par suite puisque la lumière directe de cet astre doit effacer, par son éclat, la lumière toujours plus faible que réfractent les gouttes liquides; mais il peut être produit par les rayons analogues à CR qui sortent des gouttes après avoir subi une réflexion intérieure. C'est ce qu'il s'agit de faire comprendre.

Les rayons qui sortent d'une goutte liquide après avoir subi une réflexion intérieure, peuvent se ranger en deux classes, en rayons divergens et en rayons parallèles; les premiers n'exercent aucune influence sur le phénomène de l'arc-en-ciel, car ils se disséminent dans tous les points de l'espace; et ils pénètrent en trop petit nombre dans l'œil de l'observateur pour produire en lui une impression distincte; les rayons

II.   21

parallèles, au contraire, donnent lieu au phénomène, car en
conservant leur parallélisme à toute distance, ils conservent
sensiblement leur intensité, et l'œil qui les reçoit en est vivement affecté. Ces rayons ont été nommés les *rayons efficaces*.
Il importe de démontrer leur existence puisqu'ils produisent
tout le phénomène ; on y parvient au moyen de là déviation
qu'éprouve la lumière en traversant les gouttes liquides.
Cherchons cette déviation. Soient SA un rayon incident, CR
le rayon réfracté correspondant et D l'angle de déviation ADC
(*fig.* 189); on aura dans le quadrilatère ADCO :

$$D + DAO + DCO + (AOB + BOC) = 360°$$

or $DAO = DCO = i$, $AOB = BOC = 180° — 2r$

donc $D + 2i + 2(180° — 2r) = 360°$

ou bien $D = 4r — 2i$

La déviation varie, comme l'indique cette formule, avec la
valeur de l'angle d'incidence ; elle n'éprouve toutefois que
des variations très-faibles quand cet angle reçoit des valeurs
très-rapprochées d'une valeur particulière. Ce résultat tient à
ce que la déviation peut acquérir un maximum pour une
certaine valeur de l'angle d'incidence ; car les fonctions
susceptibles d'un maximum ne subissent que de très-petites
variations quand la variable prend des valeurs différentes,
mais très-voisines de celle qui les rend maximum. La déviation restera, par conséquent, sensiblement constante pour
tous les rayons incidens très-rapprochés de celui qui correspond au maximum, et par suite ces rayons donneront lieu
à des rayons émergens sensiblement parallèles. Quant aux
rayons incidens éloignés de celui qui rend la déviation
maximum, ils lui font prendre des valeurs différentes, même
quand ils sont très-voisins les uns des autres, et ils ne peuvent

donner lieu qu'à des rayons divergens[1]. — L'angle d'incidence qui rend la déviation maximum, s'obtient facilement
par le calcul, comme nous le verrons plus loin ; il se déduit
de la formule :

$$cos.i = \sqrt{\frac{n^2-1}{3}}$$

L'angle de réfraction correspondant se calcule par la formule $sin.i = n\, sin.r$, et la déviation maximum par la formule
$D = 4r - 2i$. Les quantités i et r varient évidemment avec
la valeur de n, et par suite avec la couleur du rayon qui
traverse la goutte liquide ; il en est de même de la déviation
maximum. Si l'on considère, par exemple, les rayons rouges
et les rayons violets pour lesquels les indices de réfraction
sont respectivement $\frac{108}{81}$ et $\frac{109}{81}$, on aura

$i = 50°24'$ $D = 42° 2'$ pour les rayons rouges

$i = 58°41'$ $D = 40°17'$ pour les rayons violets

on trouverait des déviations comprises entre $42°2'$ et $40°17'$
pour les rayons intermédiaires entre le rouge et le violet.

Ces notions établies, l'explication de l'arc intérieur n'offre
aucune difficulté. Supposons, pour fixer les idées, que le soleil
soit à $10°$ au-dessus de l'horizon, qu'il éclaire une nuée de
pluie, et qu'un observateur soit placé entre le nuage et le

---

[1] On peut rendre sensible, par un exemple, la propriété des fonctions maximum sur laquelle repose toute cette théorie. Soit
$D = x(10-x)$ une fonction qui devient maximum pour $x = 10$. Si
l'on y fait $x = 1, 2, 3, 4, ... 7, 8, 9, 10$, il vient $D = 19, 36,$
$51, 64, ... 91, 96, 99, 100$. Ainsi, en remplaçant x par des valeurs
croissantes d'une même quantité, on voit : 1° que la fonction D ne
varie pas d'une même quantité ; 2° que ses variations sont grandes
ou petites selon que les valeurs de x sont éloignées ou rapprochées
de la valeur qui correspond au maximum.

soleil, le dos tourné à cet astre. Soit O la position de l'observateur, et OP (*fig.* 190) la ligne droite menée par son œil
et le centre du soleil ; cette droite se nomme *l'axe de la vi-*
sion ; elle fait, dans le cas qui nous occupe, un angle de 10°
avec l'horizontale OH.

Concevons une droite OC qui fasse avec l'axe de la vision
un angle de 42° 9′, et considérons un des globulès liquides
situés sur sa direction ; soit AC ce globule. Les rayons lumineux qu'il reçoit du centre du soleil, tombant sur sa surface
sous toutes les incidences comprises entre 0 et 90°, il s'en
trouve nécessairement quelques-uns qui correspondent à une
incidence de 50° 24′, et qui par conséquent éprouvent la
déviation maximum relative aux rayons rouges. Ces rayons
doivent donc, après une réflexion intérieure, sortir de la
goutte, en faisant un angle de 42° 2′ avec les rayons incidens. Or si l'on suppose le centre du globule situé dans le plan
COP, il y aura toujours dans ce plan un rayon qui satisfait à
là condition précédente, et qui par conséquent vient passer
par le point O, puisque les droites menées de ce point aux
divers points du globule font toutes sensiblement un angle
de 42° 2′ avec la ligne OP ou bien avec la direction des
rayons incidens. Les autres rayons très-rapprochés de ce rayon
particulier éprouvent d'ailleurs à peu près la même déviation,
comme on l'a dit précédemment, et ils viennent aussi passer
au même point. Il en résulte que l'observateur, placé au point
O, reçoit un petit pinceau de rayons efficaces, et de plus que
ce pinceau est rouge puisque la déviation maximum correspondante se rapporte aux rayons rouges. Les autres rayons
colorés provenant du même pinceau ne peuvent d'ailleurs
jamais être efficaces, car les rayons efficaces relatifs aux couleurs du spectre, le rouge excepté, correspondent à des incidences plus grandes que 50° 24′.

Quant aux rayons qui tombent sous une incidence sensiblement différente de 50° 24', ils ne produisent aucune impression sur l'œil de l'observateur. Leur incidence correspond-elle
à la déviation maximum d'une couleur différente de la couleur
rouge, ils sont efficaces ; mais comme leur déviation maximum
est alors plus petite que 42° 2', ils vont passer par un point
différent du point O. Leur incidence ne correspond-elle à
aucune des déviations maximum des couleurs du spectre, ils
ne sont pas efficaces, et ceux qui passent par le point O n'y
produisent aucune sensation distincte. L'observateur placé
en O ne peut donc distinguer que la couleur rouge dans le
globule AC. Il en serait de même pour tous les globules situés
sur la ligne OC, et pour tous ceux qui se trouvent sur la
surface conique qu'elle engendre quand elle tourne autour de
OP en faisant avec cette droite un angle constant de 42° 2'.
L'observateur devra donc voir une bande curviligne de couleur rouge terminée à l'horizon, et placée sur la surface d'un
cône dont l'axe passe par le centre du soleil et dont l'angle est
de 42° 2'.

Si maintenant l'on mène une droite OB qui fasse avec l'axe
de vision un angle de 40° 17', tous les globules situés sur
cette ligne et sur la surface conique qu'elle engendre en tournant autour de l'axe, enverront au point O des rayons violets
efficaces, de sorte que l'observateur verra une bande violette
concentrique à la bande rouge et décrite d'un rayon plus petit.
Il verrait par les mêmes raisons des bandes indigos, bleues...
entre ces deux bandes extrêmes, et l'ordre des couleurs serait
le même que dans le spectre solaire. La distance des bandes
extrêmes, ou la largeur de l'arc, serait égale à l'angle COB,
c'est-à-dire à 42° 2'—40° 17', ou bien à 1° 45'.

Les mêmes raisonnemens s'appliquent aux rayons qui partent de tous les points du soleil comme à ceux qui partent de

son centre ; chacun de ses points engendre par conséquent de
nouvelles bandes colorées comme les premières, disposées dans
le même ordre et séparées par les mêmes distances ; seulement
l'axe de chacune d'elles est la ligne menée de l'observateur au
point du soleil d'où partent les rayons. Si l'on considère, par
exemple, le bord supérieur de l'astre, et si l'on mène la
ligne S'OP' (*fig.* 191) de ce bord au point O, l'axe de l'arc
qu'il produit sera la ligne OP' ; et comme il fait un angle de
15' avec OP, chacune des nouvelles bandes sera située de
15' au-dessous des bandes analogues dans le premier arc. Si
l'on considérait le bord inférieur du soleil, il donnerait aussi
de nouvelles bandes qui auraient la ligne S"OP" pour axe, et
qui seraient élevées de 15' au-dessus des premières ou de 30'
au-dessus des dernières. Les autres points du soleil donneraient aussi des bandes intermédiaires. Il en résulte que chaque bande colorée aura une largeur de 30", et que la largeur
totale de l'arc sera de 2° 15'. La superposition des arcs partiels
rend évidemment les couleurs intermédiaires de l'arc-en-ciel
un peu confuses ; elles ne sont bien nettes que vers les bords
où elles n'éprouvent pas de mélange.

La partie visible de l'arc varie avec la hauteur du soleil.
Lorsque cet astre est à l'horizon, l'axe de la vision est horizontal, et le plan de l'horizon coupe la surface conique en deux
parties parfaitement égales ; l'arc paraît alors sous la figure d'un
demi-cercle. Lorsque le soleil s'élève au-dessus de l'horizon,
l'axe de la vision s'abaisse au-dessous, de la même quantité ;
et l'arc va en diminuant. Lorsqu'enfin il est à 42° 2', ou bien
à une plus grande hauteur, le bord supérieur de l'arc-en-ciel
est tangent à la terre, ou bien il est au-dessous de sa surface,
et dans ces deux cas l'arc disparaît complètement. Les parties
visibles de l'arc-en-ciel sont évidemment plus grandes pour
un observateur placé sur une éminence ; il peut même aper-

cevoir un cercle entier s'il est sur un lieu très-élevé et s'il n'est pas trop éloigné du nuage.

L'explication précédente s'applique sans aucune restriction aux arcs-en-ciel que l'on distingue dans les jets d'eau et à ceux qui proviennent quelquefois des rayons réfléchis par la lune.

464. *Explication de l'arc extérieur.* — L'arc extérieur est produit par les rayons qui sortent des gouttes de pluie après avoir subi deux réflexions intérieures ; son explication repose aussi sur la déviation qu'ils éprouvent dans ces gouttes. Si l'on représente un rayon incident par SA (*fig.* 192), le rayon émergent par ER, et si l'on nomme de plus D cette déviation, on aura dans le quadrilatère ADEO :

$$D + DAO + DEO + (AOB + BOC + COE) = 360°$$

ou bien $\qquad D + 2i + 3(180 - 2r) = 360°$

d'où $\qquad D = 6r - 2i - 180°$

Cette déviation, comme l'indique la formule, change en général avec l'angle d'incidence, et par conséquent les rayons qui tombent sur les gouttes dans des directions parallèles ne conservent pas en général leur parallélisme après leur émergence. Cependant l'on démontre encore que cette déviation est susceptible d'un maximum pour une certaine valeur de l'angle d'incidence, et par suite qu'il y a un certain nombre de rayons qui n'éprouvent pas de divergence sensible. Ces nouveaux rayons efficaces sont déterminés par les équations :

$$cos.i = \sqrt{\frac{n^2-1}{8}}, \quad sin.r = \frac{1}{n} sin.i$$

et la déviation maximum qui leur correspond s'obtient par la formule $D = 6r - 2i - 180°$, en y substituant les valeurs.

de i et de r données par les équations précédentes. Les valeurs de i et de D varient avec la nature des rayons ; elles sont :

$$i = 71°50' \quad D = --50°59' \quad \text{pour les rayons rouges}$$
$$i = 71°26' \quad D = --54° \ 9' \quad \text{pour les rayons violets}$$

Le signe négatif des valeurs de D annonce que les rayons incidens et émergens se coupent au-devant du globule liquide ; car si l'on effectue les calculs en construisant la figure dans cette hypothèse, on obtient la même valeur pour la déviation, mais avec un signe contraire. Il faut donc ne considérer que les valeurs absolues des déviations, et supposer que les rayons réfractés coupent les rayons incidens au-devant des globules liquides, comme on le voit dans la *figure* 193.

On voit aisément, en partant de ces valeurs, que le rouge occupe la partie inférieure de l'arc, et que le violet en occupe la partie supérieure ; on voit de plus que sa largeur est de 3° 10' en ne considérant que les rayons partis du centre du soleil, et qu'elle est de 3° 40' en considérant les rayons partis de tous les points de cet astre.

L'arc extérieur ne disparaît totalement que quand le soleil est à 54° 9', ou plutôt à 54° 24' au-dessus de l'horizon ; il est évidemment moins brillant que le premier. L'intervalle qui sépare les deux arcs est de 50° 59'--42° 2', ou bien de 8° 57' en supposant le soleil réduit à un point ; il est seulement de 8° 27' en supposant au soleil un diamètre apparent de 30'. Newton, en mesurant directement la largeur des deux arcs et leur distance respective, a trouvé des résultats parfaitement conformes à ceux du calcul ; cet accord entre les résultats du calcul et ceux de l'expérience, ne laisse aucun doute sur la justesse de la théorie.

465. *Calculs relatifs à la déviation maximum.* = Com-

me les rayons lumineux conservent encore une certaine intensité après avoir éprouvé 2 , 3 , 4... réflexions intérieures,
on conçoit bien qu'il peut exister un 3ᵉ, un 4ᵉ, un 5ᵉ....
arc-en-ciel; nous allons nous proposer de trouver les formules
qui servent à expliquer ces différens arcs. Nous considérerons le
cas général où les rayons sortent de la goutte après m réflexions
intérieures; les cas particuliers s'en déduiront facilement.

Si l'on représente par SA le rayon incident , par KR le
rayon émergent, et par D l'angle de déviation, on aura encore
dans le quadrilatère ADKO :

$$D + DAO + DKO + (AOB + BOC + ...) = 360°$$
ou bien $\qquad D + 2i + (m+1)(180° - 2r) = 360°$
et par suite $\quad D = 2(m+1)r - 2i - (m-1)180°$

Il s'agit de trouver la valeur de i qui rend cette déviation
maximum. Considérons, à cet effet, un rayon incident S'A' très-
voisin du premier, et désignons par i' son angle d'incidence,
par r' son angle de réfraction et par D' sa déviation , on aura :

$$D' = 2(m+1)r' - 2i' - (m-1)180°$$

Retranchant la première déviation de celle-ci, il vient :

$$D' - D = 2(m+1)(r' - r) - 2(i' - i)$$

divisons les deux membres de cette équation par $i' - i$, et
prenons ensuite les limites de chaque membre, nous aurons :

$$\frac{D' - D}{i' - i} = 2\left[(m+1)\frac{r' - r}{i' - i} - 1\right]$$
$$lim. \frac{D' - D}{i' - i} = 2\left[(m+1)lim.\frac{r' - r}{i' - i} - 1\right]$$

or, on démontre en algèbre qu'une fonction atteint son maxi-

mum quand la limite du rapport de l'accroissement de la
fonction à l'accroissement de la variable est nulle; on doit
donc, pour obtenir le maximum de la déviation, égaler à zéro
le premier membre de l'équation précédente, ou bien sa valeur
fournie par le second membre; on aura ainsi

$$(m+1) \, lim. \frac{r'-r}{i'-i} = 1 \quad (1)$$

Il nous reste à trouver la limite du rapport $\frac{r'-r}{i'-i}$. On y
parvient par un artifice de calcul assez simple. Les équations
$sin.i = n \, sin.r$, $sin.i' = n \, sin.r'$ donnent évidemment

$$sin.i' - sin.i = n(sin.r' - sin.r)$$

et par suite

$$sin.\tfrac{1}{2}(i'-i)cos.\tfrac{1}{2}(i'+i) = n \, sin.\tfrac{1}{2}(r'-r)cos.\tfrac{1}{2}(r'+r)$$

ou bien

$$\frac{sin.\tfrac{1}{2}(r'-r)}{sin.\tfrac{1}{2}(i'-i)} = \frac{cos.\tfrac{1}{2}(i'+i)}{n \, cos.\tfrac{1}{2}(r'+r)}$$

or, à mesure que le second rayon s'approche du premier, les
angles i' et r' s'approchent d'être égaux aux angles i et r, et
par suite les différences $i'-i$, $r'-r$ deviennent de plus en
plus petites, tandis que les sommes $i'+i$, $r'+r$ diffèrent de
moins en moins des quantités $2i$, $2r$; le premier membre de
l'équation précédente s'approche donc de plus en plus de la
limite du rapport $\frac{r'-r}{i'-i}$, et le second de la limite $\frac{cos.i}{n \, cos.r}$, on
aura donc

$$lim. \frac{r'-r}{i'-i} = \frac{cos.i}{n \, cos.r}$$

Si l'on substitue cette valeur dans l'équation (1), on trouvera

$$(m+1) cos.i = n \, cos.r$$

Cette équation combinée avec l'équation $sin.i = n \, sin.r$, donne les valeurs de i et de r relatives au maximum; si l'on carre ces deux équations, et si on les ajoute membre à membre, il vient :

$$(m+1)^2 cos.^2 i + sin.^2 i = n^2$$

et par suite en remplaçant $sin.^2 i$ par $1 - cos.^2 i$

$$cos.i = \sqrt{\frac{n^2-1}{m(m+2)}}$$

La valeur de l'angle r correspondant se déduit de la formule $sin.i = n\,sin.r$. Il suffit de faire $m = 1$, $m = 2$ dans la valeur générale de $cos.i$ pour obtenir les valeurs qui se rapportent à l'arc intérieur et à l'arc extérieur. — Si l'on y fait $m = 3$, on aura la valeur relative au troisième arc, et l'on en déduit facilement la déviation correspondante. Cet arc est très-rarement visible à cause de la faible intensité de ses couleurs : un ciel très-sombre dans la partie située en face de l'observateur, et très-éclairé au contraire dans la partie opposée, sont des conditions nécessaires à sa visibilité. — Si l'on faisait dans la formule $m = 4$, $m = 5$.... on obtiendrait les incidences relatives au 4e, au 5e..... arc, et par suite les déviations qui servent à trouver leur position ; mais ces arcs ne sont jamais visibles. Si l'on y fait $m = 0$, il vient $cos.i = \infty$; cette valeur prouve que les rayons lumineux ne peuvent jamais éprouver de déviation maximum, et par suite qu'ils ne peuvent jamais devenir efficaces, quand ils sortent des gouttes liquides sans éprouver de réflexions intérieures.

CHAPITRE V.

De la vision.

466. *Structure de l'œil.* == L'organe de la vision se compose d'un globe ovoïde logé dans une cavité osseuse qu'on nomme l'*orbite ;* il est entouré d'une membrane fibreuse qui porte le nom de *sclérotique* ou de *cornée opaque* quand on la considère dans la partie postérieure de l'œil, et le nom de *cornée transparente* quand on la considère dans sa partie antérieure. La cornée opaque ADB (*fig.*194) est molle, flexible et suffisamment épaisse ; elle a la forme d'un segment sphérique ; son rayon est à peu près de 10 millimètres. La cornée transparente ACB est beaucoup moins étendue ; elle a aussi la forme d'un segment sphérique, et son rayon est de 7 à 8^{mm}. Une deuxième membrane, nommée *choroïde* est collée sur la face interne de la cornée opaque ; elle s'unit plus intimement à elle au point de jonction des deux cornées ; puis elle se continue vers la partie antérieure de l'œil, sans adhérer toutefois à la cornée transparente, et forme un diaphragme AB, orné de diverses couleurs. Le diaphragme se nomme l'*iris;* il est percé à son milieu d'un trou très-petit qui s'appelle la *pupille.* Derrière l'iris, est un corps lenticulaire MN, solide et transparent, qui porte le nom de *cristallin*; il est entouré d'une membrane particulière qui s'attache à la choroïde et à la cornée opaque. L'espace compris entre la cornée transparente et la *membrane cristalline* est rempli d'une liqueur particulière désignée sous le nom d'*humeur aqueuse*, et l'espace situé entre la même membrane et le fond de l'œil contient un autre liquide, désigné sous le nom d'*humeur vitrée*. Une dernière membrane d'une transparence parfaite s'applique sur la choroïde, et la sépare de l'humeur vitrée, c'est la rétine; elle est l'épanouissement du nerf optique, après son passage à travers la cornée opaque et la choroïde.

467. *Marche des rayons dans l'œil.* = Les modifications qu'éprouve la lumière en traversant les diverses parties de l'œil, sont des conséquences des lois de la réfraction. Considérons, pour fixer les idées, un seul point lumineux, et supposons-le placé sur l'axe du cristallin. Le faisceau de lumière qu'il envoie sur la cornée transparente, éprouve, en se réfractant dans l'humeur aqueuse, une première diminution de divergence puisque cette humeur est plus réfringente que l'air; la partie la plus extérieure du faisceau réfracté va rencontrer l'iris, et se trouve réfléchie par cette membrane; la partie la plus centrale traverse, au contraire, la pupille, tombe sur le cristallin, s'y réfracte comme à travers une lentille bi-convexe, éprouve une assez forte convergence, et va former sur la rétine une image du point lumineux. Les rayons qui partent des points voisins de l'axe éprouvent des effets analogues. Les images des objets éloignés sont évidemment renversées sur la rétine comme aux foyers des lentilles convergentes; elles sont de plus terminées par les mêmes contours que les objets et colorées des mêmes nuances.

Le renversement des images produites sur la rétine est facile à constater par l'expérience. On se sert d'un œil de bœuf ou de mouton, récemment extrait de l'orbite; on amincit la partie postérieure de sa cornée opaque, et l'on met, à quelque distance au-devant de la cornée transparente, une bougie allumée ou un corps quelconque fortement éclairé; en se plaçant derrière la rétine, on voit alors sur cette membrane une image renversée de la flamme ou de l'objet.

468. *Netteté de la vision à diverses distances.* = Comme la position du foyer varie, dans les lentilles ordinaires, avec la distance du point lumineux, il paraît que des variations analogues doivent avoir lieu dans l'œil, et par suite que les images doivent se faire tantôt sur la rétine et tantôt en deçà ou au-delà de cette membrane. Cependant il n'en est pas ainsi, et la preuve c'est qu'on voit avec une égale netteté les objets situés à des distances très-différentes. Plusieurs hypothèses ont été imaginées pour rendre compte du phénomène. L'une des plus vraisemblables le fait dépendre des variations de diamètre que subit l'ouverture de la pupille quand les objets sont à des distances plus ou moins grandes. On sait, en effet, qu'on la rétrécit quand les objets sont très-voisins de l'œil, et qu'on l'ouvre, au contraire, quand ils sont très-éloignés; le but du rétrécissement est évidemment d'arrêter les rayons qui tomberaient trop loin de l'axe du cristallin, et qui ne pourraient converger qu'au-delà de la rétine; le but de l'élargissement est, au contraire, d'introduire de larges faisceaux de lumière sur les bords du cristallin afin que l'image provienne principalement de ces faisceaux, et par suite qu'elle se forme plus loin du cristallin que si elle était produite par les rayons voisins de son centre. Une expérience bien simple vient à l'appui de cette hypothèse; si l'on place un corps très-près de l'œil, on le voit confusément, tandis que son image paraît nette et distincte quand on arrête les rayons trop divergens en interposant entre l'œil et l'objet une carte percée d'un trou très-petit.

469. *Estimation de la distance.* = Lorsqu'un corps s'approche ou s'éloigne de nous, ou ce qui revient au même, lorsque nous nous approchons de ce corps ou que nous nous en

éloignons, nos yeux changent de direction à chaque position nouvelle, puisque leurs axes doivent toujours concourir au même point du corps. L'impression produite en nous par le mouvement de nos yeux, est précisément la cause de nos jugemens sur les distances. Toutefois ces jugemens ne peuvent être conformes à la vérité qu'autant que nous avons été habitués pendant long-temps à saisir la relation qui existe entre les distances des objets et les mouvemens des yeux, car les aveugles de naissance, à qui l'on fait l'opération de la cataracte, croient d'abord que tous les objets qu'ils voient les touchent immédiatement, et ce n'est qu'en portant la main sur les objets ou bien en s'approchant d'eux, s'ils sont trop éloignés, qu'ils parviennent à juger des distances, et par suite à prendre une idée exacte de la position des corps dans l'espace.

Lorsqu'on regarde un objet avec les deux yeux, on apprécie sa distance par l'angle que forment les lignes qui vont des yeux au même point de l'objet, et lorsqu'on le regarde avec un seul œil, on l'apprécie par l'ouverture qu'il faut donner à la pupille afin de faire converger les rayons lumineux sur la rétine. L'appréciation de la distance est plus difficile dans ce cas que dans le premier : ainsi, si l'on suspend à la hauteur de l'œil un anneau dont on ne puisse voir l'ouverture, et si l'on essaie de l'enfiler avec un bâton de 2 ou 3 pouces de longueur recourbé à angle droit vers l'une de ses extrémités, on y parvient très-difficilement en fermant un œil, tandis qu'en ouvrant les deux yeux on réussit presque toujours à la première tentative.

La distance des objets ne peut plus être mesurée par les angles des axes optiques quand ils sont très-éloignés, car les angles sont si petits, qu'ils échappent à la comparaison ; on l'apprécie alors par le plus ou moins de clarté des objets, par la netteté plus ou moins grande de leurs diverses parties, et

par leur grandeur quand elle est connue; mais ces moyens
sont plus ou moins incertains.

470. *Estimation de la grandeur.* = On désigne sous le
nom de *diamètre apparent* d'un objet, l'angle formé par les
droites menées de l'œil à ses extrémités. Cet angle varie avec
la distance; il lui est à peu près inversement proportionnel
pour les objets suffisamment éloignés. Si nous jugions des dimensions des objets par leur grandeur apparente, nous tom-
berions à chaque instant dans de graves erreurs; un objet,
par exemple, qui paraîtrait avoir 20 mètres de hauteur à la
distance de 2 mètres, n'en aurait plus que 10 à la distance
de 4 mètres, et plus que 5 à la distance de 8 mètres; un
homme qui nous paraîtrait d'une taille gigantesque à une petite
distance, nous paraîtrait un nain à une distance cinq ou six
fois plus grande. Mais les expériences que nous avons faites
avec le secours du tact, nous ont appris à redresser nos jugemens sur les grandeurs comme sur les distances, et nous ne
jugeons jamais de la grandeur d'un objet, sans combiner dans
notre esprit l'idée de la distance et celle de la grandeur
apparente; les objets que nous voyons sous le même angle,
ne nous paraissent égaux qu'autant qu'ils sont à la même
distance; ils nous paraissent inégaux si leur distance est différente, et ceux qui se trouvent à une distance double ou
triple nous paraissent de dimensions doubles ou triples.

Cependant nous jugeons encore très-souvent, malgré l'ha-
bitude, par la grandeur apparente, ou par l'angle visuel, et
nous avons alors des illusions plus ou moins étranges. Il n'est
personne, par exemple, qui, à l'extrémité d'une longue avenue,
n'ait observé que les deux rangées d'arbres parallèles, paraissent converger de plus en plus vers l'extrémité opposée, et
qu'elles paraissent se toucher entièrement à cette extrémité,
si l'avenue est suffisamment longue; cette illusion vient de

ce que les intervalles des arbres correspondans, sont vus sous des angles de plus en plus petits , qui finissent même par devenir insensibles à de grandes distances. — C'est par la même raison que l'observateur , placé à l'extrémité d'une longue galerie, voit le parquet et le plafond s'approcher peu à peu vers l'extrémité opposée. — On sait également qu'un observateur, placé au pied d'une tour verticale très-élevée, voit la tour inclinée de son côté ; et qu'un observateur, placé à l'extrémité d'une longue pièce d'eau, voit la surface liquide s'élever de plus en plus à mesure que la distance est de plus en plus grande. On compare dans le premier cas les divers points de la tour aux points correspondans d'une verticale menée par l'œil, et dans le second on compare les points du liquide à ceux d'un plan horizontal passant également par l'œil.

La différence de grandeur que la lune et le soleil présentent à l'horizon et au zénith, est une des illusions les plus remarquables ; elle s'explique assez bien par les variations d'intensité que leur lumière subit aux divers points de leurs cours. Cette intensité étant plus faible quand l'astre est à l'horizon, nous le jugeons plus éloigné de nous, et par suite nous le trouvons plus grand puisque nous le voyons *sensiblement* sous le même angle qu'au zénith. Cette différence s'observe également quand l'astre s'élève de plus en plus sur l'horizon, et la cause en est toujours la même.

471. *Unité de l'impression produite dans les deux yeux.* = Les deux images qui se peignent dans les deux yeux ne produisent qu'une seule sensation, quand elles se forment sur des points correspondans des rétines ; elles deviennent distinctes toutes les deux, et l'objet paraît double quand elles se forment sur des points qui ne se correspondent pas. C'est ce qui arrive quand on dérange un œil de sa position en le pressant légèrement avec le doigt.

472. *Durée de la sensation.* = La sensation produite sur la rétine a une certaine durée, car si l'on fait tourner rapidement un charbon rouge, on distingue un cercle lumineux continu ; elle paraît en outre s'émousser par la durée, car si l'on fixe pendant long-temps une certaine couleur, le rouge, par exemple, et si l'on regarde ensuite un carton blanc, on le verra comme s'il était coloré par l'ensemble de toutes les couleurs du spectre à l'exception du rouge, de sorte que l'œil est, pour un moment, insensible à la couleur qu'il avait d'abord considérée.

473. *Distance de la vision distincte.* = On appelle distance de la vision distincte, la distance à laquelle on voit nettement et sans effort. Cette distance varie avec les dimensions des objets; elle se trouve, en général, de 8 à 10 pouces quand ils sont assez petits, comme par exemple les caractères ordinaires de l'imprimerie ; elle varie aussi pour les mêmes objets chez les différens individus. — Les *presbytes* ont la vue trop longue, ils doivent placer les caractères qu'ils veulent lire à 30 ou 36 pouces; les *myopes*, au contraire, ont la vue trop courte, et ils ne voient distinctement qu'à une distance de 4 à 5 pouces. Le presbytisme vient ordinairement avec l'âge; il résulte évidemment d'un défaut de convergence dans les rayons lumineux, et par suite d'un aplatissement, soit dans la cornée transparente, soit dans le cristallin. Le myopisme se rencontre plus souvent, et même dans tous les âges ; il vient évidemment d'une cause contraire, c'est-à-dire d'une trop grande convexité dans le cristallin ou dans la cornée. On remédie à ces accidens de la vue, en plaçant devant l'œil un verre convergent ou un verre divergent.

Lorsqu'on connaît la distance de la vision distincte d'un individu, il est facile de trouver la nature et la distance focale du verre qu'il doit employer pour voir nettement à la distance moyenne de 8 ou 10 pouces. Supposons, par exemple, qu'un presbyte ne puisse voir clairement qu'à la distance de 35 pouces; les objets ne lui paraîtront distincts qu'autant que leur lumière pénétrera dans ses yeux avec le degré de divergence qu'elle possède en venant de 35 pouces; et par conséquent les objets qui seront à une moindre distance, enverront des rayons trop divergens; il devra donc, pour les voir distinctement, placer devant son œil une lentille qui augmente la convergence des rayons, et de plus il devra la choisir telle qu'elle leur donne la même convergence que s'ils venaient d'une distance de 35 pouces.

Si l'on représente généralement par D la distance de la vision distincte du presbyte, par f la distance focale de la lentille convergente qu'il doit employer, et par 10 pouces la distance à laquelle il faut placer l'objet, on aura (en remarquant que le foyer doit être virtuel et qu'il doit se faire à la distance D de la lentille),

$$\frac{1}{10} - \frac{1}{D} = \frac{1}{f} \quad \text{d'où} \quad f = \frac{10\,D}{D-10}$$

Telle est la distance focale de la lentille que doit employer le presbyte. Cette formule fait voir que la distance focale est d'autant plus petite que la distance de la vision distincte est plus grande; si l'on y suppose D=35^p, il vient f=14^p; ainsi, le presbyte qui ne voit qu'à la distance de 35 pouces, doit employer une lentille convergente d'une distance focale de 14 pouces, pour voir distinctement les objets à la distance moyenne de 10 pouces.

S'il s'agit d'un myope, les rayons lumineux qui partent de la distance de la vision moyenne, sont trop convergens pour faire leur image sur la rétine; il faut donc diminuer leur convergence, et par suite employer une lentille diver-

gente. Sa distance focale est facile à connaître quand on donne
la distance de la vision distincte du myope ; on a :

$$\frac{1}{10} - \frac{1}{D} = -\frac{1}{f} \quad \text{d'où} \quad f = \frac{10\,D}{10-D}.$$

Telle est la distance focale de la lentille divergente que doit
employer le myope. Cette formule fait voir que la distance
focale diminue en même temps que la distance de la vision
distincte ; si l'on y fait $D = 5^p$, il vient $f = 10^p$.

Pendant long-temps on n'a employé que des verres bi-convexes et bi-concaves pour remédier au presbytisme et au
myopisme ; mais on préfère, depuis quelques années, les ménisques convergens et les ménisques divergens ; ces verres,
que Wollaston a nommés *périscopiques*, ont l'avantage
de faire distinguer plus nettement les objets qui sont très-
inclinés sur l'axe.

§ 1ᵉʳ. — *Des instrumens d'optique.*

474. *Chambre obscure.* = La chambre obscure est destinée à donner sur un tableau l'image réduite d'un paysage ou
d'un objet quelconque. Elle consiste ordinairement en une
caisse en bois ABCD (*fig.* 195), munie d'une lentille bi-
convexe MN. Les objets extérieurs qui se trouvent dans le
champ de la lentille, vont se peindre sur le fond de la caisse
sous des dimensions très-petites et dans une position renversée. On dispose le plus souvent dans la chambre un miroir
plan AE sous un angle de 45°, et l'on reçoit les images qu'il
réfléchit, sur un verre dépoli AF placé horizontalement sur
la paroi supérieure de la chambre ; l'observateur voit alors
dans ce verre l'image redressée de l'objet. On peut étendre à
volonté la caisse de bois selon l'éloignement des objets que l'on

veut apercevoir, afin d'amener toujours les foyers sur le fond
de la chambre. Au lieu d'une lentille bi-convexe , on emploie
souvent un ménisque convergent dont on tourne la concavité
vers les objets ; on obtient ainsi des images beaucoup plus
nettes.

On donne souvent une forme différente à la chambre obscure ; on fait d'abord tomber les rayons partis de l'objet ,
sur un miroir AB (*fig.* 196), et on les reçoit ensuite sur
une lentille MN disposée horizontalement dans une caisse à
tirage. Un observateur peut alors suivre fidèlement , sur le
fond de la chambre, les contours des images. — On remplace
avec avantage le miroir et la lentille par un prisme XYZ
(*fig.* 197) dont la face XY est plane , et dont les faces XZ ,
YZ, sont l'une concave , l'autre convexe; la lumière qui pénètre dans le prisme par la face YZ , éprouve une réflexion
totale sur la face XY, et sort par la face XZ avec le même
degré de convergence que si elle eût traversé un ménisque
ordinaire.

475. *Mégascope.* = Le mégascope est destiné à donner,
sur un tableau, des copies amplifiées d'un objet. Il consiste en
un tube un peu long ABCD (*fig.* 198) , à l'extrémité duquel on adapte une lentille convergente. On place l'objet au-
devant de la lentille , un peu au-delà de son foyer principal, et
on l'éclaire fortement soit par les rayons directs du soleil , soit
par ses rayons réfléchis au moyen de plusieurs miroirs. On
reçoit ordinairement son image sur un verre dépoli, et l'on en
dessine les contours derrière le verre , sur la surface même
ou sur des papiers transparens qu'on y applique. La grandeur
de l'image varie avec la position de l'objet et la distance focale de la lentille ; elle augmente, pour une même lentille , à
mesure que l'objet s'approche du foyer ; mais comme l'éloignement croît avec la grandeur , il faut se borner aux dis-

tances que comporte le local où l'on se trouve, et s'arrêter
aux images qui paraissent suffisamment amplifiées et suffisamment nettes. On a coutume de renverser l'objet afin que son
image paraisse directe.

On pourrait facilement, en employant les formules des
lentilles convergentes, déterminer la grandeur et la position
de l'image quand on connaît la grandeur et la position de
l'objet ; on pourrait également déterminer la distance à
laquelle l'objet doit être placé pour que son image se forme
à une distance donnée de la lentille, ou pour qu'elle ait telle
ou telle grandeur. — Une remarque importante à faire dans
l'emploi du mégascope et des trois instrumens qui suivent,
c'est que l'objet ne doit jamais se trouver entre la lentille et
son foyer principal, car le foyer serait virtuel, et les images
ne pourraient plus se peindre sur un tableau.

476. *Lanterne magique.* = La lanterne magique est
fondée sur le même principe que le mégascope. Des objets
peints sur une lame de verre et fortement éclairés par la
lumière d'une ou plusieurs lampes, sont placés un peu en
avant du foyer principal d'une lentille bi-convexe, et leurs
images amplifiées sont reçues sur un tableau blanc, disposé
de l'autre côté à quelque distance. Pour rendre les expériences plus piquantes et plus extraordinaires, on a soin de les
faire dans une chambre parfaitement obscure, et d'enfermer, dans une caisse de fer-blanc, les lampes et les verres qui
doivent éclairer les objets.

477. *Fantasmagorie.* = La fantasmagorie est une lanterne magique, dans laquelle les objets et le tableau peuvent
se mouvoir en même temps, de manière que le tableau reçoive
l'image dans ses diverses positions. Si, par exemple, l'objet
se rapproche du foyer, son image devient plus grande, et
comme elle se fait plus loin, le tableau doit s'éloigner suf-

fisamment pour la recevoir ; si l'objet s'éloigne au contraire
du foyer, son image devient plus petite , et comme elle se
fait plus près, il faut que le tableau s'approche de la lentille.
Les mouvemens de l'objet et du tableau doivent être exécutés
dans l'ombre et sans aucun bruit, afin que le spectateur ne
puisse s'apercevoir de la cause qui les produit.

478. *Microscope solaire.* = Le microscope solaire est
destiné , comme son nom l'indique , à examiner les objets de
petites dimensions; il se compose le plus ordinairement d'un
miroir plan XY (*fig.* 199) , et de trois lentilles convergentes
A , B , C, dont les deux premières servent à concentrer la
lumière sur l'objet soumis à l'expérience , et dont la troisième
sert à amplifier l'image. La lumière qu'on emploie pour l'é-
clairage, est la lumière solaire ; elle est réfléchie par le miroir
XY sur la lentille A qui lui imprime un premier degré de
convergence , et elle se dirige ensuite sur la lentille B qui la
fait encore converger davantage et qui la concentre sur l'objet
PQ. Cet objet doit être sensiblement à son foyer principal afin
d'être mieux éclairé. Les rayons lumineux tombent enfin sur
la lentille *objective* C, et vont tracer l'image amplifiée de
l'objet, sur un tableau blanc placé à quelque distance.

Le grossissement est d'autant plus grand que la distance
focale de l'objectif est plus petite et que l'objet est plus voisin
du foyer ; on peut le connaître par les formules des lentilles
quand on donne la distance focale de l'objectif et la distance
de l'objet ou celle de l'image; on peut aussi le connaître par
une expérience directe en prenant pour objet une lame de
verre divisée , et en mesurant l'étendue du tableau qui correspond à ses divisions. La lentille objective est mobile au moyen
d'une cremaillère et d'un pignon ; on peut ainsi l'approcher
plus ou moins de l'objet , et par suite donner à l'image un
grossissement convenable , ou bien la faire tomber sur un

tableau placé à une distance déterminée. Le miroir plan XY et la lentille A doivent être fixés au volet d'une chambre obscure, et le miroir doit être mobile afin que le faisceau de lumière réfléchi soit toujours parallèle à l'axe des lentilles.

Une disposition particulière permet d'ajuster facilement les objets. On a fixé près de l'objectif et perpendiculairement à son axe, deux plaques métalliques RR', SS', que l'on a réunies à leurs quatre coins par des tiges également métalliques ; on a de plus enroulé autour des tiges des ressorts en spiral qui peuvent presser assez fortement une troisième plaque TT' contre la plaque RR'. C'est entre ces deux plaques que l'on fait glisser les lames de verre sur lesquelles on place les corps destinés à l'expérience.

479. *Loupe ou microscope simple.* = Cet appareil est destiné à faire voir de très-petits objets, qu'il serait difficile ou même impossible de distinguer à l'œil nu ; il consiste tout simplement en une lentille convergente d'un très-court foyer. On place l'objet PQ (*fig.* 200) entre la lentille et son foyer principal, et on le regarde à travers le verre en approchant l'œil assez près. La position de l'objet doit varier avec la portée de la vue de l'observateur, car il faut toujours que les rayons qui pénètrent dans ses yeux aient une divergence appropriée à sa vue, ou ce qui revient au même, il faut que l'image se forme en P'Q' à une distance de la lentille égale à la distance de sa vision distincte. Cette position est facile à déterminer par tâtonnement en cherchant le point où l'image est la plus nette et la plus amplifiée, mais elle s'obtient également par le calcul. Si l'on désigne, en effet, par p la distance cherchée, par f la distance focale de la lentille et par D la distance de la vision distincte de l'observateur ; si l'on remarque en outre que l'image doit être virtuelle et qu'elle doit se faire à

une distance de la lentille égale à D, on aura l'équation :

$$\frac{1}{p} - \frac{1}{D} = \frac{1}{f}$$

et par suite
$$p = \frac{Df}{D+f}$$

Cette distance est toujours très-peu différente de la distance focale de la lentille, car la quantité f étant très-petite par rapport à D, le dénominateur est sensiblement égal à D, et par suite la fraction est sensiblement égale à f.

Le grossissement est facile à obtenir ; si l'on représente, en effet, l'objet par PQ et l'image par P' Q', on aura

$$\frac{P'Q'}{PQ} = \frac{D}{p} = \frac{D+f}{f}$$

ou, en remarquant que f peut être négligé par rapport à D :

$$\frac{P'Q'}{PQ} = \frac{D}{f}$$

On voit par là que le grossissement est égal au rapport de la vision distincte à la distance focale principale, et par suite qu'il est d'autant plus grand que la loupe a un plus court foyer. Si la distance focale était seulement d'une ligne, le grossissement serait de 120 pour une vue moyenne de 10 pouces, de 432 pour un presbyte de 36 pouces, et de 60 pour un myope de 5 pouces.

Les loupes présentent, comme tous les instrumens d'optique, deux imperfections principales : l'une porte le nom d'*aberration de réfrangibilité*, l'autre celui d'*aberration de sphéricité*. La première est produite par l'inégale réfrangibilité des rayons diversement colorés ; elle fait paraître les images terminées par des franges irisées. La seconde provient de ce que les rayons qui tombent sur les diverses parties de la

lentille ne forment pas leurs foyers au même point. On remédie à l'aberration de réfrangibilité en employant des lentilles
achromatiques; on détruit ou plutôt on diminue l'aberration
de sphéricité en employant des lentilles d'une petite ouverture.

480. *Microscope composé.* = Le microscope composé est
destiné à faire voir les objets dans leurs plus petits détails.
Il se compose essentiellement d'une lentille M tournée vers
l'objet, et d'une lentille N placée près de l'œil ; la première se
nomme l'objectif, la seconde l'oculaire. On fixe l'objet en PQ
(*fig.* 201) au-delà du foyer principal de la première lentille,
et l'on regarde son image P'Q' avec la seconde lentille qui
remplit le rôle d'une loupe. L'image P'Q' doit se former un
peu en deçà du foyer principal de l'oculaire, et l'image P''Q''
doit paraître à une distance OD égale à la distance de la vision
distincte de l'observateur.

Le grossissement produit par le microscope composé, est
égal au produit des grossissemens de chacune des lentilles,
comme on le voit par l'équation

$$\frac{P''Q''}{PQ} = \frac{P''Q''}{P'Q'} \times \frac{P'Q'}{PQ}$$

dans laquelle les quantités $\frac{P''Q''}{PQ}$, $\frac{P''Q''}{P'Q'}$, $\frac{P'Q'}{PQ}$ représentent
les grossissemens du microscope composé, de l'oculaire et de
l'objectif ; il est facile à calculer, quand on donne la distance
p de l'objet à l'objectif, les distances focales f et F de l'objectif
et de l'oculaire, et la distance D de la vision distincte de
l'observateur ; on a en effet :

$$\frac{P'Q'}{PQ} = \frac{p'}{p} = \frac{f}{p-f} \qquad \frac{P''Q''}{P'Q'} = \frac{D}{OB} = \frac{D+F}{F}$$

et par suite $$\frac{P''Q''}{PQ} = \left(\frac{f}{p-f}\right)\left(\frac{D+F}{F}\right)$$

Si l'on fait, par exemple, $f = 5^{mm}$, $F = 20^{mm}$, $p = 5^{mm},1$,

$D=270^{mm}$, le grossissement est de 725. Ce nombre ne représente toutefois que le grossissement linéaire ; le grossissement en surface serait de 725^2, ou de 525625. — On peut obtenir d'autres grossissemens avec les mêmes lentilles, en plaçant l'objet à d'autres distances de l'objectif; mais il faut en même temps augmenter ou diminuer la distance des verres, car en changeant la position de l'objet, on change la position de la première image , et l'on doit par conséquent changer la position de l'oculaire , afin qu'il reste à une distance constante de cette image. Dans le cas contraire , la deuxième image ne se formerait plus à la distance de la vision distincte de l'observateur, et sa netteté serait altérée.

Le grossissement du microscope est d'autant plus grand que l'oculaire et l'objectif ont des distances focales plus petites ; on le prouve, en introduisant dans la formule précédente la valeur $CB=p'$ au lieu de la distance $AC=p$; elle devient en effet

$$\frac{P''Q''}{PQ}=\left(\frac{p'-f}{f}\right)\left(\frac{D+F}{F}\right)=\left(\frac{p'}{f}-1\right)\left(\frac{D}{F}+1\right)$$

On voit, d'après cette équation, que le grossissement est d'autant plus grand que les quantités f et F sont plus petites. Ce résultat suppose toutefois que les quantités D et p' soient constantes , c'est-à-dire que le grossissement soit évalué par un même observateur, et pour une longueur donnée de l'instrument.

Le microscope composé, le plus ordinairement employé , est représenté dans la *figure* 202. Le tuyau supérieur porte l'oculaire ; il peut glisser à frottement dans un second tuyau, et celui-ci peut glisser à son tour dans un troisième tuyau plus large que les deux autres, à l'extrémité duquel est fixé l'objectif. Un diaphragme AB, placé dans le tuyau intermédiaire,

sert à arrêter les rayons trop obliques. Un support CD, percé
de part en part, est fixé un peu au-dessous de l'oculaire ; il
reçoit une lame de verre sur laquelle on pose les objets que
l'on veut voir au microscope. On les éclaire, s'ils sont transparens, au moyen d'un miroir MN, qui rassemble la lumière
des nues, et s'ils sont opaques, au moyen d'une lentille XY
disposée par dessus ; le miroir et la lentille sont parfaitement
mobiles. Dans tous les cas, on peut approcher ou éloigner le
support CD de l'objectif, au moyen d'une vis de rappel. Cet
instrument présente une grande imperfection qui tient au
défaut d'achromatisme de l'objectif ; on peut la diminuer en
plaçant une nouvelle lentille un peu avant l'image que doit
recevoir l'oculaire ; on parvient même à la corriger entièrement, en employant un oculaire composé de deux verres, et
un objectif composé de plusieurs lentilles, dont les distances
focales sont variables quoique toujours très-petites. C'est M.
Selligue qui construisit ou fit construire le premier des objec-
tifs achromatiques pour les microscopes.

481. Le microscope composé, le plus parfait qui ait été
construit, est dû à M. Amici de Modène ; il est représenté,
pour ses parties essentielles, dans la *figure* 203. L'objectif est
placé en A à l'extrémité d'un petit tube vertical ; il se compose
d'une, deux ou trois lentilles achromatiques, dont les distances focales varient de 8 à 10 millimètres ; on emploie la
première lentille seule, si l'on n'a pas besoin d'un grossissement
très-grand ; on emploie la première avec la seconde, si l'on
veut un grossissement plus considérable ; et on les emploie
toutes les trois ensemble, si l'on veut un grossissement plus
considérable encore. L'oculaire est placé en B à l'extrémité
d'un long tube horizontal ; il se compose aussi de plusieurs
lentilles achromatiques, que l'on peut employer ensemble ou
isolément, selon le grossissement que l'on désire ; la partie du

tube où il se trouve contient un large diaphragme destiné à
intercepter toute lumière étrangère, et le tube horizontal
est garni de velours noir dans toute sa longueur, afin d'empêcher toute réflexion latérale. La lumière qui entre par
l'objectif A se réfléchit sur l'hypothénuse du prisme C, et se
dirige vers l'oculaire B.

Lorsqu'on veut soumettre à l'expérience un objet transparent, on le place à sec sur une lame transparente, ou mieux,
s'il est possible, on le met dans une goutte d'eau renfermée
entre deux lames de verre, et on l'ajuste sur le porte-objet
DD'. On l'éclaire à l'aide d'un miroir concave MM' qui rassemble la lumière des nuées ou celle d'une lampe ; le diaphragme
EE' sert à faire varier le diamètre du faisceau de lumière.
Lorsqu'on veut observer un corps opaque, on le place sur un
très-petit disque de verre noir, collé sur une lame transparente, et on l'éclaire en dessus par la lentille LL' ; on se sert
aussi quelquefois du miroir concave MM'; et l'on place alors
sous l'objectif un petit miroir concave percé qui renvoie sur
l'objet les rayons déjà réfléchis par le miroir MM'. On amène
enfin l'objet près du foyer principal de l'objectif, en faisant
monter ou descendre le porte-objet au moyen du pignon P.
Les images sont d'une netteté parfaite quand le grossissement
ne dépasse pas 500 ou 600.

On doit à M. Amici une méthode très-simple pour déterminer le grossissement du microscope. On place devant l'oculaire une lame de verre à faces parallèles, inclinée de 45° sur
l'axe, et l'on regarde en même temps une règle divisée à
travers l'épaisseur de la lame, et l'image d'un objet divisé
par réflexion sur la surface voisine de l'oculaire. On voit ainsi
combien une des divisions de l'image couvre de divisions sur
la règle, et on en déduit facilement le grossissement. Si l'objet
est divisé en 10ᵉ de millimètre et la règle en millimètres, le

grossissement sera de 100 ou 1000 quand l'image couvrira 10 ou 100 divisions; il sera de 200 ou 2000 quand l'image en couvrira 20 ou 200. — Lorsqu'on connaît le grossissement du microscope composé, on obtient facilement le diamètre des objets soumis à l'expérience. C'est ainsi qu'on a déterminé le diamètre des globules du sang.

482. *Lunette astronomique.* = La lunette astronomique se compose essentiellement de deux lentilles convergentes : un objectif AA' d'un foyer très-long et un oculaire BB' d'un foyer très-court. Les foyers de ces lentilles doivent tomber entre elles sensiblement au même point. Lorsque la lunette est dirigée vers un objet PQ très-éloigné, un corps céleste, par exemple, la première image P'Q' (*fig.* 204) se forme sensiblement au foyer principal de l'objectif, car les rayons qui vont du même point du corps sur la première lentille, sont sensiblement parallèles; quant à l'image produite par l'oculaire, elle se forme en P"Q" au point de rencontre des rayons extrêmes qu'il réfracte; il faut, pour la voir nettement, se placer à la rencontre de ces rayons, c'est-à-dire au foyer principal de l'oculaire.

L'image est évidemment amplifiée par l'instrument; car l'angle P"DQ" sous lequel on voit le corps céleste avec la lunette, est plus grand que l'angle PCQ sous lequel on le verrait à l'œil nu. Le grossissement est égal au rapport de ces angles; il s'agit de l'évaluer. Posons $CF=F$; $OF=f$; on a évidemment $tang. \ P'OF=\frac{P'F}{OF}=\frac{P'F}{f}$; $tang. \ P'CF=\frac{P'F}{CF}=\frac{P'F}{F}$; et par suite $\frac{tang. \ P'OF}{tang. \ P'CF}=\frac{F}{f}$. Or, les angles P'OF et P"DO sont égaux à cause de l'égalité des triangles P'OF et BDO, et les angles P'CF et PCK sont égaux comme opposés par le sommet; ainsi l'on aura $\frac{tang. \ P''DO}{tang. \ PCK}=\frac{F}{f}$. Cela posé, les angles PCK et P"DO sont toujours assez petits pour qu'on puisse prendre leurs tangentes pour les arcs qui les mesurent; on aura donc

$\dfrac{P''DO}{PCK} = \dfrac{F}{f}$, et par suite en doublant les deux termes du premier membre :

$$\dfrac{P''DQ''}{PCQ} = \dfrac{F}{f}$$

Telle est la valeur du grossissement dans la lunette astronomique. Il est égal au rapport des distances focales principales de l'objectif et de l'oculaire, et par suite il est d'autant plus grand que l'objectif a un foyer plus long et que l'oculaire a un foyer plus court. La lunette astronomique est peu employée dans les observations des objets terrestres, parce qu'elle les fait voir dans une position renversée.

483. *Lunette terrestre.* == La lunette terrestre se compose de quatre lentilles convergentes A, B, C, D; les deux premières A et B (*fig.* 205), sont généralement disposées comme dans la lunette astronomique, de manière que leurs foyers tombent en un même point F; la troisième doit avoir son foyer principal au point H où se croisent les rayons après leur sortie de la seconde, et la quatrième enfin a ordinairement son foyer au même point G que la troisième. Lorsqu'un objet terrestre PQ très-éloigné est placé devant l'objectif, il forme une première image renversée en P'Q'; les rayons lumineux continuent ensuite leur route, tombent sur la lentille B, convergent à son foyer, puis vont former une nouvelle image P''Q'' au foyer principal de la troisième lentille. Cette image est évidemment redressée; on la regarde au moyen de l'oculaire. — Le grossissement est le même que dans la lunette astronomique, en supposant toutefois que les deux lentilles intermédiaires aient la même distance focale principale, et que l'objet soit suffisamment éloigné. Les astronomes préfèrent la lunette astronomique pour leurs observations, car elle absorbe moins de lumière.

.. On dispose ordinairement les lentilles dans un tuyau composé de trois parties mobiles; on place les deux lentilles intermédiaires dans le même tuyau, et l'on donne un tuyau particulier à chacune des deux lentilles extrêmes. La cause de cette disposition est facile à concevoir : la distance des deux premières lentilles doit d'abord être variable, car la position de la première image P'Q' variant relativement à l'objectif avec la position de l'objet, il faut pouvoir approcher ou éloigner la deuxième lentille, afin d'amener toujours son foyer au point où se forme cette image. La distance des deux lentilles intermédiaires doit, au contraire, être constante, car le point de croisement des rayons qui sortent de la seconde lentille, doit toujours être au foyer principal de la troisième. Quant à la distance des deux dernières lentilles, elle ne peut rester constante, car l'oculaire doit toujours imprimer aux rayons lumineux une divergence appropriée à la vue de l'observateur, et par suite il doit être plus ou moins éloigné de l'image P''Q'' selon que l'observateur a la vue plus ou moins longue.

484. *Lunette de Galilée.* == Cette lunette se compose d'un objectif bi-convexe et d'un oculaire bi-concave; on place toujours l'oculaire entre l'objectif et son foyer principal; on fait même tomber ordinairement au même point les foyers principaux de ces deux verres. S'il n'y avait pas d'oculaire, les rayons lumineux qui partent d'un objet PQ (*fig.* 206) suffisamment éloigné, iraient former une image renversée P'Q' au foyer principal de l'objectif; mais si l'oculaire est placé en avant à une distance OF égale à sa distance focale principale, il dévie les rayons lumineux, les éloigne de l'axe; et de plus il rend parallèles ceux qui allaient concourir au même point de l'image. Ceux qui concouraient au point Q', par exemple, deviennent parallèles à l'axe secondaire OQ', et ceux qui concouraient au point P' deviennent parallèles à

l'axe OP'. L'image sera vue en P"Q" dans une position directe. — Le grossissement est égal, comme dans les lunettes
précédentes, au rapport des distances focales principales de
l'objectif et de l'oculaire, quand on suppose les objets très-
éloignés, et quand l'oculaire est placé à une distance OF
rigoureusement égale à sa distance focale principale ; il varie
avec la distance des objets et la vue de l'observateur, car la
position de l'image P'Q' varie avec la position de l'objet, et
la position de l'oculaire relativement à cette image dépend de
l'observateur qui doit toujours recevoir les rayons avec une
divergence appropriée à la portée de sa vue.

La lunette de Galilée est fréquemment employée et surtout pour les spectacles : elle a l'avantage sur la lunette astronomique de faire paraître les objets dans une position
directe, et sur la lunette terrestre de les faire paraître plus
éclairés ; elle est en outre plus commode, car elle n'a pour
longueur que la différence des distances focales de ces deux
verres. Cette lunette a cependant un inconvénient, c'est d'em-
brasser un champ très-limité ; on doit, pour s'en servir, placer
l'œil très-près de la lentille divergente, afin de recevoir les
pinceaux extrêmes qui partent des objets.

485. *Télescope d'Herschell.* = Ce télescope n'est autre
chose qu'un grand miroir concave. Les objets très-éloignés, les
corps célestes, par exemple, vont se peindre dans une position
renversée à peu près au foyer principal du miroir ; on y regarde
leurs images au moyen d'une loupe douée d'un assez fort grossissement. On a soin d'incliner légèrement l'axe du miroir sur
l'axe du faisceau des rayons incidens, afin que l'observateur
n'intercepte pas une trop grande partie de la lumière directe.
Le télescope qu'Herschell a employé dans ses observations astronomiques, avait 40 pieds de distance focale, et près de
24 pieds carrés de surface.

II. 23

486. *Télescope de Newton*. = Ce télescope se compose d'un réflecteur concave MAN (*fig.* 207), placé au fond d'une caisse, et d'un petit miroir plan *mn* disposé entre le miroir concave et son foyer principal. Le miroir *mn* est incliné de 45° sur l'axe AC. L'image d'un objet PQ très-éloigné, au lieu de se faire en P'Q' au foyer principal du réflecteur MAN, se forme en P"Q" dans une position symétrique à P'Q' relativement au miroir plan; on la regarde au moyen d'une loupe BD placée dans un petit tube latéral. Les images sont moins brillantes dans le télescope de Newton que dans celui d'Herschell, car la lumière y éprouve une réflexion de plus, et par suite une plus forte absorption. — Le grossissement est facile à calculer en remarquant que l'objet est vu sous l'angle P"OQ" avec le télescope, et qu'il serait vu sous l'angle Q'CP' à l'œil nu; il est égal au rapport des distances focales du miroir concave et de la loupe.

487. *Télescope de Grégori*. = Ce télescope est formé d'un miroir concave MN (*fig.* 208) percé en son milieu d'une ouverture, et d'un petit miroir concave *mn* placé au-delà du foyer principal F du premier, à une distance un peu plus grande que sa distance focale SF'. Les objets très-éloignés donnent d'abord une image renversée P'Q' au foyer du miroir MN; cette image se réfléchit ensuite sur le petit miroir, et va se peindre en P"Q" près de l'ouverture du réflecteur. On la regarde au moyen d'un oculaire destiné à l'amplifier. Ce télescope fait éprouver à la lumière deux réflexions comme celui de Newton, mais il a l'avantage de redresser les images. Le petit miroir peut, au moyen d'une vis extérieure, s'approcher ou s'éloigner du grand réflecteur; il doit être d'autant plus éloigné que les objets sont plus voisins du télescope.

Cassegrain a substitué au miroir concave *mn* un petit miroir convexe qu'il place entre le grand réflecteur et son foyer principal. Il évite, par cette disposition, presque toutes les aberrations de sphéricité.

488. *Chambre claire.* — La chambre claire s'emploie pour dessiner un paysage, un édifice ou tout autre objet ; elle se compose d'un prisme quadrangulaire ABCD (*fig.* 209) dont l'angle B est droit, dont l'angle D est de 135°, et dont les deux autres angles sont égaux. Si l'on dispose sa face BC perpendiculairement à la direction des rayons lumineux qui viennent de l'objet, ces rayons pénètrent dans le prisme sans éprouver de déviation à sa première face, et ils vont sortir perpendiculairement par sa face AB après avoir subi deux réflexions totales, l'une sur la face DC, l'autre sur la face AD. Un observateur qui les reçoit, croit voir l'objet au-dessous du prisme dans une position horizontale ; or, s'il a soin de placer l'œil au-dessus de l'angle A, de manière qu'une partie de sa pupille reçoive les rayons réfléchis, et que l'autre partie voie un carton horizontal placé au-dessous, il pourra dessiner fidèlement l'objet sur le carton en suivant avec la pointe d'un crayon les contours de son image. La chambre claire a été imaginée par Wollaston.

La chambre claire est ordinairement accompagnée de quelques pièces accessoires qui en rendent l'usage plus facile, et qui donnent aux dessins plus de précision. 1° On dispose une lentille divergente au-devant de la face BC du prisme, afin de donner la même divergence aux rayons réfléchis et à ceux qui partent du carton ; si l'on négligeait cette disposition, l'œil ne pourrait voir avec netteté le carton et l'objet dont les distances au prisme sont très-différentes. 2° On adapte au prisme un ou plusieurs verres colorés que l'on tourne tantôt du côté de l'objet, tantôt du côté du carton, selon que l'éclat de l'image est plus vif ou moins vif que celui du papier ; en négligeant cette disposition, le carton est quelquefois éclipsé

par l'image, et réciproquement. 3° On fixe à la partie supérieure du prisme une lame de cuivre, percée d'une ouverture
de 2 ou 3 lignes, à travers laquelle on regarde ; on a ainsi un
point de repère, et l'on peut quitter sa position, sans craindre
de ne pouvoir plus la retrouver ensuite.

Lorsqu'on emploie la chambre claire de Wollaston, un
très-petit mouvement dans la pupille fait varier l'intensité de
l'image et du carton ; la pupille s'avance-t-elle du côté du
prisme, le crayon disparaît presque entièrement, et l'image
de l'objet devient plus brillante ; s'en éloigne-t-elle, au contraire, le crayon se montre distinctement, et l'image devient
peu visible. M. Amici, en cherchant à obvier à ces inconvé-
niens, a imaginé plusieurs dispositions préférables à celle de
Wollaston. L'une des chambres claires de M. Amici consiste
en une lame de verre MN (*fig.* 210) à faces parallèles, au-
devant de laquelle est un prisme isocèle ABC. L'angle C du
prisme est un peu moindre qu'un droit, et sa base AB fait un
angle de 45° avec le verre. Les rayons incidens pénètrent dans
le prisme par sa face BC, se réfléchissent sur sa base, sortent
par la face AC, et parviennent à l'œil O après s'être réfléchis
sur la lame de verre. L'observateur rapporte alors l'objet à la
surface du carton XY, et il peut facilement l'y dessiner, puisque la lame de verre ne change pas la direction des rayons.
Comme la totalité de la pupille correspond au verre plan, il
n'y a plus ces incommodes alternatives de disparition et de
réapparition du crayon quand l'œil éprouve de légers dépla-
cemens. — Il est bon de couvrir la partie supérieure MC
avec une lame de cuivre percée de la seule fente par laquelle
on doit regarder, afin d'intercepter les rayons étrangers qui se
réfléchiraient à l'œil après avoir rencontré la surface antérieure
des prismes.

CHAPITRE VI*.

De la double réfraction.

489. Lorsqu'un rayon de lumière pénètre dans un corps cristallisé dont la forme primitive n'est ni un cube, ni un octaèdre régulier, il se divise généralement en deux rayons distincts : l'un suit les lois de la réfraction ordinaire et se nomme pour cette raison le *rayon ordinaire;* l'autre suit des lois plus compliquées et se nomme le *rayon extraordinaire.* Tel est le phénomène fondamental de la double réfraction. On l'observe facilement avec un rhomboïde de chaux carbonatée (spath d'Islande) en le plaçant dans une chambre obscure sur la direction d'un petit pinceau de lumière solaire, ou bien en le posant sur un carton marqué d'un point noir; dans le premier cas, on voit une double image du soleil sur un écran placé à quelque distance du rhomboïde, et dans le second on voit une double image du point noir en le regardant à travers l'épaisseur du cristal.

Le phénomène de la double réfraction a été observé pour la première fois par Érasme Bartholin, vers l'an 1669; Huyghens en détermina les lois par des considérations purement théoriques, et Wollaston les vérifia par expérience près d'un siècle après leurs découvertes.

Les cristaux transparens qui ne dérivent ni du cube, ni de l'octaèdre régulier, possèdent tous la double réfraction; les autres ne la possèdent pas naturellement, mais ils peuvent

l'acquérir accidentellement, comme nous le verrons plus
loin, quand on les comprime inégalement dans les divers sens.
Le verre, les gommes et les autres solides non cristallisés présentent des résultats analogues ; quant aux liquides et aux
gaz, ils ne peuvent jamais être doublement réfringens.

490. *Des axes de réfraction.* ═ Il existe dans toutes les
substances doublement réfringentes, une direction suivant
laquelle les rayons lumineux ne se divisent jamais ; cette direction se nomme *l'axe de réfraction* ou *l'axe du cristal.*
Dans les rhomboïdes de spath d'Islande, l'axe de réfraction
est la ligne droite qui joint les sommets des angles trièdres
obtus ; toutes les parallèles à cette droite peuvent aussi être
prises pour axes, car si l'on coupe un de ces cristaux par
deux plans perpendiculaires à cette ligne, et si l'on fait tomber un faisceau de lumière solaire perpendiculairement à
l'une des sections, on trouve qu'il traverse le cristal sans
éprouver de division quel que soit le point de la surface par
lequel il entre dans le rhomboïde ; on trouve de plus que les
objets vus perpendiculairement à travers l'épaisseur du corps
ne donnent pas de double image. Cette direction s'obtient
sans peine dans tous les corps, elle est toujours plus ou moins
symétrique relativement à leurs faces naturelles. — Quelques
cristaux ne possèdent qu'un seul axe de réfraction, d'autres
en possèdent deux ; de là les cristaux à *un axe* et les cristaux
à *deux axes* ; on n'a pas encore trouvé de cristaux à trois
axes.

Ou désigne ordinairement sous le nom de *section principale* d'un cristal à un axe, toute section menée par l'axe de
réfraction perpendiculairement à une face quelconque du
cristal, que cette face soit d'ailleurs une face naturelle ou
une face artificielle.

491. *Lois de la réfraction dans les cristaux à un axe.*

= La direction du rayon extraordinaire dans l'intérieur des cristaux à un axe est en général assez compliquée ; il existe seulement deux cas particuliers où elle s'obtient facilement.

1º Lorsque le rayon incident est situé dans une section perpendiculaire à l'axe de réfraction, le rayon extraordinaire reste toujours dans le plan de cette section ; il se trouve, par conséquent, dans le plan d'incidence comme le rayon ordinaire, et suit ainsi la deuxième loi de la simple réfraction. Il est, en outre, soumis à la première loi, car il existe alors un rapport constant entre les sinus d'incidence et de réfraction pour toutes les inclinaisons du rayon incident. La direction du rayon extraordinaire est donc facile à connaître dans ce cas particulier une fois que l'on a déterminé son *indice de réfraction*. On obtient cet indice en formant avec la substance considérée un prisme triangulaire, dont les arêtes soient parallèles à l'axe de réfraction, en faisant tomber sur l'une de ses faces un pinceau de lumière qui soit situé dans un plan perpendiculaire à son arête : et en mesurant la déviation minimum qu'éprouve le rayon extraordinaire, ainsi que l'angle réfringent du prisme.

Dans quelques cristaux, l'indice du rayon extraordinaire est plus grand que l'indice du rayon ordinaire ; dans d'autres il est plus petit ; les premiers ont été nommés les *cristaux positifs*, les seconds les *cristaux négatifs*. On cite, parmi les cristaux positifs, le quartz, le zircon, la glace ; et parmi les cristaux négatifs, le spath d'Islande, la tourmaline, le corindon, le rubis, l'émeraude. M. Biot qui a comparé le premier les indices de réfraction des deux rayons, avait donné aux cristaux le nom de cristaux attractifs ou de cristaux répulsifs, selon que l'indice extraordinaire était plus grand ou plus petit que l'indice ordinaire ; mais ces dénominations ont été abandonnées parce qu'elles reposent sur une hypothèse qui n'est pas admissible.

2° Lorsque le rayon incident est situé dans la section principale du cristal, le rayon extraordinaire reste encore dans le plan de cette section, et par suite dans le plan d'incidence qui coïncide avec elle ; mais il n'est plus soumis à la première loi de la simple réfraction, ou ce qui revient au même, il n'existe plus de rapport constant entre les sinus de l'angle d'incidence et de l'angle de réfraction. La direction du rayon extraordinaire s'obtient alors en partant d'une loi découverte par Huyghens, c'est qu'il existe un rapport constant entre la tangente de l'angle de réfraction du rayon extraordinaire et la tangente de l'angle de réfraction du rayon ordinaire ; cette loi est une conséquence de la formule $n'\ tang.r' = n\ tang.r$ dans laquelle on désigne les angles de réfraction du rayon ordinaire et du rayon extraordinaire par r et r', et leurs indices de réfraction par n et n'. — On s'assure aisément que le rayon extraordinaire ne quitte pas le plan d'incidence quand ce plan coïncide avec une des sections principales du cristal. On pose, à cet effet, un rhomboïde de spath d'Islande sur une ligne noire tracée sur un carton, on le fait tourner autour de son axe, et l'on regarde les deux images à travers le cristal : les deux images se confondent en une seule quand l'œil et la ligne sont dans la section principale du cristal ; elles se séparent dans toutes les autres positions : l'image ordinaire reste immobile pendant la rotation du cristal, tandis que l'image extraordinaire se meut avec lui.

Huyghens a donné des constructions géométriques pour trouver la direction du rayon ordinaire et du rayon extraordinaire dans les cas particuliers qui viennent d'être considérés, et même dans le cas général où la direction du rayon incident est quelconque ; nous ne rapporterons pas ces constructions ;

leur démonstration est trop élevée pour trouver place dans un cours élémentaire.

La direction du rayon extraordinaire à sa sortie du cristal n'est pas toujours facile à déduire de la direction du rayon incident; on la détermine sans difficulté dans un cas particulier, c'est celùi où les faces d'émergence et d'incidence sont parallèles, car alors le rayon extraordinaire est, comme le rayon ordinaire, parallèle au rayon incident, quelle que soit l'incidence du rayon lumineux, et quelle que soit la disposition des faces d'incidence ou d'émergence relativement à l'axe du cristal.

492. *Lois de la réfraction dans les cristaux à deux axe.* == MM. Wollaston et Brewster ont reconnu l'existence de deux axes de réfraction dans un grand nombre de cristaux, et entre autres dans l'arragonite, le borax, le mica, la topaze, le sucre, le talc et le feldspath; ils ont déterminé avec soin l'angle des axes et leurs directions relativement aux faces naturelles de cristallisation. M. Biot avait déjà découvert deux axes dans le mica quelque temps avant les expériences de ces habiles physiciens.

Dans les cristaux à deux axes, il n'existe plus de rayon ordinaire, ou ce qui revient au même il n'existe plus de rayon soumis à la loi de Descartes; ce fait que Fresnel déduisit de la théorie se vérifie par l'expérience en plaçant successivement sur la direction d'un pinceau lumineux plusieurs prismes de même angle réfringent, taillés dans une même topaze sous différentes directions; on voit alors que la lumière n'éprouve pas la même déviation en traversant ces prismes; quoiqu'elle tombe sur leur première face avec la même obliquité. Il existe cependant, comme l'a observé Fresnel, pour chaque point d'incidence, deux sections du cristal pour lesquelles l'un des rayons suit les lois de la réfraction ordinaire;

l'une d'elles est perpendiculaire à la *ligne moyenne*, c'est-à-dire à la bi-sectrice de l'angle des axes; l'autre est perpendiculaire à la *ligne supplémentaire*, c'est-à-dire à la bi-sectrice du supplément de cet angle. Les lois de la réfraction dans les cristaux à deux axes sont très-compliquées; elles ont été cependant déterminées par Fresnel à l'aide du calcul.

493. *Double réfraction du verre comprimé.* = Brewter avait admis, par suite de quelques expériences indirectes, que la compression peut donner au verre la structure des cristaux doublement réfringens; mais il n'avait vérifié la double réfraction de ce corps par aucune expérience décisive. M. Fresnel l'a mise en évidence par la disposition suivante. Il place, l'un à côté de l'autre, quatre prismes rectangulaires de verre A, B, C, D (*fig.* 211), les angles réfringens tournés dans le même sens et les bases appuyées sur le même plan; il recouvre les faces perpendiculaires aux arêtes avec des feuilles de carton, et il applique sur elles deux plaques d'acier qu'il presse fortement à l'aide d'une espèce d'étau; la compression s'exerce ainsi sur tous les prismes dans le sens de leur longueur. Il achromatise ensuite les prismes en plaçant entre eux trois prismes rectangulaires M, N, P et en fixant aux extrémités deux prismes X, Y de 45° seulement; les neuf prismes sont collés les uns aux autres avec de la térébenthine afin que la lumière soit peu affaiblie par les réflexions partielles aux surfaces de passage. Lorsqu'on regarde une petite mire à travers le système des neuf prismes, on la voit toujours double, et l'écartement des deux images va même jusqu'à un millimètre et demi quand la mire est placée à un mètre de distance.

La double réfraction du verre est toujours très-faible, même quand il est comprimé au point d'éclater, de sorte qu'il est à peu près impossible de voir deux images d'un objet à travers son épaisseur quand on emploie un seul prisme; il

est donc indispensable d'en employer plusieurs comme l'a fait
Fresnel, et de tourner leurs angles réfringens dans le même
sens afin d'augmenter la divergence des rayons ordinaires et
des rayons extraordinaires: On doit éviter, dans l'expérience,
de comprimer les prismes intermédiaires M, N, P, et les prismes extrêmes X, Y, car leur effet détruirait celui des prismes
A, B, C, D, dont les angles sont tournés en sens contraire ;
on doit, par conséquent, donner aux cinq premiers prismes
une longueur un peu plus petite qu'aux quatre derniers.

494. *Micromètre à double image.* == Cet appareil,
nommé souvent le micromètre de Rochon, du nom de son
inventeur, sert à mesurer les diamètres apparens des corps. Il
se compose essentiellement d'une lunette ordinaire et d'un
double prisme rectangulaire de quartz, mobile entre l'objectif
et son foyer principal. Le double prisme est formé de deux
prismes triangulaires ABC, ABD (*fig.* 212) égaux, opposés et
collés par leurs hypothénuses. L'axe du prisme ABC est perpendiculaire à la face AC, et celui du prisme ABD est parallèle
à ses arêtes latérales.

Lorsqu'un rayon lumineux RI tombe perpendiculairement
sur la face AC, il traverse le prisme ABC sans se réfracter et
sans se diviser, puisqu'il est perpendiculaire à la face d'incidence, et parallèle à l'axe du cristal ; mais arrivé au point
H, il se divise en deux rayons : le rayon ordinaire HS continue
encore sa route sans éprouver de réfraction, puisqu'il ne
change pas de milieu ; et le rayon extraordinaire se dévie suivant HE en s'approchant de la normale HM, puisque le
quartz est un cristal positif. L'œil placé en S' sur la direction
du rayon extraordinaire, ne peut évidemment recevoir le
rayon ordinaire NS, mais il reçoit un autre rayon ordinaire
RS'provenant d'un autre rayon incident, et il distingue par
conséquent deux images de l'objet.

L'écart des deux images dépend uniquement de l'angle réfringent du prisme; il est facile à calculer. Soient δ cet écart, a l'angle réfringent BAC ou son égal ABD, et r l'angle EHM de réfraction du rayon extraordinaire; l'angle d'incidence sur l'hypothénuse AB sera évidemment égal à a; et l'angle HEM d'incidence sur la face BD sera égal à $a-r$. Si donc on désigne par n et m les indices ordinaire et extraordinaire du quartz, et si l'on remarque que le rayon extraordinaire HE est soumis aux lois de la simple réfraction puisqu'il provient d'un rayon incident situé dans un plan perpendiculaire à l'axe du cristal ABD, on aura

$$\frac{\sin.a}{\sin.r}=\frac{m}{n}\qquad \frac{\sin.\delta}{\sin.(a-r)}=m$$

Les quantités m et n sont connues pour le quartz; on a $n=1,5484$, $m=1,5582$; il sera par conséquent facile de déduire de la première équation la valeur de l'angle r en fonction de l'angle a, et d'obtenir ensuite au moyen de la seconde la valeur de l'angle δ. On trouve, en effectuant les calculs, que la valeur de δ croît avec celle de a; ainsi en faisant successivement $a=30°$, $40°$, $50°$, $60°$, il vient $\delta=19'\ 30''$, $28'\ 20''$, $40'$, $57'\ 40''$. Ces résultats indiquent qu'on peut mesurer des angles qui vont presque jusqu'à un degré en employant un prisme d'un angle réfringent de 60°.

Supposons maintenant que l'on introduise le double prisme dans une lunette astronomique entre l'objectif et son foyer principal, et qu'on dirige la lunette sur un objet très-éloigné; il se formera au foyer principal une image ordinaire EP (*fig.* 213) comme s'il n'y avait pas de prisme, et un peu au-dessous, une image extraordinaire F'P' qui sera sensiblement égale à la première. La distance de ces images dépend uniquement de la distance du prisme au foyer, puisque l'écart des rayons ordinaire et extraordinaire est constant; on peut, par conséquent, placer le prisme assez près du foyer pour que les deux images soient en contact comme dans la *figure* 214. Supposons cette condition remplie, et désignons par α le diamètre apparent de l'objet, par δ l'écart des rayons ordinaire et extraordinaire, par f la distance focale de la lentille, et par d la distance OF du prisme au foyer, on aura évidemment

$$\left.\begin{array}{l} FP = f \, tang.\,\alpha \\ FP = d \, tang.\,\delta \end{array}\right\} \quad d'où \quad \frac{tang.\,\alpha}{d} = \frac{tang.\,\delta}{f}$$

Cette équation fait voir que la tangente du diamètre apparent d'un objet est proportionnelle à la distance d du prisme au foyer; car la fraction qui forme le second membre, est constante pour une même lentille et pour un même prisme. On pourrait déterminer la valeur de cette fraction en mesurant par expérience la distance focale de la lentille, et en calculant l'écart des rayons au moyen de l'angle réfringent du prisme, mais on suit de préférence une autre marche. On observe avec l'appareil une mire éloignée dont on connaît la longueur et la distance, et par suite le diamètre apparent; on mesure la quantité d qui s'y rapporte, et l'on obtient ainsi deux valeurs, l'une de α, l'autre de d qui doivent satisfaire à l'équation précédente; si donc on substitue ces valeurs dans son premier membre, il sera complétement connu, et sa valeur sera celle de la fraction $\frac{tang.\,\delta}{f}$; en l'appelant k, il viendra *tang.* $\alpha = kd$, ce qui fait voir que la tangente du diamètre apparent d'un objet s'obtient en multipliant la quantité k par la distance du double prisme au foyer de l'objectif.

La graduation qu'on adapte ordinairement au micromètre (*fig.* 215), donne immédiatement le diamètre apparent des objets, sans passer par la valeur de k et sans faire aucune multiplication. Voici comment on la forme. On pointe d'abord la

lunette sur une petite mire très-éloignée, et l'on fait mouvoir
le prisme jusqu'à ce que les deux images se confondent exactement : la position du prisme correspond évidemment au
foyer de l'objectif, on y marque 0. On fait ensuite mouvoir
le prisme du côté de l'objectif, et l'on s'arrête au point où les
deux images se trouvent en contact; supposons que l'on con-
naisse le diamètre apparent de cette mire (ce qui n'offre
aucune difficulté si l'on connaît sa grandeur et sa distance),
et que ce diamètre soit de 50′, on marque 50 au point où se
trouve le prisme, et l'on partage en 50 parties égales l'intervalle compris entre ce point et le premier. Les divisions sont
enfin prolongées du côté de l'objectif. Supposons maintenant
qu'en regardant un objet, il faille amener le prisme jusqu'à
une certaine division, la division 30, par exemple; pour
établir le contact entre les images, le diamètre apparent de
l'objet sera de 30″; car eu égard à la petitesse des angles que
l'on observe, les diamètres apparens sont, comme leurs tangentes, proportionnels aux distances du prisme au foyer.

On marque ordinairement sur le tuyau de la lunette une
nouvelle série de nombres dont chacun correspond à l'un des
angles précédens; et qui permettent de mesurer facilement
la distance d'un objet dont on connaît la grandeur ou la grandeur d'un objet dont on connaît la distance. On obtient ces
nombres en divisant l'unité par la tangente de l'angle correspondant; ainsi à côté de 1′ on met 3438; à côté de 2′, on
met 1719; à côté de 3′, de 4′, on met les nombres 1146,
859, etc. C'est par ces nombres qu'il faut multiplier la grandeur d'un objet pour avoir sa distance, ou bien qu'il faut
diviser sa distance pour avoir sa grandeur. Si, par exemple,
on observe un objet de 4 pieds, et qu'il faille amener le
prisme à 2′ pour établir le contact des images, la distance de
l'objet sera de 4×1719 ou de 6876 pieds; si sa distance

était de 2000 pieds, sa grandeur s'obtiendrait en divisant 2000 par le nombre 1719. Ces résultats sont faciles à concevoir. Nommons, en effet, k la grandeur d'un objet, d sa distance et δ son diamètre apparent, on aura $k=d.tang.\delta$ d'où $d=k\times(\frac{1}{tang.\delta})$ et $k=d:(\frac{1}{tang.\delta})$. Ainsi, pour avoir la distance d'un objet, il faut multiplier sa grandeur par le nombre $\frac{1}{tang.\delta}$; et pour avoir sa grandeur, il faut diviser sa distance par le même nombre $\frac{1}{tang.\delta}$. Ce nombre $\frac{1}{tang.\delta}$ est précisément celui qu'on marque sur le tuyau de la lunette vis-à-vis le diamètre apparent de l'objet.

La lunette micrométrique de Rochon a été souvent employée pour observer la distance à laquelle on se trouve d'une armée, d'un vaisseau... et surtout pour obtenir le diamètre apparent des planètes. Elle contient aussi un oculaire comme les lunettes astronomiques; cet oculaire ne sert qu'à agrandir les images, et il n'a aucune influence soit pour détruire, soit pour établir leur contact.

CHAPITRE VII*.

De la polarisation.

495. La lumière éprouve des modifications singulières quand elle se réfléchit à la surface des corps sous une certaine obliquité, ou quand elle se transmet à travers leur masse dans certaines circonstances ; elle perd, par exemple, la propriété de pouvoir se réfléchir ou se réfracter dans de nouvelles circonstances, et celle de pouvoir donner deux images en traversant les cristaux doublement réfringens. Ces modifications singulières ont reçu le nom de *polarisation*, et la lumière qui les possède celui de *lumière polarisée*.

La polarisation de la lumière a été découverte par Malus en 1810 ; elle a été étudiée par les plus grands physiciens, et surtout par MM. Biot, Arago, Brewster et Fresnel.

496. *Polarisation par réflexion.* == Lorsqu'un faisceau lumineux a été réfléchi par une glace de verre non étamée sous une incidence de 54° 35' à partir de la normale, il présente toutes les propriétés qui caractérisent la lumière polarisée. Ces propriétés sont les suivantes :

1° Il ne peut être réfléchi par une seconde glace de verre qu'il rencontre sous la même incidence 54° 35', quand le plan d'incidence sur cette glace est perpendiculaire au plan de réflexion sur la première. La réflexion peut avoir lieu dans toutes les autres positions du plan d'incidence, mais en présentant encore une différence essentielle avec la réflexion de la lumière naturelle ; cette lumière se réfléchit, en effet, avec la même intensité, quand elle fait un angle constant avec la normale, quelle que soit la direction du plan d'incidence, tandis que la lumière polarisée se réfléchit avec des intensités très-inégales pour une même incidence quand le second réflecteur qu'elle rencontre reçoit différentes positions relativement à celui qui a produit la polarisation. — La lumière polarisée éprouve une réflexion maximum sur la seconde glace quand le plan d'incidence coïncide avec le plan de réflexion sur la première; elle éprouve, au contraire, une réflexion de plus en plus petite quand l'angle de ces deux plans augmente de plus en plus, et même toute réflexion devient impossible quand cet angle est droit, ou, comme nous l'avons dit, quand les plans sont perpendiculaires.

2° Il ne peut se transmettre perpendiculairement à travers une plaque de tourmaline dont l'axe est parallèle au plan de réflexion ; il se transmet, au contraire, en quantité d'autant plus grande que l'axe de la tourmaline approche plus d'être perpendiculaire à ce plan. La lumière non polarisée se transmettrait avec une égale intensité quelle que fût la direction de l'axe relativement au plan de réflexion.

3° Il ne donne qu'une seule image en se transmettant perpendiculairement à travers un rhomboïde de spath d'Islande dont la section principale est parallèle ou perpendiculaire au plan de réflexion ; le faisceau transmis dans le cas du parallélisme jouit des propriétés du faisceau ordinaire, et le faisceau transmis dans le cas de la perpendicularité jouit des propriétés du faisceau extraordinaire. La lumière non polarisée donne toujours deux images à moins d'être parallèle à l'axe du rhomboïde.

L'appareil qui sert à vérifier ces propriétés se compose d'un tube de cuivre AB (*fig.* 216), mobile autour d'une

charnière, et muni, à ses extrémités, des deux anneaux A et
B qui peuvent tourner à frottement autour de son axe. Deux
règles de cuivre parallèles à l'axe du tube partent de deux
points opposés de la circonférence de chaque anneau ; elles
servent à supporter les axes de deux petits miroirs M, N,
noircis à leur partie inférieure. Les deux miroirs peuvent
prendre, en tournant autour de leur axe, toutes les positions
possibles relativement à l'axe du tube ; ils peuvent, en outre,
se placer dans telle ou telle position relative en tournant avec
les deux anneaux ; l'angle qu'ils forment entre eux se mesure
à l'aide de deux cercles divisés X et Y, et l'angle qu'ils forment avec l'axe se mesure au moyen de deux quarts de cercle
adaptés près des règles parallèles qui les supportent. Deux
diaphragmes sont disposés dans l'intérieur du tube afin d'arrêter tous les rayons non parallèles à l'axe.

Pour se servir de cet appareil, on incline le miroir M de
35° 25′ sur l'axe du tube, et on l'expose à la lumière des
nuées en faisant tourner convenablement soit l'anneau A, soit
le tube lui-même ; la lumière réfléchie suivant l'axe fait alors
un angle de 35° 25′ avec le miroir, et par conséquent un
angle de 54° 35′ avec la normale à sa surface ; on la reçoit
sur le deuxième miroir N qu'on incline aussi de 35° 25′ sur
l'axe, et l'on tourne peu à peu ce miroir au moyen de l'anneau B afin de faire varier le plan d'incidence. — On peut
aussi recevoir la lumière réfléchie sur une plaque de tourmaline ou sur un rhomboïde de spath d'Islande, en substituant à
l'anneau qui porte le miroir N, un nouvel anneau garni d'une
tourmaline ou d'un rhomboïde.

497. Un faisceau lumineux n'est pas complètement polarisé
quand il a été réfléchi par le verre sous un angle différent de
54° 35′ ; et ce qui le prouve, c'est qu'il peut toujours se
réfléchir en partie sur une nouvelle glace quelle que soit l'in-

clinaison du faisceau et la direction du plan d'incidence ; mais
il est polarisé en partie, car l'intensité de la lumière réfléchie
par la seconde glace sous l'incidence 54° 35' est d'autant plus
petite que les plans d'incidence sur les deux glaces approchent
plus d'être perpendiculaires entre eux, et elle est d'autant
plus grande que ces plans approchent plus du parallélisme.
De même la lumière transmise à travers une plaque de tourmaline est d'autant plus faible que l'axe de la tourmaline
approche plus d'être parallèle au plan d'incidence ou de
réflexion, et elle est d'autant plus intense que l'axe approche
plus d'être perpendiculaire à ce plan. La polarisation ne peut
disparaître entièrement que quand la lumière réfléchie est
très-voisine de la normale ou de la surface.

498. Le verre n'est pas le seul corps qui polarise la lumière
par réflexion ; tous les corps peuvent la polariser sous une
certaine incidence. Plusieurs corps opaques, tels que le marbre,
l'obsidienne, qui ne jouissent pas d'une puissance réfractive
trop considérable, lui font éprouver une polarisation complète,
tandis que des corps diaphanes, tels que le diamant, le verre
d'antimoine, qui possèdent une puissance réfractive assez forte,
ne peuvent jamais la polariser complètement même sous les
incidences les plus favorables. Les métaux sont, parmi tous
les corps, ceux qui possèdent la moindre force de polarisation ;
aussi doit-on, dans les expériences fondamentales, éviter
l'emploi des glaces étamées.

L'angle de polarisation complète varie avec la nature des
corps ; il est de 52° 45' pour l'eau, de 54° 35' pour le verre,
de 56° 3' pour l'obsidienne, de 57° 22' pour le quartz, et
de 58° 40' pour la topaze. Cet angle peut être obtenu de
plusieurs manières ; l'une des plus simples est due à M. Arago.
On place d'abord, vers le milieu d'une grande salle, un cercle
horizontal divisé, et l'on trace, sur les parois de la salle, des

divisions correspondantes à celles du cercle ; on place ensuite à son centre un petit support vertical, et l'on adapte sur lui le corps que l'on veut soumettre à l'expérience en l'y maintenant avec un peu de cire molle. Cela fait, on dispose une bougie allumée près de l'une des divisions, et l'on regarde son image réfléchie par le corps à travers une plaque de tourmaline dont l'axe est parallèle au plan d'incidence ; on tourne ensuite le support autour de son axe afin de faire varier l'angle d'incidence, et l'on suit toujours avec la tourmaline l'image réfléchie ; dès que l'image ne peut plus être transmise, on mesure le nombre des divisions comprises entre la bougie et son image, et l'on en prend la moitié : le résultat indique évidemment l'angle d'incidence qui correspond à la polarisation complète. — Si la substance n'était pas capable de polariser complètement la lumière, l'image de la bougie se transmettrait toujours à travers la tourmaline ; on obtiendrait alors l'angle correspondant à la polarisation maximum, en observant la position pour laquelle l'image transmise a la moindre intensité. — Il est indispensable, dans les expériences de cette nature, que la face réfléchissante soit bien verticale, ou ce qui revient au même que l'image de la bougie soit à la hauteur de la flamme ; on satisfait aisément à cette condition en déplaçant peu à peu le corps sur la cire molle qui le supporte.

Les modifications que la lumière reçoit en se polarisant, sont indépendantes de la substance qui produit la polarisation ; ainsi les rayons lumineux qui ont été polarisés par la topaze, par le verre... jouissent identiquement des mêmes propriétés ; ils ne peuvent se réfléchir sur aucun des corps qui polarisent complètement la lumière, quand ils tombent sur eux en faisant l'angle de polarisation complète, et quand le plan d'incidence sur ces corps est perpendiculaire au plan de réflexion sur les premiers.

L'angle de polarisation des corps se déduit facilement d'une loi observée par M. Brewster, savoir que l'incidence de la polarisation complète ou de la polarisation maximum est toujours telle que le rayon réfracté soit perpendiculaire sur le rayon réfléchi. Si l'on désigne, en effet, par α l'angle d'incidence SAN (*fig.* 217) ou l'angle de réflexion RAN qui lui est égal, et par β l'angle de réfraction VAM ; l'angle β sera le complément de l'angle α à cause de la perpendicularité des rayons RA, VA, et l'on aura $sin.\beta = cos.\alpha$; la formule $sin.\alpha = n\, sin.\beta$ deviendra alors $sin.\alpha = n\, cos.\alpha$, ou bien $tang.\alpha = n$. On voit ainsi que l'angle de polarisation d'un corps a pour tangente l'indice de réfraction de ce corps ; rien n'est donc plus facile que sa détermination. Il résulte de la loi de M. Brewster et de l'inégale réfrangibilité des rayons diversement colorés, qu'un même corps ne polarise pas rigoureusement sous les mêmes angles tous les rayons qui composent la lumière blanche.

499. La lumière ne se polarise pas seulement par réflexion à la première surface des corps, elle se polarise aussi par réflexion quand elle atteint leur seconde surface après avoir traversé leur épaisseur ; il résulte même des expériences de Malus que, pour les milieux à faces parallèles, le faisceau réfracté arrive à la seconde surface sous l'angle de polarisation complète quand le faisceau incident s'est polarisé complètement à la première. Pour constater ce résultat, Malus prit une plaque de verre ABCD (*fig.* 218) de forme trapézoïdale dont l'angle A était de 32° 54' ; il fit tomber, en un point I de la surface supérieure CD, un faisceau lumineux SI sous l'incidence de 54° 35'. Le faisceau réfracté IK tomba au point K de la face inférieure AB sous l'angle IKM, se réfléchit en faisant l'angle de réflexion égal à l'angle d'incidence, et sortit perpendiculairement au point O. La perpendicularité est une

conséquence de la valeur de l'angle A du trapèze, de l'angle
d'incidence du rayon SI et de l'indice de réfraction du verre;
on trouve, en effet, que l'angle MIK est égal à 32° 54′ en le
calculant au moyen de la formule $sin.54° 35′ = 1,5 sin.MIK$,
et par suite que l'angle IKM, ou son égal AKO, est égal
à 57° 6′, ce qui est précisément le complément de l'angle A.
Malus, en recevant le faisceau lumineux RO sur une glace de
verre, le trouva complètement polarisé.

L'angle de polarisation sur la deuxième surface des corps
s'obtient facilement d'après cette observation; on a, en effet,
$sin.\alpha = n\ sin.6$; or, d'après la loi de Brewster, les angles α
et 6 sont complémentaires; ainsi $sin.\alpha = cos.6$, et par suite
$cos.6 = n\ sin.6$, ou bien $tang.6 = \dfrac{1}{n}$. Telle est la formule
qui sert à calculer la valeur de l'angle de polarisation à la
deuxième surface des corps.

500. *Polarisation par réfraction.* = Lorsqu'on fait tomber un faisceau lumineux sur une glace de verre sous une incidence de 54° 35′ à partir de la normale, le faisceau réfracté
possède, comme le faisceau réfléchi, les propriétés de la lumière polarisée; on s'en assure en le recevant sur une nouvelle glace de verre sous l'angle de 54° 35′ ou sur une plaque
de tourmaline perpendiculairement à sa surface : l'intensité
de la lumière réfléchie par la deuxième glace de verre varie
avec la position du plan d'incidence relativement au plan d'é-
mergence, et celle de la lumière transmise à travers la tourmaline varie avec la position de son axe relativement au
même plan. Cependant la polarisation du faisceau réfracté
n'est jamais complète; il éprouve toujours une réflexion partielle sur la seconde glace, et il se transmet toujours en partie
à travers la tourmaline.

La polarisation par réfraction n'a pas lieu dans le même
sens que la polarisation par réflexion. Dans la polarisation par

réflexion, la lumière réfléchie par la seconde glace possède une intensité maximum ou minimum selon que le plan d'incidence sur cette glace est parallèle ou perpendiculaire au plan de réflexion sur la première ; dans la polarisation par réfraction, la lumière réfléchie par la seconde glace possède, au contraire, une intensité minimum ou maximum selon que le plan d'incidence est parallèle ou perpendiculaire au plan d'émergence. On dit quelquefois d'un rayon polarisé par réflexion qu'il est polarisé dans le plan d'incidence ou de réflexion, et d'un rayon polarisé par réfraction qu'il est polarisé perpendiculairement au plan d'incidence ou d'émergence.

Nous avons supposé que le faisceau incident faisait avec la normale un angle de 54° 35'. La polarisation aurait encore lieu si l'angle était différent, seulement la quantité de lumière polarisée serait d'autant plus petite que l'incidence serait plus différente de 54° 35', soit en plus, soit en moins. La quantité de lumière polarisée par réfraction sur tel ou tel corps et sous telle ou telle incidence, se connaît immédiatement quand on connaît la lumière polarisée par réflexion dans les mêmes circonstances ; il résulte, en effet, des observations de M. Arago que la lumière polarisée par réflexion sur la surface d'un corps est toujours égale à celle qui se polarise par réfraction, ou bien que lorsqu'un faisceau lumineux est divisé par un corps en deux faisceaux, l'un réfléchi, l'autre transmis, il existe autant de lumière polarisée par réflexion dans l'un des faisceaux que de lumière polarisée par réfraction dans l'autre.

La polarisation par réfraction n'est que partielle quand la transmission se fait à travers une seule glace, mais elle peut devenir complète quand la transmission s'opère à travers plusieurs glaces parallèles séparées par des couches d'air. On conçoit ce résultat en remarquant que la partie polarisée du faisceau transmis par la première glace ne peut éprouver au-

: cune réflexion sur la seconde, et par suite qu'elle dóit s'y réfracter en totalité, tandis que la partie non polarisée du même faisceau se polarise partiellement par réflexion et par réfraction dans cette glace qu'elle rencontre sous l'incidence favorable. Il en résulte que la quantité de lumière polarisée est plus grande au sortir de la seconde lame qu'au sortir de la première, et que la quantité de lumière non polarisée est au contraire plus petite ; il y aurait par la même raison plus de lumière polarisée au sortir de la troisième, au sortir de la quatrième.... On peut donc concevoir un nombre de lames assez grand pour que la polarisation soit complète.

501. *Polarisation par double réfraction.* = Les deux faisceaux de lumière dans lesquels se divise un faisceau de lumière naturelle qui traverse un rhomboïde de spath d'Islande ou tout autre corps doublement réfringent, sont toujours polarisés, et leurs plans de polarisation sont toujours perpendiculaires. On s'en assure en recevant les faisceaux sur une glace de verre sous une incidence de 54° 35′ à partir de la normale, car on reconnaît que l'intensité des faisceaux réfléchis varie avec la direction du plan d'incidence, et que l'un des faisceaux n'éprouve plus aucune réflexion quand le plan d'incidence est parallèle ou perpendiculaire à la section principale du cristal. Dans le cas de la perpendicularité, c'est le faisceau ordinaire qui ne peut plus se réfléchir ; dans le cas du parallélisme, c'est le faisceau extraordinaire. On dit quelquefois que le faisceau ordinaire est polarisé dans la section principale du cristal, et que le faisceau extraordinaire est polarisé perpendiculairement à cette section.

On peut aussi s'assurer de la polarisation des deux faisceaux, et du sens de leur polarisation au moyen d'une tourmaline. Si l'on reçoit le faisceau ordinaire à travers une plaque de cette substance, on reconnaît qu'il disparaît quand l'axe est parallèle à la section principale du rhomboïde, et qu'il acquiert son maximum d'éclat quand l'axe est perpendiculaire à cette section. Ce serait le contraire pour l'image extraordinaire.

On peut enfin reconnaître les mêmes propriétés en recevant les deux faisceaux sur un nouveau rhomboïde dont les faces d'incidence et d'émergence sont parallèles aux faces d'incidence et d'émergence du premier, car les deux faisceaux n'éprouvent aucune division nouvelle si les sections principales des deux rhomboïdes sont parallèles ou perpendiculaires. Dans le cas du parallélisme, les faisceaux ordinaire et extraordinaire du premier restent ordinaire et extraordinaire dans le second ; dans le cas de la perpendicularité, le faisceau ordinaire du premier devient extraordinaire dans le second, et réciproquement le faisceau extraordinaire devient ordinaire. Dans toutes les autres directions relatives des sections principales, chacun des faisceaux sortis du premier cristal se subdivise en deux autres dans le second.

502. Nous avons vu que la lumière polarisée par réflexion, ne donne qu'une image en se transmettant perpendiculairement à travers un rhomboïde de spath d'Islande dont la section principale est parallèle ou perpendiculaire au plan de réflexion, et que c'est l'image extraordinaire qui disparaît quand la section est parallèle à ce plan. M. Arago a observé que cette image reparaît quand on place devant le rhomboïde une plaque cristallisée douée de la double réfraction, et dont la section principale n'est ni parallèle, ni perpendiculaire au plan de polarisation. L'intensité de la nouvelle image devient même égale à celle de l'image ordinaire quand cette section et le plan de polarisation forment un angle de 45°. Les deux images sont toujours blanches si la plaque est suffisamment épaisse, si elle est par exemple d'un millimètre pour le quartz et le sulfate de chaux ; elles sont, au contraire, colorées si la

plaque est plus mince, et la nature des teintes varie avec l'épaisseur. Cette belle découverte a ouvert une carrière nouvelle aux recherches des physiciens; elle a été la source d'une multitude de nouvelles observations faites par MM. Arago, Biot et Fresnel en France; par MM. Joung, Brewster et Herschell en Angleterre, et par MM. Seebeck et Mitscherlich en Allemagne.

Les phénomènes relatifs aux couleurs de la lumière polarisée ont été expliqués par M. Biot dans une théorie ingénieuse, connue sous le nom de *théorie de la polarisation mobile*; mais cette théorie, qui repose essentiellement sur le système de l'émission, ne satisfait plus à toutes les exigences de la science. Fresnel a déduit du système des ondes une autre théorie qui lie parfaitement tous les phénomènes, et qui en donne l'explication la plus complète qu'il soit permis de désirer. Cette théorie s'appuie sur des considérations mathématiques trop relevées pour être exposée dans un traité élémentaire de Physique.

CHAPITRE VIII.

Système des ondulations.

503. On attribue presque généralement la lumière à des mouvemens vibratoires excités dans un fluide particulier auquel on donne le nom d'éther. Ce fluide est inerte, impondérable, éminemment subtil, extrêmement élastique; il remplit les espaces célestes, l'atmosphère et tous les corps transparens; il remplit même les corps opaques, car il n'est pas un de ces corps qui ne puisse transmettre la lumière quand il possède une ténuité suffisante. L'élasticité de l'éther est constante, en général, aux différens points d'un même milieu; elle ne varie dans un même corps qu'autant qu'il possède lui-même une élasticité variable dans diverses directions, ce qui n'arrive que pour les corps cristallisés dont la forme primitive n'est ni un cube, ni un octaèdre régulier.

L'éther n'est pas lumineux par lui-même; il ne produit la sensation de la lumière que lorsqu'il est mis en vibration par les corps lumineux, de même que l'air ne produit la sensation du son que lorsqu'il vibre sous l'influence des corps sonores. Les ondulations lumineuses sont sphériques, comme les ondulations sonores, quand elles se propagent dans le vide ou dans les corps homogènes dont l'élasticité est la même dans tous les sens; car alors les vibrations se transmettent avec la même vitesse dans toutes les directions, et par suite elles se trouvent au même instant sur la surface d'une sphère dont le

centre est à l'origine du mouvement ; mais elles ne sont plus
sphériques quand elles se propagent dans les milieux dont
l'élasticité varie suivant les diverses directions ; car, dans ces
milieux, les vibrations ne se transmettent pas dans tous les
sens avec la même vitesse. — On a long-temps admis que les
vibrations de l'éther se faisaient dans la direction même des
rayons lumineux, c'est-à-dire dans la direction même suivant
laquelle on considère la propagation de la lumière ; mais il
n'en est pas ainsi : les vibrations de l'éther ont lieu, comme
l'a démontré Fresnel, dans une direction perpendiculaire au
rayon lumineux ; elles diffèrent ainsi essentiellement des
vibrations de l'air qui se font dans la direction des rayons
sonores.

La longueur d'une ondulation lumineuse se définit comme
la longueur d'une ondulation sonore ; c'est l'étendue de la
masse d'éther modifiée pendant une des vibrations du corps
lumineux, ou bien l'espace que la lumière parcourt pendant
une des vibrations de ce corps. Si donc on représente par l la
longueur d'une ondulation, par t le temps d'une vibration,
ou bien le temps que met la lumière pour aller d'une extrémité à l'autre de l'ondulation, et par v la vitesse de propagation de la lumière, les trois quantités l, t, v sont liées par
la formule $l = vt$ du mouvement uniforme. On pourra connaître la valeur de l quand la valeur de t sera connue, ou réciproquement, car on connaît la vitesse de propagation de la
lumière. On peut également déterminer le nombre de
vibrations exécutées en une seconde quand on connaît la
longueur d'ondulation ; si l'on désigne, en effet, ce nombre
par n, on a évidemment $t = \frac{1}{n}$, et par suite $l = \frac{v}{n}$ ou
$n = \frac{v}{l}$.

L'intensité de la lumière, dans le système des ondes,
dépend de l'amplitude des vibrations de l'éther ; sa nature

dépend, au contraire, de la durée des vibrations ou de la longueur d'ondulation qui est proportionnelle à cette durée.

504. *Principe des interférences.* === Ce principe, le plus important de la théorie des ondes, peut être énoncé de la manière suivante : deux ondes lumineuses, parties d'une source commune, se détruisent mutuellement, ou donnent de l'obscurité, quand elles se rencontrent sous des directions peu inclinées après avoir parcouru des chemins dont la différence est égale à un nombre impair de demi-ondulations; elles se renforcent, au contraire, ou ajoutent leur lumière, quand elles ont parcouru le même chemin ou quand la différence est égale à un nombre pair de demi-ondulations. — Le principe des interférences est une consé-quence nécessaire du système des ondes : dans le premier cas, les molécules d'éther doivent rester immobiles, puisque les vitesses des deux ondes se détruisent à chaque instant comme étant égales et dirigées en sens contraire; dans le second, elles doivent avoir des vitesses doubles puisque les vitesses des deux ondes sont égales et dirigées dans le même sens. Ce prin-cipe a été vérifié par de nombreuses expériences; l'une des plus simples et des plus précises est due à Fresnel.

On dispose verticalement, l'un à côté de l'autre, dans une chambre obscure, deux miroirs métalliques AB, AC (*fig.* 219), inclinés sous un angle CAB, très-voisin de 180°, et l'on place à quelque distance une lentille d'un très-court foyer qui con-centre au point F un faisceau de lumière simple. Les rayons qui, partant du point F, vont tomber sur les miroirs, se réflé-chissent sur leur surface, et vont se rencontrer dans l'espace, à quelque distance des réflecteurs, après avoir parcouru des chemins égaux pour quelques-uns, inégaux pour quelques autres; or, si l'on reçoit ces rayons sur un carton blanc, on remarque que l'image est formée de bandes alternativement

obscures, alternativement brillantes, parallèles à la commune
intersection des miroirs. Ces bandes s'observent mieux encore
en les regardant, comme l'a fait Fresnel, à travers une loupe
et sans interposition d'écran ; on les nomme ordinairement des
franges.

Considérons, pour fixer les idées, ce qui se passe dans le
plan CABF mené par le point lumineux perpendiculairement
aux miroirs ; construisons les points P et Q symétriques du
point F relativement aux miroirs AB et AC, et menons la ligne
DA*a* perpendiculairement à la ligne PQ. Les ondes lumineuses qui partent du point F et qui se réfléchissent sur les
miroirs, sont absolument comme si elles émanaient des deux
centres identiques P et Q, et conséquemment les ondes réfléchies
sont toutes terminées par des surfaces sphériques dont les
centres sont situés à ces points. Cela posé, concevons que l'on
décrive de ces points, comme centres, deux systèmes d'arcs de
cercle séparés les uns des autres par un intervalle d'une demi-
ondulation, et supposons que l'on trace les arcs alternativement en lignes pleines et en lignes ponctuées, en faisant
rencontrer sur la ligne D*a* les systèmes d'arcs tracés de la
même manière.

Tous les points de la ligne *ac*, étant également éloignés
des points P et Q, les ondes réfléchies qui se rencontrent sur
cette ligne ont parcouru le même chemin et s'accordent ; aussi
voit-on sur elle une bande brillante qui possède un éclat plus
intense que s'il n'y avait qu'un seul miroir. — Tous les points
de la première ligne *mo* qui joint les points de rencontre des
arcs pleins avec les arcs ponctués, sont, au contraire, à des
distances différentes des points P et Q. La différence de ces
distances est même égale à une demi-ondulation, car en considérant un point quelconque *m* de la droite *mo*, on a
$mQ - mP = aQ - bP = ab$; les ondes qui se rencontrent sur

cette ligne sont donc en discordance, et par suite elle est le milieu d'une bande obscure. — Les points de la 2ᵉ ligne *np* qui joint les points de rencontre des arcs de même nature sont aussi inégalement distans des points P et Q, mais comme la différence des distances est égale à une ondulation entière ou à deux demi-ondulations, les ondes qui s'y rencontrent s'accordent, et cette ligne est le milieu d'une bande brillante. — On verrait de même que la ligne *xy* est le milieu d'une bande obscure... — Des résultats analogues se font remarquer à gauche de la ligne DA*a*. — Les intervalles *an*, *mx*... qui séparent les milieux de deux franges consécutives soit obscures, soit brillantes, se nomment la *largeur des franges;* ces intervalles varient avec la couleur des rayons réfléchis; ils sont faciles à mesurer pour chaque couleur du spectre.

Les milieux des deux premières franges obscures situées à droite et à gauche de la frange centrale *ac* ne sont pas tout-à-fait sur deux droites; ils se trouvent sur une hyperbole dont les foyers sont aux points P et Q et dont l'axe transverse est égal à la moitié d'une demi-ondulation lumineuse. Ce résultat, que Fresnel a constaté par les mesures les plus précises, s'explique en remarquant que la différence des distances des points des deux lignes *mo*, *sr* aux deux points P et Q est constante et égale à une demi ondulation. On observe de même que les milieux des deux premières franges brillantes sont sur une hyperbole dont les foyers sont aussi aux points P et Q et dont l'axe transverse est égal à deux demi-ondulations; que les milieux des deux franges obscures qui suivent sont sur une hyperbole possédant mêmes foyers et dont l'axe transverse est égal à trois demi-ondulations....

L'action mutuelle des rayons lumineux a été découverte, par le père Grimaldi vers l'an 1650, mais la véritable loi du phénomène n'a été formulée qu'en 1804 par Joung dans.

son principe des interférences. Cette action est complètement
inexplicable dans le système de l'émission.

505. *Longueur des ondulations.* = L'expérience précé-
cédente de Fresnel donne le moyen de mesurer la longueur
d'ondulation des rayons lumineux. Le triangle.*amb* formé par
la droite *ab* et les deux arcs *am*, *bm* peut évidemment être
considéré comme rectiligne à cause de la petitesse des deux
arcs; il peut en outre être considéré comme rectangle en *a*,
car l'arc *am* qui se trouve perpendiculaire sur le rayon *a*Q
peut aussi être censé perpendiculaire sur la ligne *a*D; on aura
donc $ab = am \times sin.amb$. Or, le côté *ab* est égal à une
demi-ondulation, le côté *am* à la largeur d'une demi-frange,
et l'angle *amb* à l'angle Q*a*P dont les côtés lui sont respectivement perpendiculaires; si donc on désigne par *l* la longueur
d'une ondulation, par *k* la largeur d'une frange et par α
l'angle Q*a*P, on aura $l = k sin. \alpha$, formule qui donnera la
valeur de *l* quand on aura mesuré les valeurs de *k* et de α.
On trouve ainsi en prenant le millimètre pour unité :

Noms des couleurs.	Longueur d'ondulation.
Violet.	$0^{mm},000423$
Indigo.	0 ,000449
Bleu..	0 ,000475
Vert.	0 ,000521
Jaune.	0 ,000551
Orangé..	0 ,000583
Rouge.	0 ,000620

On déduit facilement de ce tableau et de la formule $n = \frac{v}{l}$
le nombre des vibrations exécutées en une seconde par une
couche d'éther, en sachant d'ailleurs que la vitesse de propagation de la lumière est à peu près de 349 millions de mètres.
Si l'on considère, par exemple, les rayons rouges, on trouve

que ce nombre dépasse 514 millions de millions. Ce nombre serait encore plus grand pour les autres couleurs.

La différence des longueurs d'ondulation des rayons diversement colorés fait sentir la nécessité d'employer de la lumière simple dans l'expérience de Fresnel ; si l'on employait de la lumière blanche, les franges produites par les divers rayons qui la composent, se superposeraient en partie, et ne seraient plus aussi distinctes.

506. *Explication de la réflexion.* = On démontre facilement les lois de la réflexion dans le système des ondes en admettant, avec Huyghens, que les divers points d'un corps deviennent des centres d'ondulations lumineuses dès qu'ils ont été mis en vibrations par une onde incidente.

Considérons un centre d'ébranlement assez éloigné de la surface réfléchissante pour que les rayons incidens puissent être supposés parallèles, et représentons par SA, RB *(fig.* 220) deux de ces rayons. Les points A et B étant, d'après le principe d'Huyghens, deux nouveaux centres d'ébranlement, il s'agit de démontrer que les rayons AS', BR' qu'ils émettent, s'accordent parfaitement s'ils font l'angle de réflexion égal à l'angle d'incidence, et qu'ils se détruisent, au contraire, s'ils ne satisfont pas à cette condition. Soient AC et BD deux perpendiculaires aux rayons incidens et réfléchis. Si les deux rayons satisfont à la loi de la réflexion, les angles RBA et S'AB sont égaux comme complémentaires des angles d'incidence et de réflexion, et les triangles rectangles ABC, ABD dont ils font partie sont aussi égaux. Il résulte de cette égalité que les longueurs CB, AD sont égales, et par suite que le nombre des ondulations exécutées par le rayon RB pour aller de C en B est égal au nombre des ondulations exécutées par le rayon AS' pour aller de A en D ; or, comme les points A et C sont des points correspondans des mêmes ondulations, il en est de même des points B et D , et par suite les rayons BR', AS' s'accordent dans toutes les positions aussi bien que les rayons incidens.

Les longueurs CB et AD ne seraient plus égales si les deux rayons AS', BR' ne satisfaisaient pas à la loi de la réflexion , et par conséquent les points B et D ne seraient plus les points correspondans des mêmes ondulations; il y aurait alors discordance entre les vibrations des rayons réfléchis. On peut même prendre le point B à une telle distance du point A que la discordance soit complète ; on a en effet CB=AB cos.α ; AD=AB cos.6 , d'où CB—AD=AB (cos.α—cos.6); or , tant que l'angle α n'est pas égal à l'angle 6 , on peut satisfaire à cette équation en donnant à AB une valeur qui rende la différence CB—AD égale à une demi-ondulation ; les rayons qui partent des points A et B dans les directions AS' et BR' sont alors complètement discordans , puisqu'ils diffèrent d'une demi-ondulation et puisque d'ailleurs ils ont la même intensité à cause de leur parallélisme. — On ferait voir de la même manière que les rayons réfléchis se détruisent mutuellement quand ils ne se trouvent pas dans le plan d'incidence. — L'explication précédente de la réflexion est due à Fresnel ; elle rend parfaitement compte du phénomène.

507. *Explication de la réfraction.* — On démontre les lois de la réfraction en partant des mêmes principes. Représentons par SA et RB (*fig.* 224) deux rayons incidens parallèles , par AS' et BR' deux rayons réfractés partis des deux nouveaux centres A et B, et par AC et BD deux perpendiculaires à la direction des rayons. Les deux rayons réfractés AS' et BR' ne peuvent évidemment s'accorder qu'autant que les deux chemins CB et AD sont parcourus dans le même temps , ou ce qui revient au même qu'autant qu'ils sont proportionnels aux vitesses de la lumière dans les deux milieux.

Si donc on représente par v la vitesse de la lumière dans le milieu supérieur et par v' sa vitesse dans le milieu inférieur, on devra avoir

$$\frac{CB}{AD} = \frac{v}{v'} \quad \text{or} \quad \begin{cases} CB = AB \sin.CAB = AB \sin.i \\ AD = AB \sin.ABD = AB \sin.r \end{cases}$$

donc
$$\frac{\sin.i}{\sin.r} = \frac{v}{v'}$$

Formule qui démontre la loi de la réfraction, puisque les vitesses de propagation de la lumière sont constantes dans chacun des deux milieux. — Il serait facile de faire voir que les rayons qui partent des points A et B se détruisent mutuellement quand ils ne satisfont pas à cette loi.

Lorsque la lumière passe d'un milieu dans un autre milieu plus réfringent, l'angle i est plus grand que l'angle r, et par suite la vitesse v est plus grande que la vitesse v'; il en résulte que la lumière se meut avec d'autant moins de vitesse dans un milieu qu'il est plus réfringent. On parvient à une conséquence toute contraire dans le système de l'émission.

Le rapport des sinus d'incidence et de réfraction s'exprime aisément au moyen des longueurs d'ondulation qui s'exécutent dans les deux milieux; si l'on désigne, en effet, par l et l' ces longueurs dans le milieu supérieur et dans le milieu inférieur, on aura $\frac{v}{v'} = \frac{l}{l'}$, et par suite

$$\frac{\sin.i}{\sin.r} = \frac{l}{l'}$$

Ce qui démontre que le rapport des sinus d'incidence et de réfraction est égal au rapport des longueurs d'ondulation. Si l'on suppose que le rayon incident se meut dans l'air, et si l'on désigne par n l'indice de réfraction du corps réfringent; on aura $n = \frac{l}{l'}$, ou bien $l' = \frac{l}{n}$, équation qui donne le moyen de déterminer la longueur d'ondulation dans un corps quand on connaît l'indice de réfraction de ce corps et la longueur d'ondulation dans l'air.

508. *Détermination de l'indice de réfraction des corps transparens.* = Nous avons vu , dans la démonstration expérimentale du principe des interférences , que les franges brillantes et les franges obscures produites par la réflexion sur les miroirs inclinés étaient symétriques par rapport à la frange centrale *ac ;* cette symétrie s'observe toujours quand les deux faisceaux de rayons incidens et de rayons réfléchis traversent le même milieu , mais elle n'a plus lieu si l'un des faisceaux n'ayant traversé que l'air , l'autre rencontre sur son passage un corps plus réfringent tel qu'une lame de verre soufflée. Alors les franges sont déplacées , et la frange centrale se rapproche du faisceau qui traverse le verre soit avant son incidence , soit après sa réflexion. Ce résultat , observé par M. Arago , s'explique facilement en remarquant que la vitesse de la lumière est ralentie dans son passage à travers le verre , et par suite que les phénomènes se passent comme si le centre d'ondulation P était placé sur la ligne FP à une plus grande distance du miroir AB.

On peut facilement connaître l'indice de réfraction du verre en mesurant l'épaisseur de la lame et le déplacement de la frange centrale. Soient *e* l'épaisseur de la lame de verre , k' le nombre d'ondulations contenues dans l'épaisseur de cette lame et k le nombre d'ondulations contenues dans la même épaisseur d'air, on a d'abord $e=kl$, $e=k'l'$, et par suite $n=\frac{k'}{k}$ en substituant les valeurs de l et de l' dans l'équation $n=\frac{l}{l'}$. Or , si l'on mesure le déplacement de la frange centrale , et si ce déplacement est de *m* franges (*m* pouvant être entier ou fractionnaire) on a $k'-k=m$, et par suite $n=\frac{k+m}{k}=1+\frac{m}{k}$. Cette équation devient $n=1+\frac{ml}{e}$ en y remplaçant k par sa valeur tirée de l'équation $e=kl$. On vòit donc que la valeur de n s'obtient immédiatement au moyen des quantités m et e qu'il est facile de mesurer exactement, et de la quantité l qui est déjà connue. Ce procédé est susceptible d'une précision pour ainsi dire indéfinie ; il s'applique à tous les corps transparens qui peuvent se réduire en lames très-minces.

Le déplacement des franges s'observe encore quand les deux faisceaux incidens ou réfléchis traversent des lames inégalement épaisses d'une même substance, ou des lames également épaisses de deux substances différentes.

509. *Des anneaux colorés.* = Lorsqu'on pose, sur un plan de verre, une lentille plan-convexe (*fig.* 222) d'une très-petite courbure, et qu'on fait tomber de la lumière simple près du point de contact, on observe une série d'anneaux colorés et d'anneaux obscurs dont le centre est au point de contact des deux verres, et dont la position varie selon que la lumière qui arrive à l'œil a été réfléchie ou transmise par le verre plan. Si l'on se place de manière à ne recevoir que la lumière réfléchie, on aperçoit une tache noire au point de contact ; autour d'elle vient un anneau coloré, puis un anneau obscur, puis alternativement des anneaux colorés et obscurs. Si l'on se place, au contraire, de manière à ne recevoir que la lumière transmise, on observe un cercle coloré au point de contact, puis un cercle obscur, un cercle coloré.... Tel est le phénomène fondamental des anneaux colorés. Ce phénomène se produit également avec tous les rayons du spectre, et la nuance des anneaux colorés est toujours celle du faisceau qui tombe sur la lentille.

Il paraît difficile, au premier abord, de déterminer les épaisseurs des lames d'air comprises entre la lentille et le plan de verre aux points qui correspondent aux maxima ou aux minima de lumière ; cette détermination est cependant

bien simple quand on s'aide de quelques considérations géométriques. Soient, en effet, OD (*fig.* 223) le diamètre de
la surface inférieure du verre lenticulaire ; AB=OK le rayon
d'un anneau brillant ou obscur, et AO=KB l'épaisseur correspondante ; on aura évidemment $\overline{AB}^2$=AO (OD—AO) ou
plus simplement $\overline{AB}^2$=AO × OD en remarquant que la
quantité AO est toujours assez petite relativement à OD pour
être négligée. Cette équation fait connaître immédiatement
l'épaisseur AO de la lame d'air quand on connaît le diamètre
de l'anneau auquel elle correspond et celui de la lentille ,
quantités qui s'obtiennent sans difficulté. On trouve de cette
manière que le premier anneau obscur correspond à une
épaisseur de 285 millionièmes de millimètres pour le rayon
jaune , quand le diamètre de la surface lenticulaire est de
462 centimètres.

Les épaisseurs relatives des lames d'air correspondantes aux
divers anneaux peuvent être déterminées sans qu'il soit besoin
de connaître le rayon du verre convexe. Si l'on désigne en
effet par AO et EO les épaisseurs correspondantes aux rayons
AB et EF de deux anneaux d'un ordre quelconque, on a :

$$\begin{matrix} \overline{AB}^2 = AO \times OD \\ \overline{EF}^2 = EO \times OD \end{matrix} \quad \text{d'où} \quad \frac{\overline{AB}^2}{\overline{EF}^2} = \frac{AO}{EO},$$

équations qui démontrent que les épaisseurs des lames d'air
sont directement proportionnelles aux carrés des rayons ou
des diamètres des anneaux. Newton , à qui l'on doit les premières expériences des anneaux colorés , trouva ; en mesurant
directement les diamètres, que les épaisseurs correspondantes
aux anneaux brillans étaient entre elles comme la suite des
nombres impairs 1 , 3 , 5 , 7 ,... et que les épaisseurs correspondantes aux anneaux obscurs étaient entre elles comme la

suite des nombres pairs 0 , 2 , 4 , 6.... Ces rapports restent
les mêmes , quelles que soient la couleur du rayon lumineux ;
la nature des substances réfringentes et le rayon du verre
lenticulaire ; ils donnent le moyen de connaître l'épaisseur de
la lame d'air correspondante à tel ou tel anneau quand on
connaît l'épaisseur correspondante à un anneau brillant ou
obscur d'un ordre quelconque.

Ces notions préliminaires étant établies , il convient d'ex-
poser les principaux phénomènes des anneaux colorés ; ces
phénomènes sont les suivans :

1° Les anneaux colorés ne conservent pas la même largeur
quand ils sont formés par les diverses couleurs du spectre ; ils
paraissent se contracter ou se dilater selon la couleur que l'on
emploie : la lumière rouge donne les anneaux les plus larges ,
et la lumière violette les moins larges. Il suit de ce fait que
les anneaux de même ordre augmentent de diamètre en passant
du violet au rouge ; mêmes résultats pour l'épaisseur des lames
d'air correspondantes.

2° Les anneaux colorés conservent sensiblement le même
diamètre et la même largeur quand on fait le vide entre la
lentille et le plan , ou quand on y interpose de l'oxigène, de
l'hydrogène ou tout autre gaz ; mais ils se rétrécissent quand
on y place une substance diaphane beaucoup plus réfringente,
telle que l'eau et l'huile ; le rétrécissement est même d'autant
plus grand que la réfringence de la substance est plus considérable. Newton a reconnu par expérience que les épaisseurs
des lames qui réfléchissent ou transmettent un anneau de
même ordre sous la même incidence, sont réciproquement
proportionnelles aux indices de réfraction de ces lames.

3° Les anneaux colorés ne paraissent pas de même diamètre quand on les observe sous diverses obliquités ; on les voit
s'agrandir ou se dilater quand on abaisse l'œil pour recevoir

plus obliquement les rayons réfléchis; on les voit, au contraire, se resserrer quand l'œil s'approche de plus en plus de
la normale au point d'incidence. Newton, en comparant un
très-grand nombre d'observations, est parvenu à une relation
très-simple entre les épaisseurs des lames d'air correspondantes
à un anneau de même ordre dans le cas de l'incidence oblique
et de l'incidence perpendiculaire; elle peut se traduire par
l'équation $E'=E sec.\theta$ en appelant θ l'angle d'obliquité, E
l'épaisseur relative à l'incidence perpendiculaire et E' l'épaisseur relative à l'incidence oblique. Du reste, quelle que soit
l'obliquité, les épaisseurs relatives des lames d'air conservent
toujours les mêmes rapports.

Les anneaux colorés n'éprouvent que de très-faibles variations de diamètre avec les diverses positions de l'œil, quand
ils sont produits par une lame d'eau, d'huile ou de toute autre
substance assez fortement réfringente.

4° Lorsqu'on emploie de la lumière blanche, chacune des
couleurs qui la composent, forme ses anneaux comme si elle
était seule; et comme les anneaux produits par les diverses
couleurs ont des diamètres différens, ils anticipent les uns
sur les autres, et forment des cercles diversement colorés dont
les couleurs dépendent des teintes des anneaux superposés.
Ces anneaux diminuent d'intensité à mesure qu'ils s'éloignent
de la tache noire, et ils finissent par disparaître entièrement.
On remarque, en employant la lumière blanche, qu'il n'existe
aucun anneau complètement obscur, à l'exception de la tache
centrale, et que les couleurs se succèdent toujours dans le
même ordre à partir du centre, quels que soient les verres
dont on fait usage. On remarque, en outre, que les épaisseurs
des lames d'air correspondantes aux anneaux les plus sombres
et les plus brillans suivent les lois précédemment énoncées pour
la lumière simple.

510. *Explication du phénomène des anneaux colorés.* ⸗
Lorsqu'un rayon lumineux tombe sur une lame transparente
(*fig.* 224), il éprouve toujours deux réflexions, l'une sur sa
surface supérieure, et l'autre sur sa surface inférieure; si de
plus l'épaisseur de la lame est très-petite, les intensités des
deux rayons réfléchis sont sensiblement égales, et leurs directions sensiblement parallèles. Il résulte de là qu'il doit y
avoir interférence entre les rayons réfléchis sur les deux surfaces, et par suite qu'il doit se produire de la lumière ou de
l'obscurité selon que les ondes réfléchies sont en retard d'un
nombre pair ou d'un nombre impair de demi-ondulations. Tel
est le principe fondamental qui sert de base à l'explication des
anneaux colorés.

Considérons une lame d'air comprise entre deux verres,
l'un plan, l'autre lenticulaire, et supposons qu'on fasse tomber sur elle un faisceau *presque perpendiculaire* de lumière
simple. Les divers rayons réfléchis par la surface inférieure de
la lame seront en retard, sur les rayons correspondans qui
sont réfléchis par la surface supérieure, d'un chemin double
de l'épaisseur de la lame aux divers points d'incidence; et par-
conséquent les rayons réfléchis par les deux surfaces seront en
accord ou en discordance, selon que ce chemin sera un nombre
pair ou impair de demi-ondulations. Or, au point de contact
des deux verres, l'épaisseur de la lame étant nulle, il n'existe
aucune différence de marche entre les ondes, et par suite il
doit y avoir un cercle lumineux. A mesure qu'on s'éloigne de
ce point, l'épaisseur de la lame d'air augmente, et il arrive
une époque où cette épaisseur est égale à un quart d'ondulation; alors la différence des chemins parcourus par les deux
rayons réfléchis sera égale à une demi-ondulation, et il devra
y avoir discordance, et par suite obscurité. Plus loin l'épaisseur de la lame d'air sera égale à deux quarts d'ondulation, et

par suite la différence des chemins parcourus sera deux demi-ondulations; les ondes s'accorderont, et il devra y avoir un anneau brillant. On verrait de même qu'il y a un anneau obscur quand l'épaisseur de la lame devient égale à trois quarts d'ondulation, un anneau brillant quand elle devient de quatre quarts d'ondulation.... Les anneaux brillans doivent, par conséquent, correspondre aux épaisseurs

$$0, \frac{2l}{4}, \frac{4l}{4}, \frac{6l}{4}, \frac{8l}{4}....$$

et les anneaux obscurs aux épaisseurs

$$\frac{l}{4}, \frac{3l}{4}, \frac{5l}{4}, \frac{7l}{4}, \frac{9l}{4}....$$

l désignant la longueur d'une ondulation. Il résulte de cette théorie que les épaisseurs correspondantes aux anneaux brillans sont entre elles comme les nombres 0, 2, 4, 6, 8... et que les épaisseurs correspondantes aux anneaux obscurs sont comme les nombres 1, 3, 5, 7, 9... Or l'expérience indique précisément le contraire : les épaisseurs relatives aux anneaux brillans suivent la série des nombres impairs, et celles qui sont relatives aux anneaux obscurs suivent la série des nombres pairs.

Il est facile de rendre compte de la différence qui existe entre les résultats théoriques et ceux de l'expérience. On sait que lorsqu'une bille d'ivoire en vient frapper une autre d'une masse égale à la sienne, elle lui communique un mouvement égal au sien, et qu'elle reste elle-même en repos; on sait également qu'une pareille bille conserve un mouvement en avant quand elle frappe une bille de moindre masse, et qu'elle prend au contraire un mouvement en arrière quand elle frappe une bille d'une masse plus grande. Les mêmes phénomènes se pro-

duisent, comme M. Poisson l'a démontré par le calcul, quand·
une onde arrive à la surface de contact de deux milieux élastiques de densités différentes : la tranche d'éther du premier
milieu ne reste pas en repos après avoir mis en mouvement la
tranche d'éther contiguë du second milieu puisque l'éther n'a
pas la même densité dans les différens corps ; mais elle éprouve
une réflexion, et sa nouvelle vitesse qui se communique successivement aux tranches d'éther du premier milieu, est positive ou dirigée dans le sens du mouvement primitif si l'éther
du second milieu est moins dense que celui du premier ; elle·
est négative ou dirigée en sens contraire du mouvement primitif si l'éther du second milieu est le plus dense. Or puisque,
dans l'expérience des anneaux colorés, l'un des rayons a été
réfléchi en dedans du verre supérieur et l'autre en dehors du
verre inférieur, il doit exister une opposition complète entre
les mouvemens vibratoires, et par suite les deux systèmes
d'ondes réfléchies doivent être en discordance quand ils
paraissent d'accord en raison des espaces parcourus, et ils
doivent être d'accord quand ils paraissent en discordance.
On doit donc trouver un anneau obscur là où la théorie indi-
quait un anneau brillant et réciproquement.

Les anneaux qui se produisent par transmission à travers
le plan de verre résultent de l'interférence des rayons transmis directement avec ceux qui ne l'ont été qu'après deux réflexions consécutives dans l'intérieur de la lame. Ces deux
faisceaux de rayons transmis étant évidemment parallèles
s'ajoutent ou se détruisent selon qu'il y a concordance ou discordance entre les deux systèmes d'ondes qui les produisent.
Les anneaux brillans ne doivent jamais être aussi intenses
que les anneaux vus par réflexion, et les anneaux obscurs ne
doivent jamais être complètement noirs, car les deux systèmes
d'ondes ont toujours des intensités très-différentes.

On déduit facilement de la théorie des ondes la loi qu'avait observée Newton en comparant les épaisseurs des lames des diverses substances qui réfléchissent les anneaux du même ordre. Si l'on suppose, par exemple, que la lumière passe de l'air dans l'eau, et si l'on désigne par i l'angle d'incidence, par r l'angle de réfraction, par l la longueur d'ondulation dans l'air, par l' la longueur d'ondulation dans l'eau, on aura, comme on l'a vu, $\frac{sin.i}{sin.r} = \frac{l}{l'}$. Or si l'on appelle e et e' les épaisseurs d'air et d'eau qui réfléchissent un anneau du même ordre, le premier anneau brillant par exemple, on aura $e = \frac{l}{4}$, $e' = \frac{l'}{4}$, et par suite $\frac{sin.i}{sin.r} = \frac{e}{e'}$, formule qui n'est autre chose que la traduction algébrique de la loi de Newton, savoir: que les épaisseurs des lames qui réfléchissent un anneau de même ordre sont réciproquement proportionnelles à leurs indices de réfraction.

On déduit aussi de la théorie des ondes l'explication des anneaux réfléchis sous des incidences obliques. Représentons par SA un rayon incident éloigné de la normale, par ACD ($fig.$ 225) la route qu'il suit dans l'intérieur de la lame, par RD un nouveau rayon incident parallèle au premier, et par AE une perpendiculaire à ce nouveau rayon. Il part évidemment du point D et dans la direction DK deux rayons lumineux, l'un provenant du rayon RD et l'autre du rayon SA; ce sont ces rayons qui par leur accord ou leur discordance produisent les anneaux brillans et les anneaux obscurs. Ces rayons s'accorderont évidemment quand il n'y aura pas de différence entre les nombres des ondulations comprises dans les espaces AC + CD et ED, ou quand la différence entre ces nombres sera un nombre impair de demi-ondulations; ils se détruiront au contraire quand la différence sera un nombre pair de demi-ondulations. Cherchons donc cette différence. Désignons à cet effet par l, l' les longueurs d'ondulation dans l'air et dans le milieu supérieur, par n et n' les nombres d'ondulations exécutées dans les espaces AC+CD et ED ; désignons enfin par e l'épaisseur de la lame d'air au point C, on aura évidemment :

$$nl = AC + CD = 2AC$$
$$n'l = ED = AD\ sin.i = 2AO\ sin.i$$

Or, on a AC$=\frac{e}{cos.r}$, AO$=\frac{e\ sin.r}{cos.r}$, $sin.i=\frac{l'}{l}sin.r$; si l'on substitue ces valeurs dans les expressions de nl et de $n'l$, il vient :

$$nl = \frac{2e}{cos.r} \qquad n'l = \frac{2e\ sin.^2r}{cos.r}$$

En retranchant ces deux équations l'une de l'autre, on trouve $(n-n')l\ cos.r = 2e(1-sin.^2r) = 2e\ cos.^2r$, et par suite

$$e = \frac{(n-n')l}{2\ cos.r}$$

Si l'on fait dans cette formule $n-n' = o, \frac{2}{2}, \frac{4}{2}, \frac{6}{2}....$ on aura les épaisseurs des lames d'air correspondantes aux anneaux brillans; et si l'on y fait $n-n' = \frac{1}{2}, \frac{3}{2}, \frac{5}{2}, \frac{7}{2}....$ on aura les épaisseurs de l'air correspondantes aux anneaux obscurs; on trouve ainsi les deux séries :

$$0\ ,\ \frac{2l}{4cos.r}\ ,\ \frac{4l}{4cos.r}\ ,\ \frac{6l}{4cos.r}....$$
$$\frac{l}{4cos.r}\ ,\ \frac{3l}{4cos.r}\ ,\ \frac{5l}{4cos.r}\ ,\ \frac{7l}{4cos.r}....$$

Tels seraient les rapports des épaisseurs des lames d'air correspondantes aux anneaux brillans et obscurs si les vitesses des tranches d'éther ne recevaient pas de changement de signe aux points où les réflexions ont lieu ; mais, à cause des changemens de signe, il faut encore, comme précédemment, prendre la première suite pour le rapport des lames d'air correspondantes aux anneaux obscurs , et là seconde pour les rapports des lames d'air correspondantes aux anneaux brillans.

On voit par ces suites que les épaisseurs relatives aux divers anneaux sont dans le même rapport que si les rayons avaient été presque perpendiculaires.; on voit de plus que les épaisseurs E et E' correspondantes à deux anneaux de même ordre, pour l'incidence perpendiculaire et l'incidence oblique, sont liées par la formule $E'\cos.r = E$, ou bien $E' = E \sec.r$. C'est précisément la loi que Newton avait déduite de l'expérience.

511. *Phénomènes analogues aux anneaux colorés.* = Les couleurs si variées que présentent l'opale et plusieurs autres pierres , s'expliquent comme les anneaux colorés. Elles sont dues à une multitude de gerçures qui séparent les diverses parties de ces corps et qui sont remplies d'air ou de tout autre fluide ; les couleurs de l'opale disparaissent, en effet, dès qu'on la pulvérise.

Les couleurs qu'on observe dans les lames très-minces de mica , de sulfate de chaux et dans les boules de verre soufflées à la lampe, s'expliquent encore comme les anneaux colorés ; elles proviennent , comme eux, des réflexions que la lumière éprouve aux deux surfaces qui terminent ces lames. Il en est de même des nuances que présentent les bulles de savon: ces bulles offrent successivement toutes les couleurs du spectre , à mesure que la pellicule liquide dont elles sont formées diminue d'épaisseur ; et si elles deviennent quelquefois noires avant de s'éteindre , c'est qu'alors cette pellicule est trop mince pour donner lieu aux réflexions nécessaires à la production du phénomène.

512. *De la diffraction.* = On donne le nom de diffraction aux modifications qu'éprouve la lumière en passant près

des extrémités dés corps. Ces modifications observées pour la première fois par le père Grimaldi, ont été étudiées avec soin par Thomas Joung et surtout par Fresnel. Leur effet peut être rendu sensible par de nombreuses expériences.

Lorsqu'on introduit un faisceau de lumière solaire dans une chambre obscure par une ouverture d'un très-petit diamètre, et que l'on placé un corps opaque sur sa direction, on remarque que son ombre, au lieu d'être nettement terminée comme cela devrait être si la lumière se propageait toujours en ligne droite, est bordée, à l'extérieur, de franges de diverses nuances et de diverses largeurs. Si le corps opaque est suffisamment étroit, comme le serait un cheveu ou un fil de métal très-fin, et si l'on reçoit son ombre à une distance assez considérable, on voit en outre, dans son intérieur, des franges obscures et brillantes qui la partagent en intervalles inégaux. On peut observer les franges en recevant la lumière sur un carton blanc, comme le faisaient Grimaldi, Newton et Joung; mais il est mieux de les recevoir, comme l'a fait Fresnel, sur un verre dépoli, car alors on peut les regarder en se plaçant derrière le verre, et sans intercepter aucune partie de la lumière incidente. On peut même se passer de verre dépoli et les recevoir directement sur une loupe.

Les franges ne sont bien nettes et bien tranchées que quand on opère sur la lumière simple, et quand l'ouverture qui donne passage aux rayons est très étroite. On satisfait à toutes les conditions en plaçant sur la direction du faisceau lumineux un verre coloré qui ne transmet que les rayons d'une seule couleur et en recevant les rayons transmis sur une lentille d'un court foyer (*fig.* 226). Les rayons se concentrent à ce foyer et continuent leur route en formant un cône dans lequel on place les corps opaques.

Pour donner une idée nette du phénomène, nous considérerons successivement, comme l'a fait Fresnel, les franges formées par le bord d'un corps très-large, les franges formées par les corps étroits, et les franges formées par les ouvertures très-petites.

1° *Franges formées par le bord d'un corps très-large.* = Lorsque l'on place, à quelque distance du foyer, un écran AB (*fig.* 226) dont le bord est tangent à l'axe de la lentille, on observe que l'ombre n'a pas une teinte uniforme à droite de la ligne AK, mais qu'elle est mêlée d'une lumière très-sensible qui diminue graduellement à partir de cette ligne et qui disparaît à quelque distance; on observe aussi que la lumière n'a pas la même intensité à gauche de la même ligne, mais qu'elle présente des franges alternativement brillantes et sombres. Près de la ligne AK se trouve la 1re frange brillante, après vient la 1re frange sombre, puis la 2e frange brillante, la 2e frange sombre.... On compte ainsi quelquefois jusqu'à 7 franges sombres et 7 franges brillantes. Toutes les franges n'ont pas la même intensité : les franges brillantes deviennent de moins en moins vives à mesure qu'elles s'éloignent de la ligne AK, et les franges sombres prennent au contraire une teinte de plus en plus intense à partir de cette ligne; ainsi si l'on représente par 2 l'intensité de la lumière reçue sur un tableau quand il n'y a pas d'écran, on trouve pour les intensités des franges brillantes et sombres.

ORDRE DES FRANGES.	FRANGES BRILLANTES.	FRANGES SOMBRES.
1re frange	2,741	1,557
2e frange	2,399	1,687
3e frange	2,302	1,744
4e frange	2,252	1,778
5e frange	2,220	1,801
6e frange	2,200	1,819
7e frange	2,181	1,832

Ces nombres se rapportent aux maximums de lumière pour les franges brillantes et aux minimums pour les franges sombres. Il est à remarquer qu'aucun minimum n'est égal à zéro, comme il arrive dans les franges produites par la réflexion d'un point lumineux sur deux miroirs légèrement inclinés.

Les franges obscures et brillantes semblent prendre naissance au bord de l'écran, et elles se propagent à partir de ce point suivant des hyperboles de diverses amplitudes. Ces hyperboles ont toutes leur sommet au bord de l'écran et leur centre sur la droite AF à égale distance des points A et F. La position de leurs foyers dépend de la distance de l'écran au point lumineux, de la nature des rayons qui se concentrent sur la lentille, et de l'ordre de la frange que l'on considère. La largeur des franges est d'autant plus grande que l'écran est plus voisin du point lumineux; elle est aussi plus grande pour les rayons rouges que pour les rayons orangés, pour les rayons orangés que pour les rayons jaunes...

2° *Franges formées par les corps étroits.* == Lorsqu'on dispose à quelque distance du foyer et perpendiculairement à l'axe de la lentille, un corps assez étroit, on observe, de chaque côté de son ombre géométrique, des franges alternativement sombres et brillantes qui paraissent analogues aux franges produites par les bords des larges écrans; on observe, en outre, dans l'intérieur de l'ombre, d'autres franges alternativement sombres et brillantes. Les franges intérieures sont en général plus serrées et plus déliées que les franges extérieures; elles se propagent aussi suivant des hyperboles. Les franges n'ont pas la même largeur pour les diverses couleurs du spectre; aussi paraissent-elles confuses et mal terminées quand on opère sur la lumière blanche.

Les franges intérieures disparaissent en totalité dès qu'on intercepte avec un écran toute la lumière qui rase l'un des côtés du corps étroit ; cette expérience, due à Joung, prouve d'une manière évidente, que ces franges ne peuvent se former sans le concours des rayons qui rasent les bords du corps, et par suite qu'elles proviennent de l'action réciproque de ces rayons. Les franges ne disparaissent pas si l'on substitue à l'écran une lame transparente d'une très-petite épaisseur, telle qu'une lame de verre soufflée ; elles se déplacent seulement d'un ou plusieurs rangs, et leur déplacement qui croît avec l'épaisseur de la lame sert, comme dans l'expérience des miroirs, à mesurer l'indice de réfraction de la substance dont elle est formée.

· 3° *Franges formées par les petites ouvertures.* == Lorsqu'on dispose à quelque distance du foyer et perpendiculairement à l'axe de la lentille, une feuille métallique dans laquelle on a percé un trou très-petit, avec une épingle très-fine, par exemple, et qu'on regarde derrière avec la loupe, on remarque que l'image de l'ouverture paraît comme une tache lumineuse, entourée de cercles alternativement noirs et brillans qui se rétrécissent ou s'élargissent en éprouvant de singulières altérations de teintes, quand la distance entre la loupe et la feuille métallique vient à varier ; on observe, en outre, en regardant les cercles à diverses distances de cette feuille, que leur diamètre augmente plus rapidement que la distance, ce qui prouve qu'ils sont placés sur des cônes curvilignes.

Lorsque la lumière passe par deux ouvertures inégales et très-rapprochées, les cercles se forment autour de chacune comme si elle était seule ; il se forme, en outre, une suite de franges serrées, droites, parallèles entre elles et perpendiculaires sur le milieu de la droite qui joint les centres des ouvertures. Ces franges se propageraient suivant des hyperboles si les ouvertures n'avaient pas le même diamètre.

513. *Explication de la diffraction.* == Les phénomènes

de la diffraction ne peuvent s'expliquer dans le système de l'émission; ils se déduisent, au contraire, avec une rigueur mathématique du système des ondes. Joung et Fresnel les avaient d'abord attribués à l'interférence des rayons directs avec les rayons qui se réfléchissent sur les bords des écrans; mais cette cause ne fut pas long-temps admise, car on a reconnu par expérience que les franges étaient indépendantes de la nature des écrans, de leur épaisseur et de leur degré de poli. Fresnel les a expliqués ensuite en s'appuyant sur un principe posé pour la première fois par Huyghens; il admet que « Les » vibrations d'une onde lumineuse, dans chacun de ses points, » peuvent être regardées comme la somme des mouvemens » élémentaires qu'y enverraient au même instant, en agissant » isolément, toutes les parties de cette onde considérée dans » une quelconque de ses positions antérieures. »

D'après ce principe, si l'on considère un point lumineux L (*fig.* 227) et une onde BAC envoyée par ce point, l'intensité qu'elle aura au point P, dans sa nouvelle position MPN, sera la résultante de toutes les ondes élémentaires qu'enverraient isolément à ce point chacun des points de l'onde primitive BAC, considérés comme autant de centres d'ébranlement. Cette résultante ne dépend d'ailleurs, comme il est facile de s'en assurer, que des actions produites par les points de l'onde BAC, qui sont très-voisins de la ligne LP, menée du point lumineux au point que l'on considère. Supposons, en effet, l'arc AB décomposé aux points *a*, *b*, *c*... de telle manière que chacune des lignes P*a*, P*b*, P*c*... surpasse d'une demi-ondulation celle qui la précède, et considérons deux arcs *ab*, *bc* correspondans aux lignes P*a*, P*b*, P*c*, sensiblement inclinées sur LP. Ces arcs seront évidemment égaux entre eux; car, à cause de l'obliquité des lignes P*b* et P*c*, les angles P*cb* et P*ba* seront sensiblement égaux, et par suite les triangles rectan-

gles *cnb* et *bma* seront égaux comme ayant un côté égal
nc=*mb* adjacent à des angles égaux chacun à chacun ; les
deux arcs *cb* et *ba* étant égaux seront composés du même
nombre d'élémens, et comme les élémens correspondans sont
situés à des distances du point P, qui diffèrent d'une demi-
ondulation, les effets de chacun des élémens, et par suite ceux
des arcs eux-mêmes seront en discordance complète, et se détruiront mutuellement. Il en serait de même des autres arcs
suffisamment éloignés de la ligne LP tant à droite qu'à gauche.
Ainsi la résultante des actions des diverses parties de l'onde
BAC, dépend uniquement des parties voisines de la ligne PL
qui joint le point lumineux au point où l'on considère l'intensité de la lumière.

On déduit de ces notions que si une onde se propage sans
être arrêtée par aucun corps opaque, la résultante des actions est la même pour tous les points situés à la même distance du point lumineux, et par suite que la lumière est
uniforme. On en déduit aussi que si une onde est arrêtée dans
son mouvement par un corps opaque, la résultante n'est plus
la même aux différens points de l'espace situés à la même
distance du point lumineux, et par suite que l'intensité de
la lumière varie à ces différens points. Telle est la cause des
franges brillantes et des franges obscures. Ces franges ne peuvent toutefois se former qu'à des distances assez petites de la
trace de l'ombre géométrique, car la résultante des actions
produites en un point ne dépend que de la partie de l'onde
voisine de la ligne droite menée de ce point au point lumineux,
de sorte qu'une partie de l'onde peut être interceptée à une
assez grande distance de cette ligne, sans que la résultante
en éprouve aucun changement.

Ces principes préliminaires étant exposés, il est facile de
faire comprendre la formation des franges et leur disposition.

Nous considérerons seulement les franges extérieures produites par le bord d'un écran assez large.

Soient L le point lumineux (*fig.* 228), P le point où l'on veut chercher l'intensité de la lumière, et BAC la trace de l'onde au moment où elle rencontre le corps opaque. Du point P comme centre, avec PA pour rayon, décrivons l'arc EAD, et menons les lignes droites PA, Pa, Pb, Pc... de manière qu'elles forment une progression arithmétique ayant pour raison la longueur d'une demi-ondulation. — Les longueurs am, bn, co... interceptées entre les deux circonférences, vaudront respectivement une demi, deux demi, trois demi... ondulations ; et les arcs Aa, ab, bc... qui leur corpondent seront de plus en plus petits à mesure qu'ils seront plus éloignés de la ligne PL. — Les points correspondans des deux arcs élémentaires Aa, ab envoient évidemment au point P des ondes discordantes, puisque la différence de leurs distances est égale à une demi-ondulation ; mais comme l'arc Aa est plus grand que l'arc ab, le premier a plus d'effet que le second. Le second arc a, par la même raison, plus d'effet que le troisième ; celui-ci plus que le quatrième...

Cela posé, représentons par 1 l'intensité de la lumière envoyée au point P par les arcs AB ou AC. — Lorsque l'onde se propage librement, le point P reçoit de chacun des arcs AB et AC une quantité de lumière égale à 1, et par suite une quantité totale de lumière égale à 2. — Lorsque l'onde est arrêtée en partie par un écran opaque, il en reçoit une quantité différente qui varie avec sa distance au bord de l'écran. — Supposons d'abord que le bord de l'écran soit en A, et que la partie AC de l'onde soit toute interceptée ; le point P recevra seulement les ondes envoyées par la partie AB, et l'intensité de sa lumière sera seulement égale à 1. — Supposons maintenant que le bord de l'écran soit en a, et que la partie *a*C de l'onde soit arrêtée ; en d'autres termes, supposons que la distance P*a* du point P au bord antérieur de l'écran surpasse d'une demi-ondulation la distance du point P à la circonférence BAC ; alors le point P ne reçoit les ondes que des arcs AB et A*a* ; or, comme chacun des arcs A*a*, *ab*, *bc*... produit plus d'effet au point P que celui qui le suit, et comme les actions de deux arcs consécutifs sont directement opposées, il s'ensuit que l'action résultante de tous les arcs *ab*, *bc*, *cd*... est contraire à celle de l'arc A*a* et d'une intensité moindre, et par suite que l'intensité de l'élément A*a* est plus grande que celle de tous les arcs A*a*, *ab*, *bc*... ou plus grande que 1. Le point P recevra ainsi une quantité de lumière plus grande que 2, et il correspondra par conséquent à une frange brillante. — Supposons encore que le bord de l'écran soit en *b* ou que la ligne P*b* surpasse de deux demi-ondulations la ligne droite PA ; alors le point P recevra la lumière de l'arc AB et celle des deux arcs A*a* et *ab* qui agissent en sens contraire ; or nous verrons, comme précédemment, que l'arc *ab* produit plus d'effet au point P que tous les arcs *ab*, *bc*, *cd*... Il s'ensuit que l'effet des arcs A*a* et *ab* qui agissent en sens contraire sera moindre que celui de l'arc AC, et qu'ainsi le point P recevra une lumière moindre que 2, ou qu'il correspondra à une frange obscure. — Si l'écran avait son bord en *c*, le point P correspondrait à une frange brillante ; il correspondrait à une frange obscure si le bord de l'écran était en *d*. — En récapitulant, on voit que le point P correspond à la 1re frange obscure quand sa distance à l'écran est égale à sa distance à l'onde BAC ; qu'il correspond à la 1re frange brillante quand sa distance à l'écran surpasse d'une demi-ondulation sa distance à l'onde ; qu'il correspond à la 2e frange obscure quand sa distance à l'écran surpasse de deux demi-ondulations sa distance à l'onde...

Ces notions suffisent pour faire comprendre que les franges

ne se propagent pas en ligne droite, et que leurs distances à l'ombre géométrique varient avec la distance du point lumineux à l'écran et avec celle du point où on les observe ; mais elles ne suffisent pas pour trouver les positions exactes qui correspondent aux maxima et aux minima de lumière ; Fresnel a déterminé ces positions à l'aide du calcul.

Nous ne donnerons pas de nouveaux détails sur le système des ondulations ; nous renverrons le lecteur qui désirerait étudier plus complètement ce système à un beau travail que Fresnel a inséré dans la chimie de Thomson.

FIN DU SECOND ET DERNIER VOLUME.

TABLE DES MATIÈRES

DU SECOND VOLUME.

———⟡———

LIVRE TROISIÈME.

DU MAGNÉTISME.

Chap. i. — *Propriétés des aimans.*

Chap. ii. — *Magnétisme terrestre.*

LIVRE QUATRIÈME.

DE L'ÉLECTRICITÉ.

CHAP. I. — *Phénomènes généraux.*

LIVRE CINQUIÈME.

DE LA LUMIÈRE.

CHAP. I. — *Phénomènes généraux.*

CHAP. II. — *Réflexion de la lumière.*

CHAP. VI. — *De la double réfraction.*

CHAP. VII. — *De la polarisation.*

FIN DE LA TABLE.

Pl. I.

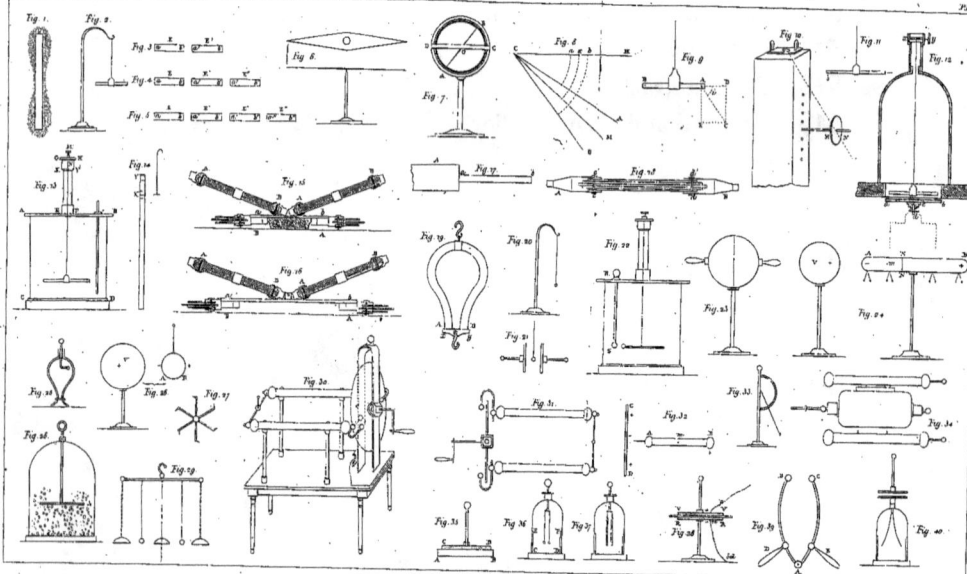

Lith. Bonnet, Rue du Chevage, 33, Toulouse.

Pl. II.

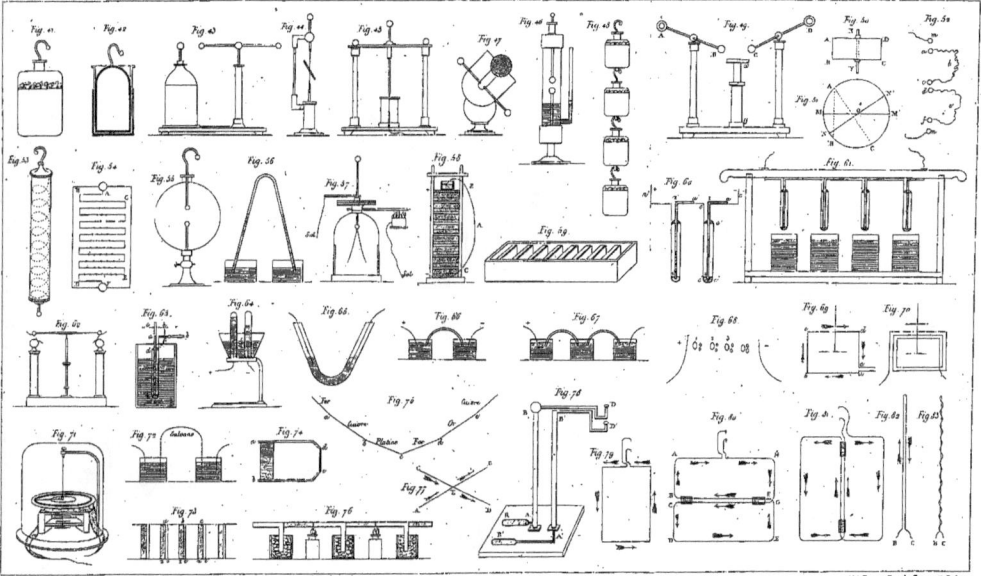

Pl. III

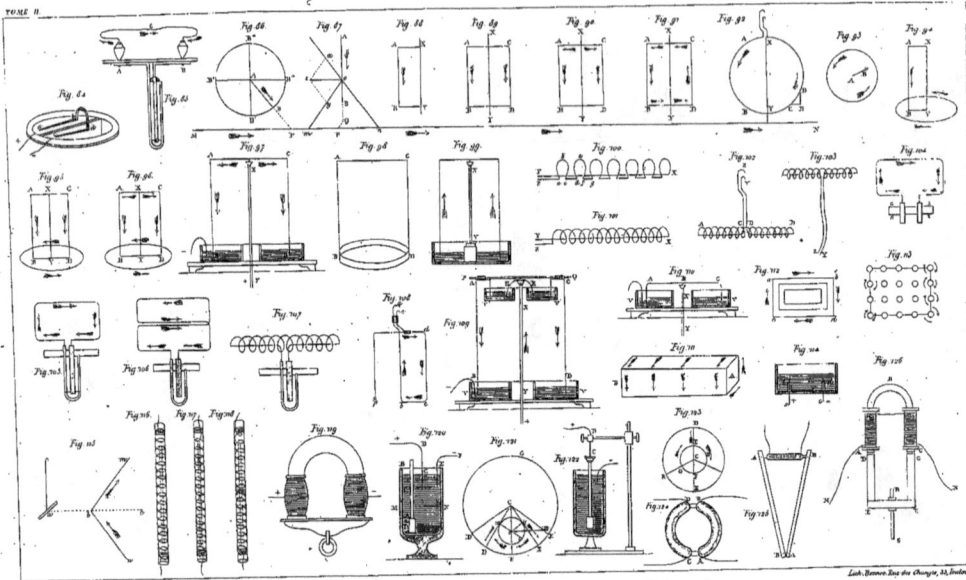

Fig. 86. Fig. 87. Fig. 88. Fig. 89. Fig. 90. Fig. 91. Fig. 92. Fig. 93. Fig. 94.

Fig. 84. Fig. 85.

Fig. 95. Fig. 96. Fig. 97. Fig. 98. Fig. 99. Fig. 100. Fig. 102. Fig. 103. Fig. 104.

Fig. 101.

Fig. 105.

Fig. 106. Fig. 107. Fig. 108. Fig. 109. Fig. 110. Fig. 112. Fig. 114.

Fig. 111. Fig. 126.

Fig. 113. Fig. 116. Fig. 117. Fig. 118. Fig. 119. Fig. 120. Fig. 121. Fig. 123.

Fig. 115. Fig. 122. Fig. 124. Fig. 125.

Lith. Bonneu. Rue des Charges, 33, Toulouse.

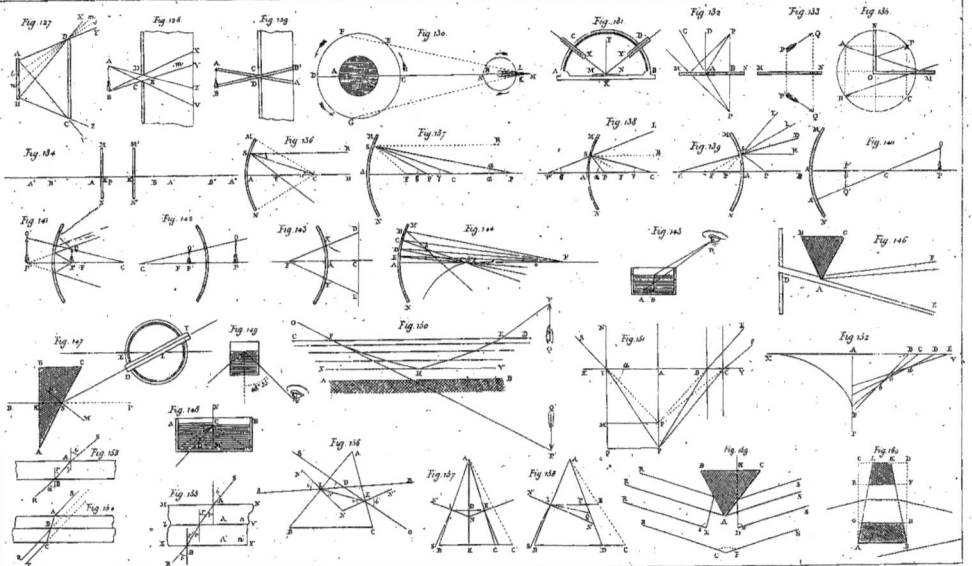

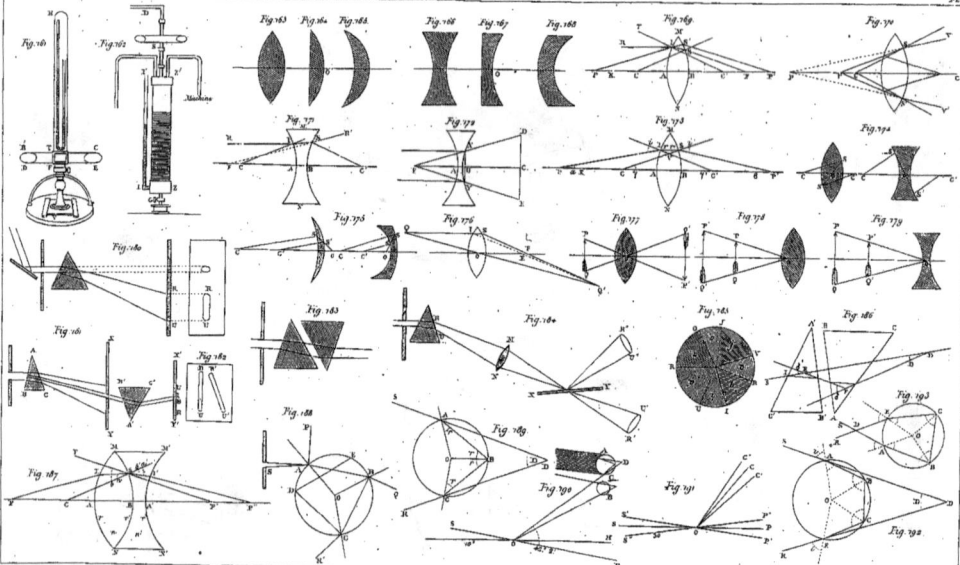

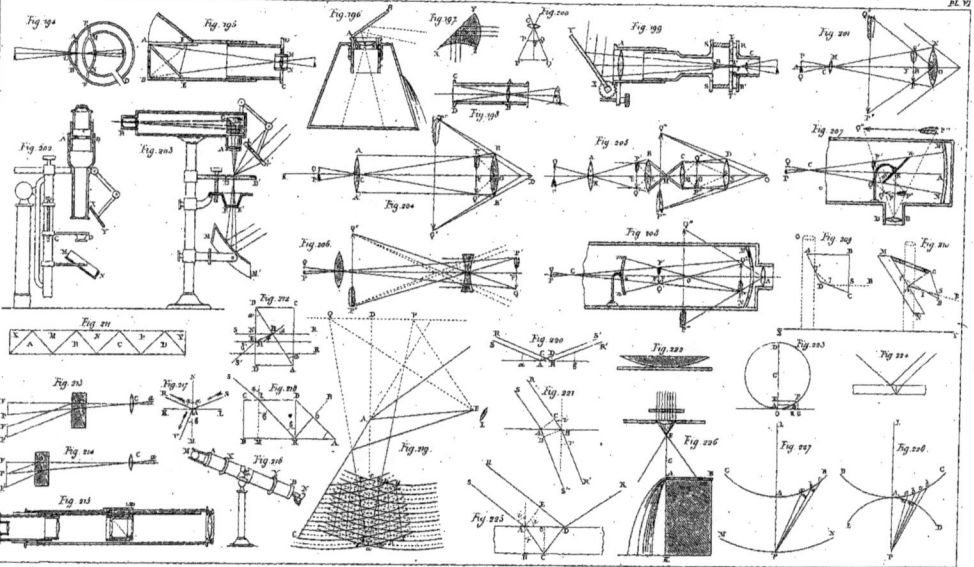

Fig. 194 Fig. 195 Fig. 196 Fig. 197 Fig. 200 Fig. 199 Fig. 201

Fig. 202 Fig. 203 Fig. 198 Fig. 204 Fig. 205 Fig. 207

Fig. 206 Fig. 208 Fig. 209 Fig. 210

Fig. 211 Fig. 212 Fig. 220 Fig. 222 Fig. 223 Fig. 224

Fig. 213 Fig. 217 Fig. 218 Fig. 219 Fig. 221 Fig. 226 Fig. 227 Fig. 228

Fig. 214 Fig. 216 Fig. 225

Fig. 215

Lith. Borocti; rue des Changes, 35, Toulouse.

www.ingramcontent.com/pod-product-compliance
Lightning Source LLC
Chambersburg PA
CBHW060952220326
41599CB00023B/3693